U0342966

西方育儿宝典

丁晓萍　呼志娜○编著

时事出版社

图书在版编目（CIP）数据

西方育儿宝典/丁晓萍，呼志娜著 . —北京：时事出版社，2013. 2
ISBN 978-7-80232-448-0

Ⅰ. 西… Ⅱ. ①丁…②呼… Ⅲ.①婴幼儿 – 哺育 – 经验 – 西方国家
Ⅳ.①TS976. 31

中国版本图书馆 CIP 数据核字（2012）第 297215 号

出 版 发 行：时事出版社
地　　　址：北京市海淀区巨山村 375 号
邮　　　编：100093
发 行 热 线：（010）82546061　82546062
读者服务部：（010）61157595
传　　　真：（010）82546050
电 子 邮 箱：shishichubanshe@ sina. com
网　　　址：www. shishishe. com
印　　　刷：北京百善印刷厂

开本：787×1092　1/16　印张：25　字数：391 千字
2013 年 2 月第 1 版　2013 年 2 月第 1 次印刷
定价：38. 00 元
（如有印装质量问题，请与本社发行部联系调换）

目　录

中篇 西方育儿的人格教育

第四章 孩子的最佳人格是有美德、有修养

第五章　健全孩子的人格修养

第六章　要赏识与尊重孩子的人格

第十章 锻炼孩子承受挫折的素质

第十一章 提高孩子的社交素质

上　篇

西方育儿的早期教育

第 一 章

早期教育的起点是胎教

　　胎教是胎与教相结合的大学问，它集优生、优育、优教于一身。那什么是胎教？有人会认为胎即胎儿，教即教育，二者联系在一起就是"对胎儿的教育"。其实，这只是从字义上的狭义解释，不是胎教的真正含义。在西方教育界看来，胎教的意义不应局限在人类本能的传宗接代上，而是要延伸到包含于现代科学技术体系中人体科学的一个最基本问题——优生。

　　在西方，经常用控制母体内外环境的方法，给胎儿良性刺激，使其最大限度地发挥出在各方面的潜能。准父母们在怀孕初期就开始积极了解胎教的内容和方法，想办法调控孕妇身体、有意识地创造各种条件，给胎儿一些好的刺激，防止不良因素对胎儿的影响，提高孩子的先天素质。西方家长认为，只有达到了优生的目的，才能为孩子出生后的成长打下一个好的基础。

一、胎教是一门大学问

　　胎儿的健康成长不仅依靠自我的"艰苦奋斗"，更需要父母的通力合作。其实，一些做父母的常常对胎儿十月的变化全然无知，因而在孕期与胎儿的配合上，往往显得不那么默契和周到。

　　"胎"是人及哺乳动物孕而未出生的幼体，它是精卵结合的产物。自远古以来，人们对怀胎的概念和出生的过程，就一直众说纷绘。而在西方有关传说中，胎教则更富趣味：

　　·耶酥是由圣灵感孕，由圣母玛利亚所生。
　　·主神宙斯恐生子比自己强大，当妻子聪明女神墨提斯怀孕的时候，把妻子吞入腹中，顿觉头痛欲裂，命匠神用斧子把他的头劈开，智慧女神雅典娜即从中跃出。
　　·战神胡伊奇洛波赫特利是由他母亲胸前佩带的一个羽毛球所孕而生。

　　"教"狭义上讲就是教育、教养，而不仅仅指孕妇的衣食住行。西方专家研究认为，胎儿在母体内能受到各方面的感化，因此母亲在怀胎期间应特别注意。

　　所谓胎教，就是从怀孕早期开始，尽可能地控制孕妇体内外的各种条件，有意识地给予胎儿良好的刺激，防止不良因素对胎儿的影响，以期使孩子具有更好的先天素质，为出生后的健康成长打下一个良好的基础。

　　由于胎儿在母亲肚子里逐渐长大，子宫的功能状态就构成了胎儿的环境，因此母亲的喜、怒、哀、乐以及营养、内分泌等变化都会对胎儿的生长发育带来很大的影响。

　　也许你会奇怪，母亲腹内孕育的胎儿对于外界没有任何认识，怎么能接受教育？又如何对胎儿实施教育呢？

　　的确，到目前为止，即使是最先进的科学技术手段，也无法使安居母体子宫内的胎儿直接接受教育。婴儿出生后大脑新皮质的形成是以出生前形成的大脑旧皮质为基础的。如果没有大脑旧皮质，大脑新皮质就不能充分发育并无法达到接受知识的应有水准。大脑旧皮质发育得好，可以造就孩子良好的性格及发达的智力。而胎儿大脑旧皮质形成时期，会使母亲和宝宝的心紧紧相连，使宝宝能被美好的事物所感动，接受父爱和母爱的关怀。

　　目前，西方教育专家通过大量实践证明，经过良好胎教的婴儿在听力、记忆力、性格等各方面都明显好于一般婴儿。正因如此，我们必须按照胎儿身心发展的自然规律，为宝宝创造一个更利于他们生存和发展的良好环境。也就是说，准父母应有一个健康的身心和和谐的生活环境，这样才能使胎儿的感觉器官，即大脑旧皮质，受到良性的刺激，为孩子的好智慧和好性情奠定一个好基础，孕育出健康聪明的宝宝。

1. 胎教是可行的、科学的

胎教的可行性是现代科学的发展所证实了的。

西方有专家研究发现，如果事先把准妈妈心跳的声音记录下来，当孩子出生后啼哭不止时，只要播放这种录音，便可使 87.6% 的婴儿迅速安静下来。这就说明，孩子在胎内已经习惯并记住了这种声调和频率，因此能起到安抚的作用。通过现代仪器还可发现，当手电筒的光线透过皮肤照射胎儿时，会引起胎儿眨眼、手舞足蹈等反应，这说明胎儿能接受来自周围环境中的刺激并做出相应的反应。

随着科学技术，特别是特殊检查记录仪器设备的发展，如胎心监护仪、B 型超声扫描仪、胎儿镜的应用，使我们对胎儿的生长规律及生活状态有了更进一步且更准确的了解。胎儿对各种刺激的反应和受刺激后胎儿的呼吸、心跳与胎动的变化，乃至胎儿在子宫内撒尿、喝羊水与吃手的动作，都能被真实观察与记录下来。

一般说来，怀孕第 8 周时胎儿的皮肤便有了痛、痒的感觉，对皮肤进行刺激，能反过来促进脑的发育。

怀孕第 4 个月起，胎儿已能听到子宫外的声音，当听到巨大的声响时，便会引起胎心增快、胎动剧烈。

怀孕第 5 个月起，胎儿已出现了原始的记忆力，此时播放轻松的乐曲或按一定的顺序抚摸胎体，便能使胎儿安静下来。反之，如果听到刺耳的噪音，便会出现胎儿心跳增快等不愉快的反应。

怀孕第 7 个月（或更早些）开始，胎儿常常喜欢把手指放在口中反复吸吮，当胎体受到刺激，如母亲的体位发生剧烈改变，子宫受到冲击时，吸吮手指的动作会大大增强，因此有的婴儿刚生下来，手指上已出现了老茧。

怀孕第 8 个月起，胎儿能感受到母亲的喜、怒、哀、乐并对此作出不同的反应。一旦子宫出现收缩或受到撞击时，胎儿会用脚猛踢子宫壁以示"反抗"。

尤其有趣的是，近几年来，一些西方科研机构，利用各种仪器设备实验与观察到了胎儿可以听到外界环境中的各种声音，并且可以作出相应的反应。如在吵闹声音刺激下，胎儿会心跳加快、胎动增强甚至生气地踢腿；在轻柔舒缓的音乐刺激下，又由烦躁转为安静，胎心由原先的增快而渐渐减缓到原来安静状态下的胎心率上来，胎动也由受吵闹时的增强而减弱下来，直至安详地入睡。

让我们再看一组西方科学家们的胎教试验：在某家医院的育婴室里，让120名正常的新生儿夜以继日、毫无间断地听一种复制的85分贝、每分钟72跳的正常心搏声，除每隔4小时送往母亲处喂奶这一短暂间断外，所有时间都在育婴室里。对照组的120名新生儿则放在另一间没有心搏声的育婴室里。

4天后，听心搏声的新生儿70%增加了体重，而对照组的新生儿只有33%增加了体重。对两个育婴室里新生儿哭叫的时间也进行了测算。听心搏声组新生儿哭叫时间占38%，而对照组的新生儿哭叫时间为60%。由于这两组新生儿的饮食没有重大差别，看来似乎是由于听心搏声的新生儿哭叫时间减少有助于他们增加体重。

这个试验，表面上是在测定新生儿对心搏声的反应，实际是在模拟胎儿在出生前所处的母体内环境，并力求探索胎儿对这个生存环境的感觉。毫无疑问，每一位母亲都有心搏声。而且这种节奏均匀的声音一刻不停地伴随着胎儿直到出生，因而我们有理由认为胎儿熟悉这声音，并有一定的习惯感或印象。

那么胎儿学习的远期效果又如何呢？科学家们又对26名从1.5岁至4岁的、在收养院里等待别人收养的稍大的孩子进行实验，把他们分成4组：一组睡在一间有每分钟72次正常心搏的二联搏动声的房中；一组睡在一间有每分钟72次由节拍器发出的单搏声的房中；一组睡在一间播放催眠曲的房中；一组睡在一间没有任何声音的房中。所有的孩子都轮流处在上述四种条件下，每种条件四个晚上，实验人员记录了使每个孩子入睡所需的时间。

处在有心搏声条件下，孩子们入睡所需的时间大约是其余条件下的一半。在其余三种没有心搏声的条件下，孩子们入睡所需的时间是差不多的，往往是一小时或更多一些。因此心搏声具有其他声音所达不到的效果。科学家们的实验证明了新生儿以及幼儿对心搏声的反应，从而推断了胎儿学习的可能性。并得出以下推论：胎儿不仅具有一定的听力，而且具有记忆力。

伴随着科学技术的发展，人类已经从过去对胎儿能力范畴问题的一无所知中摆脱出来，越来越充分的数据资料均证明了胎教具有极强的可行性，尤其是4～5个月的胎儿不但已具备了接受教育的能力，而且此时施行胎教也符合胎儿的正常发育情况。因此，胎教是可行的、科学的。

2. 胎教有利于胎儿发育

近些年的科学发展，特别是影像仪器的问世，在屏幕上显示的事实，揭开了胎儿发育之谜，同时也为胎教学提供了无可辩驳的有力证据。

（1）出生前实施胎教，可生育出聪明的孩子。

人脑的发育分两大时期，第一时期是脑细胞分裂时期。这个时期持续到胎儿出生时止，人从出生的那一时起，就决定了其一生的脑细胞的数量，此后只减不增。第二个时期是由出生后到3岁，连接各脑细胞的神经纤维就像是把140亿个电话机用电话线相接的作业。由此我们可以看出，出生前实施胎教，可以生育出聪明的孩子；出生后继续进行早期教育和智力开发，培育出天才儿。教育需要具有连续性。

脑在受孕25天时就开始发育，外胚细胞就形成了神经管，这是脑发育的起点。第2个月，脑的外部结构和内部结构发生了变化。第4个月，脑的大脑皮层开始萌芽，这之后大脑皮层上产生的沟回就代表了人的智慧。第5个月，大脑皮层长成。第6个月，大脑皮层形成分层和划分出不同区域，但在此之前大脑皮层还是光滑的。第7个月，大脑皮层上出现了皱褶，皱褶的萌生代表了人的智慧的萌生。第8个月，大脑体积明显增大，大脑的结构进一步复杂化。到了第9个月，大脑差不多具备了所有的沟和回。

通过大脑的发育，我们不难看到，实施胎教从受孕第1个月就该开始。大脑从开始形成期，就应该给予充分的营养和适当的信息诱导发育。从第4个月，也就是大脑皮层形成之时，胎教就该进入正规训练阶段。经过适宜诱导、积极开发，大脑越发育，大脑皮层的沟回相应地也就会越多，孩子也就越加聪明。

相反，如果在大脑发育期间不给予充分的营养和诱导，出生后孩子就有可能智力低下。美国巴拉兹斯博士等人做了一个营养不足会影响大脑发育的实验。他们对妊娠第 6 日的母鼠，连续给予营养不足的饲料。结果，在母体中的胎儿成长慢。经解剖发现小老鼠的脑细胞数目比正常鼠少87%。可见，营养不足使得小鼠要在脑细胞比普通鼠少一倍以上的状态下度其一生。同样，脑的发育时期缺乏必要而充分的刺激，这样的脑就会显得比正常的脑迟钝。人也是如此，据科学考证，孕妇在孕期营养不足，缺乏信息诱导，孩子出生后表现出发音迟缓，智力低下。

（2）胎儿的五种感觉使得胎教可行。

西方的生理学家的研究证实，胎儿具有五种感觉即：听觉、视觉、味觉、嗅觉和触觉。正是由于胎儿具有了这五种感觉，才使得胎教可行。

①胎儿的视觉。胎儿的视觉在孕期第 13 周就已形成，按说在这个时候胎儿就应该能看到东西了。但胎儿并没有看，也许他还不知道有可见的东西存在吧，反正胎儿在妊娠25 周前和 32 周之后，从不愿睁开眼睛。这时，胎儿所能看到的，也仅仅是一片红色的光芒和桔黄色的阴影下的母亲体浆在运动。或许很没兴趣，8 个月之后，胎儿再也不愿睁开眼睛了。

虽然胎儿不去看，但胎儿对光却很敏感。在 4 个月时，胎儿对光就有反应，用胎儿镜观察发现，当胎儿入睡或有体位改变时，胎儿的眼睛也在活动。怀孕后期如果将光送入子宫内，胎儿的眼球活动次数增加，多次强光照射，胎儿会安静下来。而且从脑电图还可以看出脑对光的照射产生反应。

②胎儿的触觉。相对视觉而言，胎儿的触觉发育要早一些。在胎儿还很小时，胎儿就能在羊膜内滑动。待到胎儿长大一些，隔着母体触摸胎儿的头，臀部和身体的其他部分时，胎儿就会做出相应的反应。医学家用内窥镜观察到，如果用一根小棍触动胎儿的手心，胎儿的手指会握紧，碰足底，脚趾就会动弹，胎儿的膝和髋也可以曲动，有时连小嘴巴也能张开。

在怀孕早期，如果胎儿的手触及到嘴，胎儿的头就会歪向一侧，张开口。胎儿长大时就不同了，胎儿会把手伸到嘴里去吮吸，也会抓住脐带往嘴边送，这些动作使胎儿感到很快乐。

③胎儿的听觉。胎儿的世界是个嘈杂的世界，母体血液的流动声，肠道的蠕动声，心脏的跳动声，骨骼的运动声等等。胎儿的十个月，每天都是伴随着这些声音度过的。对于这些声音胎儿已经司空见惯，习以为常，只要体内的声音没有什么异常，胎儿根本不在意。胎儿更感兴趣的还是来自母体之外的声音，父母的谈话声，录音机播出的美妙音乐声，汽车的喇叭声等等外界的一切声音，胎儿都会怀着浓厚的兴趣去听。

胎儿能听到声音，这在 B 型超声波仪器上能看得清清楚楚。而外界的声音在多大程度上会扰乱胎儿的世界呢？西方研究人员曾把一只微型话筒由阴道插入到子宫，偷听里面的声音。研究人员吃惊地发现，胎儿生活的空间，竟是一派喧哗的、吵闹的空间。美国加利福尼亚一家医院妇产科主任丁·法兰博士给一位妊娠妇女倾听鸟叫声、汽车轰鸣等各种录音，装在子宫内的话筒，几乎接到了所有的声音。其声音的强度也是十分令人惊讶的。当他们放一个争论的录音时，发现子宫里传来的声音竟十分响亮，这份嘈杂的声响，难免会对胎儿造成伤害。因此，吵架是孕期最不应有的行为。任何不想伤害胎儿的夫妻当以节制为本，为了可爱小宝宝的健康发育，赶快化干戈为玉帛。相亲相爱才是健康聪明孩子的源泉。

在胎儿的整个发育过程中，听觉给胎儿带来的影响最大。因此，在我们胎教的内容中，利用胎儿的听力，对胎儿实施教育也相应占据重要地位。借助声音，对胎儿进行良好的引导，也是我们实施胎教的一个最有效的途径。

④胎儿的味觉和嗅觉。胎儿的味觉神经乳头在孕期第 26 周形成，胎儿从第 34 周开始喜欢带甜味的羊水。有人在羊水中注入糖，结果胎儿会喝入更多的羊水，这说明胎儿的味觉已经在发挥作用。而在孕妇体内胎儿使用不上的是嗅觉，但他一出生，马上就会使用上了。

3. 胎儿也有感知力和记忆力

胎儿有感知能力和记忆能力，正是由于胎儿有这两种能力，才使我们的胎教具有意义。

（1）胎儿的感知能力。

胎儿有较强的感知能力，下面我们通过孕妇如痛苦难过，胎儿也会痛苦难过一例就会看到，母亲与胎儿之间有着十分紧密的联系。一位孕妇正在做B超时，突然听到护士说羊水破了，她十分惊恐而难过，失声痛哭。这时从屏幕上发现胎儿也出现了惊恐状态，继而痛苦直至胎儿全身抽搐。由此我们看到母亲和胎儿之间的情感，几乎达到了和谐一致。另有一孕妇，当她从超声波仪器上看到盼望已久的孩子在子宫内活动的情景时，激动得哭了起来，这时胎儿却始终舒畅地活动着，与孕妇痛苦得大哭不一样。母亲情绪良好，胎儿的情绪也会处于良好的状态之中，这也是胎教中为什么始终强调孕妇在整个孕期一定要保持最佳情绪状态。

那么，胎儿对母亲的感知是通过什么来实现的呢？

母亲和胎儿在生理上，有着各自的大脑和植物神经机构，而且分别有独自神经系统和血液循环机能。有人根据大量有关知识提出，母亲与胎儿之间是通过一种复杂的神经激素沟通的，这种神经激素打开了母亲与胎儿之间的通路，使胎儿获得了对母亲的感知能力。

胎儿的意识，是在6个月后萌生的。胎儿在6个月前所受到的影响，虽然不能说全部，但大部分都是作用在躯体上。在这一期间，胎儿的意识很少受到应激反应的影响。这主要是胎儿的大脑尚未成熟到将母亲的情感信息转化为情绪的地步。若要生出复杂的情绪，胎儿必须首先感知母亲的情感，并对其加以分析，然后才能做出适当的反应。也就是说，欲把情感或感觉转换为情绪，需要一个感知过程，这就要求大脑皮层要有复杂的运行能力。胎儿在6个月以后开始具有明确的自我意识，并能把感觉转换为情绪。这时，胎儿与母亲息息相通的情感信息才得以形成。

随着胎儿识别能力的提高，理解情感的能力也会不断增强。胎儿就像一台不断被存入程序的计算机，最初只能解开极其简单的情绪方程式。但是随着记忆和体验的加深，胎儿渐渐地能解开极其复杂的思维线路。

胎儿有了这种感知能力，才使得母亲能够充当胎儿的老师，也才使得我们作用在母亲身上的一些有益活动能够对胎儿产生影响，致使我们的胎教活动有了意义。

（2）胎儿的记忆能力。

胎儿有惊人的记忆能力。曾有这么一件事，一个 3 岁的小孩在人群中大讲异国风光，人们发现他的"乱说一通"，竟然大部分都是事实。可是父母和周围的人，从未对他进行过这方面的教育，他是怎么知道的呢？原来，她的母亲在怀孕期间曾旅游过那个国家，母亲把当时感知的信息传输给了胎儿，胎儿接到了这些愉快的信息马上储存到自己的记忆中，并牢牢记住了。

正是利用了胎儿的听力和记忆力，培养了许许多多的音乐天才。前苏联著名提琴家列昂尼德·科根曾讲过这样一段经历：

他决定在一次音乐会上演奏苏联作曲家创作的一段新乐曲，他曾在妻子的伴奏下，对这首曲子作过短期练习。当时正值他的妻子临近产期，不久生了一个儿子。儿子长到 4 岁便学会了拉提琴。有一天，这孩子突然奏出了一支从来没有人教过他的乐曲旋律，这个旋律正是列昂尼德·科根在那次音乐会上演奏的乐曲。这支曲子仅在那次音乐会上演奏过一次，后来再也没演奏过，也没有灌制成唱片。他的儿子出生以来也从未听过这支曲子。

无论 3 岁的孩童大讲异国风光，还是 4 岁的孩子演奏他出生后从未听过的乐曲，这不都表明了胎儿具有惊人的记忆力吗？胎儿期的良好记忆，会为后代的成长开拓出一条终生奋进的道路，而胎儿期的不良记忆同样也会使一个人受害终身。前西德医生保罗比·库博士治疗的一位男性患者，正是由于其母在怀他 7 个月时，企图用热水浴坠胎，导致这位患者一直生活在恐慌不安之中。比库博士所治疗的这位患者，并不记得母亲当时的意图，尽管这个发生源并未在患者的记忆中储存，然而由这个发生源所产生的恐怖感却从未在患者身上消声匿迹。20 年来，胎儿期的深刻影响一直潜在地支配着这一患者的行为。其实我们每个人都有自己忘却的记忆，而这种记忆却始终在潜意识地对人的一生产生着影响。由此我们就不能不注重在胎儿期给胎儿以良好的影响，让胎儿的头脑中留下美好的记忆，以期鼓舞其一生。

4. 科学胎教，与胎儿愉快互动

胎教说到底并不是真的要教腹中的宝宝学习什么，它更多的是母亲与胎宝宝之间一种愉快的互动方式。西方教育专家经科学研究表明，孕妇在怀孕五个月之后，胎儿已能在母腹中听与看了。

有的母亲总是会用手抚摸着越来越大的肚子，潜意识里对着胎儿说话。这种行为被解释为，这是因为怀孕的女性本能地感受到胎儿可以听到外界声音的缘故！

胎儿的五感会在母腹中发育，其中发育最明显的就是听觉。

胎儿的耳朵在受精后 6 周左右开始形成。

当母亲发现自己可能怀孕的时候，胎儿的耳朵已经开始成形。三半规管先形成，接着是外耳、内耳、中耳及耳朵的其他附件逐步形成。

怀孕 4 个月之后，脑部慢慢形成，使胎儿可以感觉得到声音。

怀孕进入第 5 个月之后，主司传达声音功能的内耳"蜗牛壳"也逐渐完成，听觉器官几乎与成人相同。

当母亲习惯怀孕的状态时，胎儿在腹中也听得到外界的声音了。胎儿脑中的海马部分，在怀孕 4 个月左右已经制造完成。海马也是声音的信息中心，可以选择取舍该遗忘或该记忆的事情。随着海马的发达，胎儿可以一点点地记住声音的种类。最早进入海马的声音，大概是母亲的声音！

怀孕 5 个月之后，胎儿就会记忆母亲的声音了。

母亲的声音不仅可以从耳朵听到，亦可以通过身体的振动直接传达给胎儿。同时，婴儿自出生之后，必须依附母亲而生存，所以，为了保护自己的生命，必然本能地将母亲的声音输入自己的脑中。

怀孕 8 个月的胎儿可以分辩出声音的强弱及高低，胎儿非常喜欢母亲的声音，不过，胎儿大脑在刚形成的时候，尚无法分辨声音的高低与强弱。胎儿通过胎盘从母体获得营养，当母亲的好心情传达给胎儿时，情绪稳定将有助于胎儿脑部的迅速成长。

怀孕 7 个月左右时，胎儿可以听得很清楚。怀孕 8 个月之后，能够分辨声音强弱的神经亦发育完成，对高音或低音皆可加以分辨。

当母亲发出的声音很大的时候，胎儿会在腹中振动，代表胎儿听得非常清楚。即使不懂母亲说话的涵意，胎儿也能感觉到音调、声音的高低强弱。

有西方教育专家曾做过这样的实验，让新生儿吸吮一个与录音机相连的奶嘴，婴儿以某种方式（长吸或短吸）吸吮就可听到自己母亲的声音，而且他们通过辨别声响，表示出对自己母亲的声音特别的敏感。

还有人选择在怀孕的最后的 6～5 周时让孕妇给胎儿朗读"美人鱼的故事"，历时 5 个多小时，当胎儿出生后进行吸吮试验。先准备两篇韵律完全不同的儿童读物：一篇是婴儿在母亲体内听到过的"美人鱼的故事"，另一篇是婴儿从未听到过的"白雪公主"。婴儿通过不同的吸吮方法才能听到这两篇不同的儿童读物。结果发生了让人非常惊喜的事情，这些婴儿完全选择了他们出生前学过的"美人鱼的故事"。

胎儿喜欢的声音，有妈妈的说话声、小鸟的婉转鸣唱、风吹等自然的天籁，轻巧安静地飘进耳朵里。这些声音皆有自然变化的旋律，很容易被胎儿接受。相反的，胎儿也有讨厌的声音，像是车子的紧急刹车声、钟铃响、喧哗叫嚣的人声、妈妈发脾气的声音，他统统都很排斥抗拒。那么，长久让宝宝听讨厌的声音，到底会产生什么后遗症呢？根据西方科学家做的猿猴的实验反应是，怀孕中的母猿听到电铃声，血压会骤然升高，胎儿也同样有此反应。而且，生下的小猿猴情绪不安，个性容易焦躁，这有可能是脑部运作被扭曲所带来的不良影响。

为促进胎儿脑部成长，多让他听愉悦的音乐，像莫扎特和贝多芬的音乐都非常适宜。这些音乐旋律优美，弦乐演奏如溪流低涧、小鸟鸣唱的声响，对胎儿有莫大的帮助。

二、实施胎教，培育天才儿童

先来看看十几年前发生在英国的一个故事，新生儿小莉丝在斯瑟蒂克夫妇照看中发生的一件令人吃惊的事情。当时，莉丝出生只有两个星期，一天的大半时间都在睡眠中。然而有一天，她突然说话了，这发音虽说不像大人说话那样清晰，但却是能让人听出来的声音。她最初说的话是"奶"。这是妈妈在孩子出生前常对她讲的词。在接近分娩的日子里，乳房常会涨得流出乳汁来，每次斯瑟蒂克都一边擦拭渗出的乳汁，一边用英语对胎儿讲："奶，这是喂你的奶，你可以出世

了，一切都为你准备好了。"在孩子出生以后，每次喂奶时，她也都对
孩子说："莉丝，吃奶了。"所以对莉丝来说，这可能最使她感到亲切
的词语。除了"奶"之外，这一时期孩子还会说"妈妈"、"干净"这
几个词。一般来说，幼儿开始说话最快也要到一岁左右，而生后两个
星期就开始说话，确实令人吃惊的。在出生后第三个月，莉丝的单词
量迅速增长，这时她会说由两个单词组成的小句子。如，想要人抱的
时候就说"妈妈、抱"，当时家里有一条长毛狮子狗叫密斯蒂，她会说
"密斯蒂、跑！""密斯蒂、叫！"

莉丝到了五六个月，便开始学习使用便盆儿，想大小便时，莉丝
会自己咿咿呀呀地说着要到便盆儿那里去。另外，小莉丝对幼儿画册
特别感兴趣。妈妈曾为莉丝买了好几本漂亮的幼儿画册，并给莉丝读。
这时，莉丝已会自己拿起画册，实际上是在向妈妈表示："给我读这本
画册。"第九个月，莉丝开始走路了，这个时候她已会认字。

还有个例子：这个世界瞩目的天才家庭，住在美国俄亥俄州，全
家共六口，爸爸是乔瑟夫·史赛狄克，妈妈是日本人实子、大女儿苏
珊、二女儿丝特姬、三女儿丝特法妮，以及四女儿乔安娜。令人注目
的是，这"四位全世界最聪明的姊妹"，IQ全在160以上，是全美排名
前5%的天才。

大女儿苏珊5岁时，从幼儿园直升到九年级，10岁取得进大学考
试资格，以接近最高分入榜，成为全美最年轻的大学生。二女儿也不
逊色，13岁时的丝特姬，也成为堂堂大学生。本来才该上小学的三女
儿丝特法妮，已在高中求学。小女儿乔安娜，9岁时，就已是中学三年
级学生。除了这些辉煌的学业成绩之外，她们都有特殊的专长：苏珊
精于弹钢琴、丝特姬好赋诗词、丝特法妮热衷于电脑、乔安娜则偏爱
书画，四姊妹个个智商高，感情充沛。

这对夫妻，为什么能培养出天才儿童呢？其实，是"胎教"的功
劳。妻子实子秉持的胎教理念是："胎儿已是独立的个体，拥有无限的
能力。这能力不是来自遗传，而是以正确的程序设计，和家庭的爱为
基础，实行胎教而获得的。"

最具体的胎教，是以妈妈拥有平和、开朗、优雅的心为根本，再
加上与胎儿的沟通；实子称它是"子宫对话"。对肚子里的宝宝说说
话、唱唱歌，大家都会做，但是实子做得更彻底。她从怀孕5个月，一

直到宝宝出生，每天都有课程，从最初的基本单字、数字、加减算法、自然界现象到社会知识，全部都教。实子用大声朗读的方式，将内容悉数反映在自己的脑子里，再传达给体内的胎儿。

做这项胎教课程时，有一重要的要求是：妈妈要有持续不断的爱心、关怀和安定的心。结果，大女儿苏珊生下第 2 周，已会说"吃奶"、"妈妈"、"漂亮"等词汇，3 个月大时，会说简单的句子。9 个月大，开始学走路时，已能读文字了。

实子在自己写的书"胎儿都是天才"中提到："为了让孩子生下后，过更有意义的生活，就在胎内持续给予学习，以及理解各种事物的能力，这样的胎儿教育，便能造就天才儿童。"看到实子的这番话，你是否心有所感，改变以往对"胎教"不以为然的看法？对她与胎儿对话、沟通的胎内教育法有兴趣的人，不妨参考她那一套试试，你的宝宝很可能就是未来的天才儿童。

1. 父母配合，才能做好胎教

20 世纪 70 年代末，美国加州妇产科专家范德·卡尔创办了一所奇特的大学——胎儿大学。至今，"学生"已超过 800 名。"学生"出世后几小时，就可以得到校方颁发的学士帽和毕业文凭。这里，我们简要地把这所极有意思的大学课程设置和教授方法告诉读者。

胎儿大学的课程设置：

①语言课：母亲用特制的扩音器把字句向腹内胎儿一再重复；

②音乐课：母亲把一个玩具乐器放在腹部，奏出音符；

③运动课：让胎儿练习"踢肚游戏"。

范德·卡尔认为，这种胎教方法能使婴儿出生后学习更容易。并认为此法有助于让胎儿智力高超，而使他们发育得更正常。同时可使他们在精神发育方面得以顺利发展。同时，该学院也鼓励孕妇的丈夫参加育婴活动，不但是在胎儿出生后，而且也在妻子怀孕时期。

范德·卡尔教授说，接受过他胎教指导而出生的孩子大多与众不同，有的婴儿刚出生时，就会用手轻轻拍打母亲的脸，有的孩子长到四个月时，已会说简单的句子。

对胎儿的成长来说，母亲是起决定作用的，但父亲对胎儿的影响也不能小看。如果说母亲是土壤，胎儿是种子，那么父亲则是和风、是雨露、是阳光，他能给予"种子"许多养料，使种子发育健全，生长得更完美。母亲对于胎教处于直接地位，而父亲则处于间接地位，父亲对胎儿的影响，主要是通过对妻子的影响而影响胎儿。因此，在妻子怀孕期间，父亲也要保持平和愉快的心境，要特别关心、体贴和照顾妻子，同样还要节制房事，注意不要压迫胎儿。只有这样，妻子才有平和愉快的情绪，从而对胎儿产生有益的影响。总之，胎教是父母双方的事情，只有父母互相配合，才能做好胎教工作。

在美国，列斯哈特夫妇不是医学专家，也没受过有关胎教的特别训练。他们只是对胎儿抱有极大的关心和兴趣，她的丈夫总是这样对妻子讲："婴儿在出生前就已开始学习，到第五个月就能听得见声响并逐渐能听得懂我们所说的话了。胎儿在你腹中无事可做，一定无聊极了。快用温和的语调给她念书吧，对她讲动物、花草，让他了解外边的世界是多么美好。"妻子照着做了，随着哈利的出生，他们的信念得到了证实。

她的丈夫做完家务事后，利用到中午报时钟响的这段时间给胎儿念幼儿画册，把自开始到五个月的那段时间里曾给她念过的画册再讲一遍。这时若把画册里描绘的太阳的颜色、房子的形状、主人公穿的衣服等都再详细地解释一遍，有利于扩大画册中描绘的世界。

英国科学家通过对胎儿的听觉功能试验得出结论：胎儿最容易接受低频率的声音。他们给一组8个月的胎儿听低音大管乐曲后，胎动大大加强。这组胎儿出生后只要一听到类似男子声的乐曲，便停止哭闹，露出笑容。美国的优生学家认为，胎儿最喜欢爸爸的声音，父亲的爱抚。当妻子怀孕后，丈夫可隔着肚皮经常轻轻抚摸胎儿，胎儿对父亲手掌的移位动作能作出积极反应。也许是因为男性特有的低沉、宽厚、粗犷的噪音更适合胎儿的听觉功能，也许是因为胎儿天生就爱听父亲的声音，所以胎儿对种声音都表现出积极的反应。这一点是母亲无法取代的。

因此，丈夫平时可给怀孕的妻子朗读富有感情的诗歌散文，经常同妻子腹中的胎儿娓娓对话，哼唱轻松愉快的歌曲，给胎儿以不可缺少的父爱。这样做的同时，对妻子的心理也是极大的慰藉。

未来的父亲，请您及时准确地进入胎教的角色，用您深沉的父爱去培育妻子腹中那个幼小的新生命。

2. 利用卡片、图形等教胎儿学习

近年来，西方"出生前"心理学的研究发展很快，出生前心理学认为胎儿具有思维、感觉和记忆的能力，尤其是胎儿7个月以后更是如此。美国纽约大学教育中心托马斯·伯尼博士在他的著作中讲了一段真实的故事。

在巴黎的某医院，有一位叫托马蒂斯的语言心理学教授接待了一位4岁的患儿名叫奥迪尔。奥迪尔患有孤独症，不爱讲话，不论父母怎样启发开导都无济于事，只好送到医院求助于教授。开始，教授用法语和患儿交谈，她毫无反应。经过一段时间的治疗和观察，教授偶尔发现了一个奇怪的现象：每当有人同这位小患儿讲英语时，奥迪尔的兴趣就出现了，表示出既爱听又喜欢开口和别人交谈，每当这时病就好了。教授发现了这一现象后，找来了她的父母，了解他们在家里是否经常讲英语，可他们的回答是在家里几乎不讲英语。教授又问他们曾经什么时候讲过英语。这时患者的母亲突然回忆起自己在怀孕期间曾在一家外国公司工作，因为那里只允许用英语讲话，所以她在怀孕时一直是讲英语。教授这时才恍然大悟说："胎儿意识的萌芽时期是怀孕后7~8个月，这时胎儿的脑神经已十分发达！"

以上这段真实的故事告诉我们，由于胎儿意识的存在，因此孕妇自身的言语、感情、行为均能影响胎儿，直到出生后。

这就提示胎儿母亲可以利用卡片、图形等教胎儿学习语言、文字、数学等。这一点听起来似乎是天方夜谭，但西方胎教实践证明，经过这种训练的胎儿出生后在学习语言、文字、数学时比普通孩子学得更快、更好。

（1）利用彩色卡片学习语言和文字

彩色卡片就是用彩笔在白纸上写上字。这种卡片可以自制，也可以从书店购买。首先从字母 a、b、c、d、e、f 开始，每天教4~5个，先教大写、小写，然后是简单的单词，如教（男孩），教胎儿拼写 b-o-y。

例如教 a 这个音时，一面正确地反复发好这个音，一面用手指写它的笔划。这时候最需要的是，把"a"的视觉形状和颜色深深地印在脑海里。这样一来，母亲发出的"a"这样一个信息，就会以最佳状态传递给胎儿，从而利于胎儿用脑去理解并记住它。

（2）使用彩色卡片学习数字

这与上面道理相同，通过深刻的视觉印象将卡片描绘的数字、图形的形象和颜色，以及母亲轻柔的声音一起传递给胎儿。使胎教成功的诀窍是不要以平面的形象而要以立体形象传递。例如"1"这个数字，即使视觉化了，对胎儿来说，也是一个极为枯燥的形象。为了学起来饶有兴趣，窍门在于加上由"1"联想起来的各件事物。如"竖起来的铅笔"、"一根电线杆"等，让这个数字具体又形象。在教"2"这个数字时，母亲可以想象在水面上的天鹅的情影。学习要从身旁的材料中找出适当的例子来。当然，这时不要忘记清楚地发好"1、"2"的读音。

做算术也是一样，例如教 1＋1＝2 的时候，可以说："这里有 1 个苹果，又拿来 1 个苹果，现在一共有两个苹果了。"将具体的、有立体感的形象，也就是将三维要素导入到胎教中去。

教图形时，先用彩笔在卡片上描绘出圆形、方形、三角形，将其视觉化后传递给胎儿，并找出身边的实物来进行讲解。"

（3）生活常识和自然知识的学习

实践上述这些方法的目的，是让胎儿预先掌握生活中的智慧和一般常识，以便出生后对日常生活中的事物更加感兴趣。胎儿大脑有如一张白纸，对外界的信息是没有什么难易之分的，好奇就接收，厌烦就一概拒绝。

这样我们就不妨有选择地挑一些有趣的话题，通过感官和语言传递给胎儿，以刺激胎儿的思维和好奇心。

3. 让胎儿接受良好音乐刺激

现代科学已经进一步证明，胎儿具有听觉和记忆的能力。胎儿的听觉随着胎儿神经系统的发育而逐渐形成，4 个月的胎儿即可感知外界环境的声音。声音作为一种能量和信息，可以在母亲和胎儿之间传递，凡是能透过母体的声音，胎儿都可以感知到。在胎儿的音响世界里占统治地位的是母亲浑厚而有节奏的心跳声和血液流动声，从胎儿有听觉的那一天起，就习惯了这种声音，并且还以母亲的心跳声作为辨别其他声音的标准。

有一个曾经引起世界轰动的年青人，他叫布莱德·格尔曼，当他从医生那里知道了5个月以后的胎儿能够具有听力，并可以进行学习时，他就开始设想他自己怎样才能够同他的未出世的孩子建立联系，后来他发明了"胎儿电话机"。这种电话机有点像收录机，它可以将录下的声音通过母亲的腹壁传递给胎儿，并可以随时记录胎儿在子宫内对外界各种声音刺激的反应，把这些微弱的子宫内声音再放大，就可以了解胎儿对声音的反应。他相信通过胎儿电话机可以使他和胎儿之间的关系同他太太和胎儿的关系一样密切，因此，布莱德·格尔曼每天不间断的将其放在妻子腹部子宫的位置。有时通过话筒直接与胎儿讲话和唱歌，逐渐他发现当胎儿喜欢听某种声音时他会表现得安静，而且胎头会逐渐移向妈妈腹壁，听到不喜欢听的声音时头会马上离开，并且用脚踢妈妈的腹壁，表示他不高兴。

经过一段时间的观察与训练，布莱德·格尔曼已经知道了他的宝贝喜欢听什么声音和不喜欢听什么声音。格尔曼常常很兴奋地对他的朋友说："我的孩子生下来不久，当她一听到我的声音就会掉转头来对着我，我简直无法形容她这样做使我多么高兴！"格尔曼发明的"胎儿电话机"的消息传开以后，世界各地许多人打电话给他感谢他的贡献。

孕妇歌唱时，歌声与心跳声、血液流动声、呼吸声及胸腔的运动是协调一致的，胎儿很容易接受。这些声音在胎儿的智力发育中起着极其重要的作用，它是胎儿与外界环境保持联系的重要器官，也是进行听力训练、接受良好音乐刺激（即"音乐胎教"）的物质基础。

音乐虽然只有7个音符，但它却以千万个不同的组合方式编织出一支支似行云流水，像炊烟袅袅，如排山倒海的乐曲，它能拨动千百万人起伏的心弦，令人心旷神怡，进发出灵魂深处潜在的能量。然而，不符合要求的胎教音乐，或使用的方法不当，同样会对胎儿的大脑和听觉造成伤害。专家们经过研究认为，胎教音乐在节奏、频率、力度和音响范围等方面，都要尽可能地与子宫内的胎音合拍，要注意保护胎儿的听觉器官，频率过高的音乐会损伤胎儿内耳螺旋器底膜；节奏过强、力度过大的音乐会导致听力下降；音响范围过宽的音乐会造成冲动泛化，对胎儿产生不良的影响。因此，在选择胎教音乐时，必须充分注意音乐的质量，购买正版的专用胎教音乐，让宝宝能够听到优美、有益的音乐，以达到最佳的音乐胎教的效果，使音乐真正起到开发智力、促进宝宝健康成长的作用。

音乐胎教一般采用的方法有：

（1）音乐熏陶法

孕妇自己欣赏，条件不限。可以戴着耳机听，也可以不戴耳机听；可以休息时听，也可以做家务或者吃饭时听；还可以一边听一边唱等等。总之，孕妇可以根据自己的环境随意安排，要尽可能地多抽出一些时间欣赏胎教音乐。

（2）器物传声法

是让胎儿直接欣赏胎教音乐，对他们进行有益的音乐刺激。音乐胎教应从妊娠5个月时开始，将胎教器放在孕妇的腹部，每天定时播放几次，每次5～10分钟，音量应适中。与此同时，母亲也应放松，自然地同胎儿一起欣赏，方能取得良好的效果。

（3）母亲哼唱法

如果母亲能亲自给胎儿唱歌，将会收到更令人满意的胎教效果。一方面，母亲在自己的歌声中陶冶了情操，获得了良好的胎教心境；另一方面，母亲在唱歌时产生的物理振动，和谐而又愉快，使胎儿从中得到感情上和感觉上的双重满足。这一点，是任何形式的音乐都无法取代的。未来的妈妈在工作之余，不妨经常哼唱一些自己喜爱的歌曲，把自己愉快的信息通过歌声传递给胎儿，让胎儿分享母亲的喜悦。

有的孕妇认为自己五音不全，没有音乐细胞，哪能给胎儿唱歌呢？其实，完全没有必要把唱歌这件事看得过于严肃。要知道给胎儿唱歌，并不是登台表演，不需要什么技巧和天赋，要的只是母亲对胎儿的一片深情。只要您带着对胎儿深深的母爱去唱，您的歌声对于胎儿来说，就一定十分悦耳动听。唱的时候尽量使声音往上腭部集中，把字咬清楚，唱得甜甜的，您的胎儿一定会十分喜欢。

4. 孩子喜欢抚摩，胎儿也一样

西方教育专家研究表明：婴幼儿的天性是需要爱抚。胎儿受到母亲双手轻轻地抚摩之后，亦会引起一定的条件反射，从而激发胎儿活动的积极性，形成良好的触觉刺激，通过反射性躯体蠕动，以促进大脑功能的协调发育。与胎儿玩耍的目的，就是通过隔着孕妇腹壁对胎儿施以触觉上的刺激，促进胎儿动作和大脑的发育，拉近父母与孩子的感情。

父母与胎儿的这种玩耍可以从胎儿 3～4 个月的时候开始。每天傍晚，孕妇平躺下，尽量使肚子松弛。然后双手捧着胎儿，用一个手指反复地轻轻地按压胎儿，如果胎儿不愿意继续玩耍下去，他会用力挣脱或蹬腿反对，这时就要立即停止。起初，胎儿是被动地对父母的抚摸、轻拍、按压作出反应，以后，胎儿只要一接触到父母放在腹壁上的手，就会主动作出反应，要求玩耍。胎儿六七个月以后，父母已能感到婴儿的形体，摸到其肢体。这时，父母可以轻轻地推动胎儿，让他在母腹中"散步"和"体操锻炼"。如果胎儿"生气顿足"，父母可以轻轻地安抚他。七八个月以后，父母可以一边与胎儿玩耍，一边跟胎儿说话。每次与胎儿玩耍的时间不宜过长，以 5～10 分钟为宜。

法国心理学家凡尔纳·蒂斯认为，父母通过触摸动作和声音，与腹中的胎儿沟通讯息，可以使孩子变得聪明健康，感到舒服和愉快，有一种安全感。

父母与孩子的玩耍，还给亲子双方带来积极的情绪，有助于加强双方的情感联系。一位孕妇妊娠 4 个多月时，丈夫怀着即将做父亲的喜悦心情，每天饶有兴趣地和妻子腹中叫维克的孩子玩耍，一边玩一边说。维克出世后，尽管父亲和母亲都对他表现出无比的疼爱，但是维克对父亲的感情明显超过其对母亲的感情。父子间情深意浓，心心相印。

未满月前，每当维克大哭不止时，母亲及家中诸位男女亲属轮流抱哄，都不能使其安静下来。而只要外出的父亲归来，一经父亲抱起，他会立刻止住哭泣，变得安静恬适。凡此种种，屡试不爽。及至稍大，每天晚上，维克在睡意浓浓中还要伸出一只手来找寻父亲，如果摸到了爸爸的身体，他便安心入睡；反之，他便凭着感觉，挪动身体寻找父亲，直至找到为止。父子俩之间的情感纽带如此结实牢固，虽然不能完全归因于孩子出生前双方的玩耍，但孩子出生前，父子之间的动作、语言的应答，对双方的互爱至少发挥了间接的促进作用。

不管在做哪种胎教，胎儿都会有反应，或高兴、或不满。宝宝高兴的时候，他会有规律地很温柔地动动，如果不满，就会无规律地抖动。这时候，妈妈就要找检查胎教方法是否正确，并及时调整。

如果胎儿没动静，可能就是处于睡眠状态，不要为了胎教，拍打肚皮，把孩子吵醒。

除此之外，还有一种光照胎教法。胎儿的视觉较其他感觉功能发育缓慢。孕 27 周以后胎儿的大脑才能感知外界的视觉刺激；孕 30 周以前，胎儿还不能凝视光源，直到孕 36 周，胎儿对光照刺激才能产生应答反应。因此，从孕 24 周开始，每天定时在胎儿觉醒时用手电筒（弱光）作为光源，照射孕妇腹壁胎头方向，每次 5 分钟左右，结束前可以连续关闭、开启手电筒数次，以利胎儿的视觉健康发育。但切忌强光照射，同时照射时间也不能过长。

通过以上各种方法，综合地对胎儿进行教育、训练，沟通信息，形成父母与胎儿之间的相互结合，对于出生后婴儿的智力开发十分有利。在此期间，一定不要忘记对孕妇本身实施其他一切保健措施。

三、孕妇一定要保持健康的身心

西方家长认为：为了让新生命能够顺利地出生，孕妇一定要保持健康的身心。如果孕妇的身体内部和外部的环境舒适，且心境平和欢愉，那么其腹中的胎儿便会感知到这一切，从而使他更为积极、更为健康茁壮地成长。

（1）孕妇的身体要健康

如果孕妇的身体健康状态不佳，那么对于怀孕而言，将是一大负担。一旦生病，那么在疾病治疗当中，药物很可能对胎儿造成不良的影响。特别是心脏病、糖尿病等对怀孕有影响的疾病，一定要趁早治疗。当然也可以在怀孕期间治疗，但是药物必须谨慎服用，并且要严格地遵照医生的指示。

有些孕妇为了保持苗条的身材而进行极端的节食，结果产生营养失调，导致贫血和体力不支。为了避免危及健康，孕妇必须对自己的饮食生活状况作一番正确的调整。为了迎接胎儿的到来，准爸爸在此期间也要担负起相应的责任。要在这段特殊的日子里给予自己的妻子以良好的照顾，让她的身心能够达到一个健康的平稳的状态。夫妻一同努力，相亲相爱的生活气息是营造良好的胎教环境所必需的重要先决条件之一。

（2）孕妇一定要保持健康的心理

如果母亲不安、恐惧会使胎儿略趋向女性化。有一份报告显示，第二次世界大战中，德国怀孕 4 个月后遭受强烈空袭压力的母亲所产下的孩子中，出现同性恋倾向的男性相当多。日本也发现有相同的事例。这些事实，足以表明在怀孕 4 个月之后，脑部性别分化进行时若遭受强大压力会造成可怕的后果。例如，战争中的空袭，让母亲随时笼罩在死亡的恐惧之中。

以往心理学家对同性恋者的研究，只是针对其心理层面来进行研究，但是随着脑的性别分化受到理解，人类慢慢了解到怀孕中承受压力所带来的影响。

受精后，怀孕初期逐渐分化的胎儿脑部，此时并没有男女的区别。但是，怀孕 3 个月左右，男性的性器官逐渐形成。从怀孕 4 个月左右开始，胎儿会从自己的精巢分泌男性荷尔蒙；女性的卵巢形成之后，会分泌出女性荷尔蒙。

另一方面，母亲的子宫内也会分泌女性荷尔蒙。胎儿的脑就处于母子分泌的混合荷尔蒙中，其中女性就完全置身于女性荷尔蒙中，而男性则置身于本身分泌的男性荷尔蒙及母亲的女性荷尔蒙之混合荷尔蒙之中。依照其混合荷尔蒙的比例，影响其性格变得男性化或女性化。

胎儿的脑性别分化，一旦决定就不会再改变。即使出生后努力要培养转化为男性，也是非常困难的。同性恋与母亲遭受压力的机会多有密切的关系。

母亲不安、恐惧时还会影响胎儿的记忆力。当母亲的心灵蒙受强烈的不安、不快和恐惧时，胎儿的有关记忆的荷尔蒙分泌将会受到抑制。结果，造成胎儿记忆力受到抑制。当然，也有可能是因为胎儿本能地发挥不想记忆之事的能力，进而导致这种记忆荷尔蒙的分泌受到抑制。

还有就是，母亲不愉快心情有时会生出感情淡漠的孩子。18 世纪日本一位妇产科医师——稻生正治所著的一本书中曾经写道：

人类在胎儿时期与母亲连成一气。母亲的心会影响胎儿的心，母体的作用会影响胎儿……

这意味着母亲与胎儿不仅肉体连成一体，而且思维也是一体，有所谓的子宫内母子分离的说法，胎儿生存在母亲的腹中，究竟何谓子宫内母子分离？那就是指母亲面对胎儿的心情。当获知怀孕的时候，您有什么感受呢？随着胎儿的成长，您的心情又是如何呢？

没有怀孕经验的人或许无法体会。然而，当您获知怀孕的时候，如果本身出现拒绝的心态，还不想生或不想要，在这种心情下怀孕，此时胎儿与母亲虽然肉体相连，可是心灵欲望却完全反向，这就是所谓的子宫内母子分离。

生命一旦存在，就会出现成长的欲望，却与此时母亲的心态截然不同。

在这种状态下出生的婴儿，未来必然无法心存丰富的感情。有时候，因为婴儿洞悉母亲心理的这种想法，就会变得不想吸食母亲的奶水。因为，既然妈妈不希望我的到来，我也不要吸奶了。母奶是婴儿的命脉，这实在是相当严重的抗议。

这种例子虽然不多，但是母亲不想要孩子的心，确实可以给孩子带来各种压力。

1. 合理的睡眠和休息很重要

孕妇因为睡眠不足易引起疲劳，所以要确保睡眠时间，如果感觉疲劳并不容易恢复的时候，要睡午觉。孕妇睡眠时间最低要保证 8 小时。要比平时多 1 小时左右，特别是在酷热的夏季，每天都应该睡午觉。睡午觉不要随意，要形成规律，否则将影响晚上的睡眠。午睡的时间 1~2 小时即可，不能睡午觉的人，应补充晚上睡眠时间。

孕妇可根据身体的自我感受，调节自身的工作和休息状况，过多的劳动对身体没有好处。

妊娠早期，身体还没有适应，因此容易全身无力或感到疲劳，这时应该多休息。即使没有感到不适，和平时身体状态相比没有变化的人，知道怀孕后也应适当控制自己的行动，以便得到充分的休息，过于劳累会引发各种疾病，有过流产经历的孕妇，应注意。

到了妊娠中期，反应渐渐消失，情绪也逐渐好转。这时往往不知不觉地操劳过度，因此要安排休息时间，保证适当的休息，这样身体的疲劳程度就大大减轻。

妊娠晚期应特别注意休息，因为这一时期特别容易疲劳，不要长时间以一种姿势或全力以赴地完成工作而不休息。

怀孕早期为了容易入睡，仰卧位会比较舒服，另外在膝盖的下面放上叠成两层的坐垫或一个枕头也可以。在怀孕中期以后由于腹部逐渐大了起来，取一个舒适的体位能够安然入睡。仰卧位会使孕妇感到难受，这时侧卧位比较舒服，当腿部有静脉曲张、水肿或疲劳的现象时，把叠成两层的坐垫放在腿下，把腿抬高，这样睡眠的效果就会更好。总之，为了能够熟睡，睡眠时要注意姿势，只要自己舒适就可以了。

如果孕妇烦躁不安，不容易入睡，可以采取多种方法，例如：以先看看书，等到疲倦时再睡；也可以洗个澡之后再睡。

正确的睡姿，会使孕妇安静入睡。一般人的心脏在左边，所以睡觉时最好是右侧卧，因为这样可减少对心脏的压迫。但孕妇则相反，因为随着怀孕时间变长，子宫不断增大，甚至占据了整个腹腔，这样会使邻近的组织器官受到挤压，子宫不同程度地向右旋转，从而使保护子宫的韧带和系膜处于紧张状态，系膜中给子宫提供营养的血管也同时受到牵拉，会影响胎儿的氧气供应，容易使胎儿慢性缺氧。孕妇采取左侧卧姿，就可以减轻子宫的右旋转，缓解子宫供血不足，对胎儿生长发育和孕妇生产是有利的。

有些怀孕时间较长的孕妇，担心侧卧会挤压到胎儿，于是干脆就采用仰卧的姿势。其实，孕妇在仰卧时，硕大的子宫会挤压腹腔中的腹部主动脉和下腔静脉等大血管，造成邻近的部分组织器官动脉血液供应不足和静脉血液回流障碍，而导致子宫本身血液供应不足。孕妇长时间仰卧，还会使肾脏供血不足，易引起血管紧张，排尿量减少，甚至会出现浮肿，并有可能导致妊娠高血压综合症。

由此看来，孕妇向左侧卧对自己和胎儿的健康都是有利的。

西方教育专家提醒孕妇，切记不要睡软床。怀孕的妇女脊柱腰部前屈较未孕妇女要更大些，在睡弹簧软床仰卧时，脊柱呈弧形，会使已经前屈的腰椎小关节的摩擦增加。长期睡软床，容易造成脊柱位置失常，压迫神经，增加腰肌的负担，不但不利于生理功能的发挥，而且也不能消除疲劳，孕妇会常常有腰痛的感觉。

睡觉时，人们经常变换睡觉的姿势，这样有助于大脑皮质抑制的扩散，提高睡眠的质量。随着胎儿的增大，孕妇会因腹部隆起而不便翻身。若睡软床，身体深陷其中，会增加翻身的难度。这样的睡眠不但不利于消除疲劳，还会给孕妇增加疲劳。此外，孕妇的任何翻身，都会压迫附近的器官和组织，甚至引起一些疾病。如孕妇仰卧时，增大的子宫压迫腹部主动脉及下腔静脉，会出现下肢、外阴及直肠静脉曲张，影响胎儿的活动和发育，孕妇更容易患褥疮。如右侧卧位，孕妇会因右输尿管被压，而增加患肾盂肾炎的机会。为避免这些不利母胎健康的情况出现，应左右侧卧位交替进行最佳。睡弹簧床恐怕很难做到。

在硬板床上铺厚棉垫，比较适合孕妇睡觉。

2. 孕期的自我监护和测量

孕妇在妊娠早期并不能了解到胚胎的发育情况，随着胎儿的长大，在怀孕 12 周后，孕妇和家人可以在医生的指导下，对胎儿的生长情况有一个清楚的了解，这一时期孕妇所要作的就是对胎儿的自我监护。虽然去医院作产前检查非常重要，但孕妇的家庭监护也是必不可少的。孕期家庭自我监护简单来说就是由孕妇和家属亲自观察胎儿在子宫内的健康状态。

孕妇要做好家庭自我监护，应注意以下几方面：

（1）记录胎动次数

胎动的 3 种类型：

·怀孕第 6 个月胎儿开始出现剧烈地冲撞或踏脚；

·产前第 3 个月时胎儿出现左右缓慢地扭动或蠕动；

·猛烈的痉挛式的胎动。

当胎儿受到某种刺激时，也会出现胎动。

通过孕妇的一些亲身体验，可以证明胎儿对某种刺激有动作反应。有位孕妇是打字员，当打字时，打字机发出哒、哒的声音，胎动便开始出现，随着打字机声音的快慢，胎动的大小也随之不断地变化着，胎儿听到拍打桌子的声音，也随之转动；如在腹部附近敲铃，铃声也会引起胎儿活动。

此外，胎动可受许多因素的影响，与妊娠月份，孕妇的喜、怒、哀、乐等情绪变化，羊水的多少；以及用药等都有着密不可分的关系。怀孕第 28 ~ 38 周时，是胎儿胎动最为活跃的时期。足月生产之前，由于胎头下降至骨盆内，所以胎动次数则有所减少，这是一种正常现象。

胎动的快慢、多少、强弱等，可反映出胎儿的状态，所以人们把胎动称为胎儿安危的标志。胎动正常，表示输送给胎儿的氧气充足，胎盘功能良好，胎儿在子宫内发育良好。据观察表明，正常明显的胎动应不少于每小时 3 ~ 5 次。由于胎儿存在个体差异，有的胎儿每小时内胎动次数可达 5 ~ 7 次。但只要胎动有节奏，有规律，变化不大，即说明胎儿的发育是正常的。

孕妇如果发现胎儿胎动次数突然减少甚至胎动停止，就预示着胎儿的健康情况出现了问题，必须尽快到医院检查。如果 1 小时内胎动少于 3 次，或 12 小时内胎动次数小于 20 次，通常是因为胎儿缺氧，胎儿可能受到严重危害，有人把这种现象称为"胎儿危险先兆"。

胎儿从胎动消失至死亡通常需 12 ~ 48 个小时，多数在 24 小时左右死亡。当孕妇出现怕冷、食欲缺乏、口臭、倦怠或有不规则的阴道出血时，通常可判定胎儿已经死亡。因此，孕妇如果一旦发现胎动异常，便及时到医院检查治疗，往往可使胎儿化险为夷，完全可以避免悲剧的发生。

胎动只是一种主观感觉，受到孕妇对羊水量的多少、胎动的敏感度、腹壁的厚度、服用硫酸镁或镇静剂等药物的影响。所以在判断胎动信息的准确性时，必须考虑以上因素。

胎儿的胎动计数，只能作为反映胎儿安危的一个参考信息。胎儿的发育情况，有无畸形或其他异常情况，则需要结合其他现代医疗仪器进行更为详细的检查，由医生加以综合分析后，才能作出准确无误的判断。

（2）听胎心音

在怀孕 18 ~ 20 周时，孕妇可以通过腹部听到胎心音。胎心音是双音，就像钟表的"滴答"声，每分钟为 120 ~ 160 次，速度较快、节律整齐、声音清脆。当孕妇数胎动时，丈夫应当每晚听 1 次胎心音，对及早发现胎儿的异常情况有帮助。胎儿在正常情况下每分钟胎心音为 140 次左右，少于 120 次/分或超过 160 次/分，或快慢不均匀，都属于异常表现，可采用左侧卧位等待 20～30 分钟后再听 1 次，如果没有好转，有可能是胎儿宫内缺氧，需要立即到医院就诊。

（3）量宫底高度

在孕早期，由于妊娠子宫位于盆腔内，孕妇自己无法摸到子宫底，怀孕 12 周后子宫逐渐长大进入腹腔，可以在下腹部、耻骨联合上缘摸到子宫底。随着孕期增加，子宫底也逐渐升高，这时就可以测量子宫底的高度来估计胎儿是否正常成长。宫底高度测量应于怀孕 28 周后开始，对于不能经常到医院定期检查的孕妇来说这是必不可少的。以前用指宽（以手指宽度 1.5 厘米估算）来测量高度，这样不够准确，现由于个体差异较大，用软尺沿腹壁测量自耻骨联合上缘至子宫底之间的距离，以此来估计胎儿的胎龄。方法是从下腹正中向下移动触及骨质部分——耻骨联合，然后用软尺测耻骨联合上缘中点至子宫底的距离——宫底高度。应当每周测量 1 次宫底高度。正常状况下，每周宫底高度会上升 0.5～1.5 厘米，如果连续 3 次宫底高度的测量都没有发现升高，则有可能是宫内胎儿发育迟缓；若 1 周内宫底上升超过 3 厘米，则有可能是羊水过多导致的。出现上述情况，需要立即去医院就诊。

（4）自觉症状

如怀孕期间出现以下症状应及时就医：

①严重浮肿。妊娠中、后期，孕妇下肢会出现轻度浮肿，但并无不适，属正常现象，如果浮肿严重，同时出现血压升高等现象，这就需要考虑是否是妊娠中毒。

②体重增长过快。如果孕妇每周体重增长超过 400 克可能是羊水或双胞胎，也可能是葡萄胎或妊娠中毒症，由于后两者过于严重，孕妇应提高警惕。

③频繁呕吐。在怀孕初期由于妊娠反应轻度呕吐是正常现象，12 周后可以恢复。但如果频繁地剧烈呕吐，无法进食，这样会导致电解质紊乱和脱水，为避免危害到母子安全，应立即到医院检查。

④下腹部疼痛。当孕妇出现阵发性腹痛，并伴有腰酸，有下坠感同时会有阴道流血现象，这样可能是胎盘前置，早产、流产的先兆。

⑤阴道流血或流出水样物。当阴道流出水样物时应注意是否是羊水流出，要警惕胎膜早破和早产的危险。如整个孕期出现阴道流血，都属于异常现象，不可轻视。如伴有小腹痛，应考虑是否是宫外孕、流产、早产或胎盘早剥等情况，要及早就医。但怀孕的第一个月，可能有少量月经，如果没有出现其他症状，不必惊慌。

⑥四肢无力、黄疸及食欲低下。多半是病毒性肝炎引起的。

⑦小便异常。如小便伴有腹痛或伴有灼痛感、发烧及发冷时，有可能是泌尿系统受到感染。

⑧淋巴结肿大、发烧。出现这些症状，很可能由于某种疾病感染引起的。

⑨心慌气短。孕妇在妊娠后期从事较重的体力劳动时会出现心慌气短的情况，这属于正常现象，如果静止状态或轻度活动也出现明显的心慌气短，或心悸且不能平卧，应当考虑是否是并发性心脏病，要及时去医院检查。

⑩风疹感染。如果在怀孕的第4个月感染上风疹，会对胎儿产生极大的危害，可使 30% ~ 50% 的胎儿致畸。因此，一旦确定感染风疹，孕妇应立即到妇产科进行全面检查，由医生采取补救措施，必要时进行人工流产。

（5）定期测量体重

孕妇的体重还要定期测量。体重的增加，对准妈妈而言是需要密切关注的问题。整个妊娠期孕妇体重约增加 12 千克，前 20 周约增加 4 千克，以后每周增加 400 克左右，最后 20 周增加 8 千克，但如果每周增长小于 300 克或大于 500 克，就需要及时观察。

为了保证孕妇正常、顺利地妊娠、分娩的需要，孕妇及家人要重视孕期检查。需要及时到医院进行胎儿检查的情况，基本有如下几点：

·高龄孕妇。35 岁以上的孕妇为高龄孕妇，其卵巢排出的卵子可能会出现老化或其他问题，导致胎儿出现先天性畸形儿、先天性痴呆儿的几率较高，必须作胎儿出生前检查。

·孕妇曾生过畸形胎儿，特别是生过脊柱裂胎儿或无脑儿的孕妇，再次生出患同样疾病胎儿的几率较高，所以必须要作胎儿出生前检查。

·生过患新生儿溶血症胎儿的妇女，如再次妊娠，胎儿可患更重的溶血症，甚至会出现死胎的现象。

·死胎或多次流产的孕妇，若夫妻一方有染色体异常现象，应对胎儿进行检查。

·家族中有痛风症、苯丙酮尿症者，母亲再次怀孕遗传上述疾病的概率为25%，应对胎儿进行检查。

·怀孕期，孕妇腹部曾接受过 X 射线检查，胎儿发生畸形的概率会大大提高，应对胎儿进行检查。

·近亲结婚者，患遗传性疾病的几率大，所以应对胎儿进行出生前检查。

·孕期病毒感染者或用过"致畸"药物，胎儿畸形发生几率高，应作检查。

有上述情况的孕妇必须定期到医院作胎儿检查，以便做到胎儿疾病早发现早治疗。羊膜囊穿刺术、超声波检查、胎血化验等技术，可以早期发现胎儿各种疾病。检查的最佳时间在妊娠第 14 ~ 20 周之间较好。

3. 减少和避免药物致畸的危害

孕期的妇女如果使用错误的药物就会产生不良后果，对自己和胎儿都会产生难以挽回的后果。例如，激素类药、抗癌药、抗生素药、催眠药、镇静药等等，都会对发育尚不成熟的胚胎产生直接破坏，使其在结构、形态上发生异常，导致胎儿血液、呼吸、神经等系统受到破坏。

所以，在怀孕初期（1~4 个月）时孕妇使用药物要谨慎，或者避免用药。如果生病必须用药要请教专业医生。

怀孕初期是胚胎组织器官分化、形成、发育的重要时期，是塑造成形的重要阶段，妊娠中后期主要是形体的发育成长。但如果初期成形有误，中后期就会造成畸形。

在怀孕前12 周是头颅到四肢，外表到内脏的重要形成时期，因此妊娠的前 3 个月药物会对胎儿产生严重的致畸作用。在这一时期受到伤害和损害，容易发生中枢神经系统缺陷（如脊椎裂、大脑发育不全、脑水肿、小脑畸形）、内脏畸形、肢体畸形（并趾、多趾、眼异常、兔唇）。

　　须谨慎使用的药物包括：

　　·活血化淤的中草药会导致胎儿肢体畸形。

　　·抗过敏药。苯海拉明及氯苯那敏（扑尔敏），可使胎儿脊柱裂、唇裂及肢体缺损等。

　　·抗生素。如孕妇在妊娠 12 周内服用四环素，会导致胎儿先天性白内障或四肢短小畸形。孕期用卡那霉素链霉素等抗生素时，会导致胎儿先天性耳聋。产前 10 天内服用氯霉素，会导致新生儿患上灰色综合征。

　　·激素类。怀孕早期，使用合成孕激素和雄性激素，特别是由睾酮衍化而来的合成孕激素，会导致女胎男性化，出现阴唇融合粘连、阴蒂肥大与局限性外阴异常等症状。雌激素则会导致男胎女性化，口服避孕药会导致先天性心脏病，可的松（皮质素）会导致腭裂或唇裂。

　　·抗疟药。如乙胺嘧啶、氯喹及奎宁等，会使胎儿发生四肢缺陷、脑积水、耳聋和视网膜病变等症状。

　　·抗癫痫药。苯妥英钠，会导致胎儿发生腭裂、唇裂、先天性心脏病和小脑损害等症状。致视胎儿网膜病变。

　　·抗肿瘤药物。在妊娠早期服用环磷酰胺，会引起脑积水、无脑儿、腭裂和死胎等症状。

　　只要医生和孕妇合作密切，用药合理，就会减少和避免药物致畸的危害。在怀孕的前 3 个月应当少用药，或者不用药。如果遇到可用可不用的药物要尽量不用，必须用药时要请教医生。孕妇还要注意保护好自己，避免被病毒感染。病毒是一种体积细小，在普通显微镜下无法观察的病原微生物，它一旦侵入肌体就会造成感染，严重危害人体健康。被病毒感染的孕妇，不仅影响本人健康，更重要的是对胎儿健康产生危害，尤其是在怀孕初期，感染病毒会导致胎儿畸形、流产、早产或死胎。

　　那么胎儿由病毒引起的先天性缺陷的原因主要是什么呢？当孕妇被病毒感染后，由于病毒体积小，会马上进入孕妇的体内，经血液循环到达胎盘感染胎儿。由于怀孕早期胎盘还处在刚刚形成的初级阶段，预防病毒侵入的能力和抵抗病毒的能力都很弱，如果这时期的胎盘遭受感染，造成胎盘炎症会影响到母体与胎儿之间的物质交换功能。而胎儿的发育是依靠胎盘吸收母体营养并将废物排出体外的，如果胎盘感染病毒，则会影响胎儿的正常发育，严重时会引发先天性缺陷。

了解了病毒对胎儿的危害，希望孕期妇女，特别是在怀孕前4个月的孕妇，要注意保护好自己，避免被病毒感染，造成无法弥补的损失。

通过西方专家多种实践证明，有许多病毒可以通过胎盘危害胎儿，下面我们介绍危害最大的4种病毒。

（1）风疹病毒

这是一种可引起急性传染病，应引起孕妇高度重视的病毒。这种病毒主要通过呼吸道感染，可引发流涕、发烧、咽痛、头痛等症状，24小时后由颈部、面部逐渐向全身发展，出现红色小斑丘疹，2～7天可自行消退，病情好转。对怀孕初期的妇女来说如果感染这种病毒，虽然不会对母体产生损害，但对胎儿来说却是一场劫难。

（2）弓形虫病

孕妇应当把这种病和风疹一样重视起来。这种病毒主要寄生在动物身上，通过动物身体的排泄物传染。如果孕妇感染此病，不久本身就会产生抗体，并不会受到影响，但给胎儿带来的危害是无法避免的，会导致胎儿小头畸形、形成脑积水、大脑发育受阻，严重影响胎儿智力。

因此为了孩子的健康，在怀孕期间有饲养小动物嗜好的妇女应该与可爱的小动物暂时分开，避免受到弓形虫感染；到饲养动物的朋友家做客必须小心，当然也不要到动物园去。此外，弓形虫病也可以通过家畜排泄物传播，因此孕妇吃蔬菜、瓜果前要清洗干净。

（3）水痘

一直以来大家都认为水痘对胎儿无不良反应，但近几年美国有报道已有8例先天性水痘综合征，即惊厥、小头畸形、肢体发育不良和智力发育迟缓等，这些症状表明这种病毒也可以通过胎盘进入胎体，影响胎儿正常的生长发育。

由于水痘患者多见于小孩儿，因此孕妇在怀孕早期要避免接触患儿。

（4）艾滋病

艾滋病被称为"世界瘟疫"，是一种免疫缺陷综合症。西方医学对此进行了多年研究，但目前仍无特效疗法。因此，这类病毒关键还在于预防，希望男女青年为了自己也为了后代的健康洁身自爱。

此外，孕妇还要避免射线辐射，多项调查显示，射线对胎儿危害严重，尤其是原子辐射以及 X 射线辐射。

在 X 射线照射下精子和卵子可以产生生殖细胞的基因或染色体发生变化，而这种变化是取决于母体接受 X 射线的次数和在这个时期的胎儿发育程度。为了保证胎儿的安全，使孕妇能够了解胎儿在母体内各阶段的发育情况，避免在此期间接受 X 射线，我们将胎儿发育分成以下 3 个阶段：

第 1 阶段：胚卵期为怀孕后的第一周、第二周。如果此时孕妇接受大量的 X 射线照射，会导致受精卵死亡或孩子出生后死亡。

第 2 阶段：胎龄 2～12 周为胚胎期，胎儿的主要器官在这个时期形成、发育，如果受到 X 射线照射会发生脊柱裂、耳部畸形、小头畸形、腭裂、无脑儿、生殖畸形等症状。

第 3 阶段：12 周后至出生为胎儿期。这时孕妇接受 X 射线照射会导致胎儿生长发育迟缓、白血病、唐氏综合征、失明、智力低下，甚至死在宫内。

怀孕早期（怀孕 3 个月前），是胎儿各器官、组织的形成时期，这时期的胎儿对 X 射线的敏感性最强，因此，孕妇应避免接受 X 射线照射，如果需要做某些检查可选用 B 超；如果必须要做 X 射线检查，应在 7 个月以后再进行。育龄妇女就医时应把自己的月经期在医生检查前告诉医生，使医生心中有数。为保证安全，除患有急症外，只能在月经来潮的 10 天以内接受盆腔部和下腹部的 X 射线检查。

第 二 章

抓住敏感期进行早期教育

西方教育认为，0～3岁的婴幼儿时期是孩子脑部发展的黄金期。过去，人们错误地认为人类的智商（IQ）是与生俱来的，也错误地以为头脑的好坏取决于今天的脑容量，亦即由遗传基因所决定。

不过，随着西方医学的研究，早已证实正常新生儿的脑神经细胞约为160亿个，和成人相差无几。更发现这些脑细胞的功能，在3岁前约可完成60%，8岁前完成80%；更有报道指出从胎儿时期开始，人脑的发育便受到后天环境的影响。于是，在人类脑部活动最密集的时期给予幼儿适当刺激、营养、教导，将可"开发大脑潜能，使孩子更聪明"。因此，掌握幼儿学习的敏感期，给予足够的刺激，即能灵活孩子的大脑，为日后的心智发展奠定优良的网络结构。

既然后天环境对孩子头脑聪明与否，占绝对的影响力，那么，提供孩子成长环境的照顾者，便成为决定孩子头脑好坏的关键人物。换言之，正是身为父母的您！想让自己的孩子聪明，就从婴幼儿时期开始培训吧。

一、不能错过孩子的关键期

翻开古希腊历史，我们会发现雅典的天才层出不穷。然而，雅典的人口却少得可怜，即便在全盛时期，也才50万人左右，而且其中五分之四是奴隶。公元前490年，波斯帝国国王大流士派出12万人、600艘战船的大军要踏平雅典，而雅典派出的军队只有一万人。我们都知道，马拉松战役是历史上有名的大战役，但据说雅典军队在这次战役中，只有192人阵亡。像雅典这样的小城，竟出现了那么多的天才，这是为什么呢？人种改良论的鼻祖高尔顿认为，那是因为希腊人是优秀人种，也许这的确是原因之一，但最主要的原因还是他们受过早期教育。古希腊有对儿童进行早期教育的传统。

哲学家卢梭在他的教育学著作《爱弥儿》一书中有如下一则比喻：

这里有两条狗，它们由一母所生，并在同一个地点接受同一母亲的教育，但是其结果却完全不一样。其中一条狗聪明伶俐，另一条愚蠢痴呆。这种差异完全是由于它们的先天性不同造成的。

与之相对的是著名教育家裴斯塔洛齐的一段寓言：

有两匹长得一模一样的小马。一匹交由一位庄稼人去喂养。但那个庄稼人非常贪得无厌，在这匹小马还没有发育健全时就用它来赚钱，最后这匹小马变成了很普通的驮马。与上述这匹命运迥异的是，另一匹小马托付给了一个聪明人，最后在他的精心喂养下，这匹小马竟成了日行千里的骏马。

以上两则小故事代表了有关天才与成才的两种截然相反的观念。前者强调的是天赋，认为人的命运是由其天赋的大小决定的，而环境的作用是次要的。与此相反，后者则几乎视环境的作用为万能，天赋的作用则毫不重要。

自古以来，在关于孩子的成长问题上，西方人更倾向于卢梭派的学说。先天的禀赋固然会影响孩子的成长，但是后天教育对于孩子成长起着更重要的作用。因为先天的禀赋是一定的，个人在知识、才能、性格甚至道德品质诸多方面的表现都是在后天教育的影响下形成的。

从生下来起到3岁之前，是孩子智力发展最为重要的时期。因为这一时期，孩子的大脑接受事物的方法和以后截然不同。刚出生的婴儿没有分辨人的面孔的能力，到三四个月，或五六个月，就能分辨出母亲和别人的面孔，知道"认生"了。但他这时并不是对面孔的特征进行了这样那样的分析之后才记住的，而是在反复的观察中，把母亲整个面孔印象原封不动地作了一个"拷贝"印进了大脑之中。

婴儿的这种纯记忆式的识别能力，远远超过我们的想象。婴儿对多次重复的事物不会厌烦，所以3岁以前也是"硬灌"时期。婴儿依靠动物的直觉，具有在一瞬间掌握整体的记忆识别能力，是成人远远不能及的。他们的大脑还处在一个白纸状态，无法像成人那样进行分析判断，因此可以说他们具有一种不需要理解或领会的吸收能力。如果不把你认为正确的东西，经常地、生动地反复灌入幼儿尚未具备自主分辨好坏能力的大脑中的话，他就会毫无区别地大量吸收好坏不分的东西，从而形成人的素质。

给3岁以前的记忆时期"硬灌"些什么呢？大致是两方面的内容：一方面是反复灌输语言、音乐、文字和图形等所谓奠定智力的大脑活动基础的模式；另一方面则是输入人生的基本准则和态度。

最近西方几十年来的心理学研究表明，婴儿已经具备初步的认知能力，而且相当善于模仿。如果从婴儿具有求知欲的时候开始，能够用适当的方法引导，都会取得不错的效果。大教育家蒙台梭利说："儿童隐藏着未来的命运，隐藏着人性的秘密，早期的毫厘之差会导致日后生活的重大偏离，成人的幸福是与他在儿童期的那种生活紧密相连的。"天赋优越只提供了发展的基础，而那些卓越有成就的人，大多数受益于儿童期良好的早期教育。

部分父母担心早期教育会累坏孩子，出现"早慧早衰"。这种担心是不必要的。儿童的身心发展与大脑的发育完善紧密相联，婴儿出生时脑重量就已经是成人的1/4，3岁时已达到2/3。人脑细胞约140亿，其中大约70%~80%是在3岁前形成的，此时大脑结构已接近成人，生理特点与成人相似，这说明婴幼儿具备接受早期教育的物质基础。

西方教育学家蒙台梭利指出："孩子的智能发展有其敏感期，抓住敏感期进行科学、系统的教育是培养超常智力结构的重要一环。"儿童每种智能的获得，都有一个敏感期。所以，早期教育不应盲目，尤其值得重视的是不能错过关键期，也就是敏感期。敏感期是自然赋予幼儿的生命助力，如果儿童在技能发展的敏感期内没有接受相关的训练，就会丧失学习的最佳时期，带来一些不可逆的严重后果。

1. 婴儿天赋不可低估

德国汉堡的心理学家安格利卡·法斯博士说："幼儿自愿做的和给自己带来乐趣的事情实际上可能是提前发出他们有这方面天赋的信号。因此，如果父母仔细观察孩子，并发现他们有什么爱好，这是有益的。"比如婴儿在出生后第4个月到第8个月开始学习看东西，眼睛和大脑中的视力中心被接通，这时婴儿可以准确地观察其周围环境。不久后，婴儿就开始寻求表达方式，复述自己所看到的颜色和画面。法斯博士认为，有些小孩很早就有良好的颜色感。父母应为孩子购买彩笔，让孩子绘画。如果父母发现小孩在二三岁时到处乱写乱画，那么应该扩大小孩的视野，例如带孩子参观博物馆，与孩子一起翻阅小人书等。

此外，语言天赋既是天生的又是教育养成的。法斯博士说："与婴儿多说话至少会促进婴儿的语言兴趣。小孩小时候说话多，长大后也往往很健谈。"重要的是，父母要让小孩多说，说错了也没有关系。

还有就是婴儿记忆力也是超凡的，新西兰奥塔戈大学的研究人员作了一个婴儿记忆力的实验：利用布袋木偶和玩具，成功地让出生6个月、12个月和18个月的婴儿模仿了他们一天前看到的动作。

虽然以前已有研究报告表明，出生仅6周的婴儿就能模仿面部表情或简单的动作，但是新的研究报告更进了一步，它表明，出生6个月的婴儿在看到某一动作一天之后仍能记住和模仿这一动作。

这项报告的撰稿人之一哈伦·海恩说："婴儿早在会说话之前就能快速地收集和处理有关周围环境的信息。"

美国华盛顿大学最先进行婴儿记忆研究的安格鲁·梅尔奥夫说，科学家以前证明婴儿能模仿动作的最早年龄是9个月。

在一项试验中，研究人员使用了一只布袋木偶，这只木偶的连指手套里装着一个铃铛。一位成人在婴儿注意的情况下，把木偶的手套脱下来，摇响里面的铃铛，然后又把手套戴在木偶的手上。24小时之后，把原来的那只木偶放在婴儿面前，婴儿也会把手套脱下来，并摇响里面的铃铛——条件是婴儿所处的地方没有变，周围的人也没有变。

研究人员通过进一步试验还发现，出生12～18个月的婴儿对他们所看到的特定动作的记忆时间更长，18个月婴儿的记忆时间长达一个月——即使是在不同的环境中。

美国生物化学家弗里德里克·维斯特尔对婴儿的实验表明，人出生的头12周是大脑功能形成的重要阶段，它将决定大脑今后如何运转。婴儿出生的头3个月，是迈出他一生发展最重要的一步，因为这个时期为他今后的智力发展奠定了基石。

初来这个世界对每个婴儿都是一场很大的冲击。"外面"比妈妈胎里冷17度，光亮无比，声音嘈杂。大脑需全速运转，但还非常不协调。虽然头脑中的"硬件"（大脑）已经存在，但是"软件"还得安装，也就是说，数百亿脑细胞才开始建立联系，一大批神经细胞要建立一个巨大的网络。维斯特尔的实验表明，这个时期产生的转换电路，就是我们以后所谓的智力。

婴儿是以他的感官来感知世界。味觉、触觉、听觉和视觉传来的大量信息传输到大脑，按"好"和"坏"储存起来。输入越多，它就越发达。也就是说，婴儿受到游戏、语言、表情和温柔动作的刺激越多，他的思维天地也就会越开阔。如果经常让孩子一人独处，他就不能积累必要的经验，而给婴儿留下许多印象的环境，则会促进他感官的发展。同孩子多说话，会促进他语感的发展。科学家在42个家庭中把一家人两年之中的谈话记录下来，同时观察孩子在这一时期的发展，结果发现对孩子说得越多，孩子就越聪明伶俐、越爱交谈。

2. 明确孩子发展的关键期

西方教育学家将小孩子和只有几岁大的幼儿定义为"软蜡"，

意思是指这时期的孩子，可以适当的加以塑造。软蜡的观念本身并没有错，错在教育学家认为孩子必须由他来塑造。相反的是，孩子必须塑造他自己。这是一个基本的观念，因为孩子是非常能够自动自发的，这可以从孩子用来表达他自己的各种方式上得知。而大人，这个孩子在眼中无所不能的大师，却可能盲目、粗鲁、又不适当的介入，把孩子开始在自己的"软蜡"上画出的轮廓毁掉。把大人的这种干扰行为称之为邪恶，真是一点也不为过。

即使大人并非有心要这么做，但他们对孩子悉心费力在内心建构起来的东西肆加破坏。在大人不注意的时候，孩子会重新开始他的建构工作。可是大人会再一次的把它破坏殆尽。孩子和大人之间的冲突就这样一直僵持到孩子完全投降，不再发表自己的意见，不再做自己想做的事为止。由此可见，在孩子这段如此敏感的时期，教育是何等重要。事实上，这个时期的教育工作，比接下来的任何时期都重要。为了避免成为阻碍孩子正常发展的阻力，大人一定要保持非常被动的态度，而且绝对不能盲目、不合时宜地干预孩子。

美国的亚当斯博士一直对幼儿从事关键期教育的研究与实验。他对一个叫辛巴的孩子从小开始培养训练。开始时辛巴的智力水平、知识水平、以及非智力心理素质等都处于中等，两年半以后，辛巴在许多方面已明显超过同龄人，并一直保持发展优势，后来他以优异的成绩进入国内名校深造，在大学中仍保持优势。

亚当斯博士说："抓住关键期进行科学、系统的教育是培养超常智力结构的重要一环。"各种能力与非智力心理素质发展的关键期如下：

2 岁半左右是幼儿技术能力开始萌芽的关键期。

3 岁左右是幼儿开始学习自我约束，建立规则意识的关键期。

3 岁左右是幼儿欣赏艺术和美感心态形成萌芽的关键期。

3 岁半左右是幼儿动手能力开始发展成熟的关键期。

3 岁半左右是幼儿独立性开始建立的关键期。

3 岁半左右是幼儿注意力发展的关键期。

3—4 岁左右是幼儿初级观察能力开始形成的关键期。

3—5 岁是幼儿音乐能力开始萌芽的关键期。

4 岁左右是幼儿开始学习外语的关键期（6—8 岁是学习外语书面语言的关键期）。

4 岁半左右是幼儿开始对知识学习产生直接兴趣的关键期。

5 岁左右是幼儿学习与生活观念开始掌握的关键期。

5 岁左右是幼儿掌握数概念，进行抽象运算以及综合数学能力开始形成的关键期。

5 岁半左右是幼儿抽象逻辑思维开始萌芽的关键期。

5 岁半左右是幼儿掌握语法，理解抽象词汇以及综合语言能力开始形成的关键期。

5 岁半左右是幼儿悟性开始萌芽的关键期。

5 岁半左右是幼儿学习心态、学习习惯以及学习成功感开始产生的关键期。

6 岁左右是幼儿社会组织能力开始形成的关键期。

6 岁左右是幼儿创造性开始成熟的关键期。

6 岁左右是幼儿观察能力开始成熟的关键期。

6 岁左右是幼儿超常能力结构开始建构，并快速发展的关键期。

7 岁左右是幼儿多路思维开始形成的关键期。

7 岁左右是幼儿操作能力开始形成的关键期。

8 岁左右是幼儿自学能力开始形成的关键期。

8 岁左右是幼儿自我控制与坚持性开始成熟的关键期。

8 岁左右是幼儿阅读能力和综合知识学习能力开始形成的关键期。

9 岁左右是儿童初级哲学思维产生的关键期。

亚当斯博士认为只要采取循序渐进的方法，在对孩子关键期培养和操作上，一定不会费太多的力气。当然，不论哪阶段的关键期，调节孩子的兴趣则是关键中的关键。其实方法很简单，就是时刻让他在周围的事物之中得到学习。因为孩子一出生，就已经开始自觉地学习和探索了，这几乎是一种天性。不仅人是这样，就连动物也不例外。

3. 清楚孩子的智力类型

俗话说人与人不一样，这是说每个人都有自己的专长，从儿童时期就能观察到，要想让孩子成才，不但要全面了解孩子的身心健康发展，更重要的是认清孩子学习的特殊性，这样才能激发孩子读书和学习的兴趣，使孩子早日成才。

1962 年诺贝尔物理奖获得者兰道，曾对 20 世纪物理学家，包括诺贝尔奖获得者在内，作过一次人才分类，并与一般人进行比较。为了使人更形象地了解人才分类依据，兰道画了以下简单、有趣的示意图：

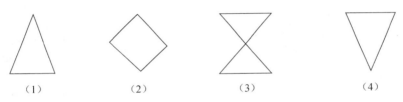

（1）　　　　　　（2）　　　　　　（3）　　　　　　（4）

按照兰道对人才分类图的解释，第一种正三角形图，象征爱因斯坦、海森堡等人：头脑尖锐而知识基础宽厚，所以他们能作出重大的发明创造。第二种菱形图，表示有尖锐的头脑，但没有宽厚的知识基础，所以有发明创造，但不深刻。第三种哑铃图形，表示知识基础宽厚，但头脑不尖锐。他认为大部分科学家都属于第三类，他们不尖锐的思维被宽厚的知识基础所弥补。第四种倒三角图形，表示头脑迟钝而知识基础单薄，这类人一事无成。

兰道的人才分类图，表明了人的智力发展水平和成才之间的相互关系。所谓智力，是指在认识客观世界过程中，人们的认识活动（观察力、思维力、记忆力、想象力、推理力、语言力等）会逐步形成一系列稳定的心理特点，这些心理特点便构成了智力。决定人的智力发展水平，主要是通过后天的教育培养。由于每个父母的智力发展水平不一，教育培养的方式各异，所以每个孩子的智力发展水平也有高低。一个孩子的智力发展水平，对于今后的成长发展影响极大。

每个父母都希望自己的孩子在智力上有很快的发展。西方心理学研究证明：孩子的智力发展有三个关键期，那就是3—4岁；7—8岁；10—12岁这三个时期。3—4岁是语言发展的关键期，10—12岁是智力发展的高峰期。父母要抓住这一智力发展的最佳期、关键期，培养和发展孩子的智力。诚然，这并不意味着12岁以后孩子的智力不发展了，只是发展得相对稍慢一些。也有一些孩子12岁以前发展并不快，12岁以后倒发展得很快。不管如何，孩子12岁以后，父母仍然要重视孩子的智力发展。

兰道的人才分类图，对于父母培养孩子的学习，至少有以下启迪：

（1）积累知识

人的认识过程，也是知识不断积累的过程。知识积累的多少、扎实与否，直接影响孩子智力发展的快慢和日后的成才。兰道分析的四种人中不难发现，凡是有所作为的科学家，都与他们拥有宽厚的知识基础有关。父母想要孩子的学习得到较快发展，就需要引导孩子从小积累知识基础，不仅要学好规定的课程内容，而且要广泛阅览，不断拓宽知识面，只有广博知识，才能日后勃发。

（2）培养孩子观察力和思维能力

兰道的人才分类图显示：一个人头脑尖锐与否，直接关系到能否创造和创造的成效。所谓头脑尖锐，相当程度上取决于敏锐的观察力和灵活的思维力，这体现了智力发展水平的质量。所以，父母要十分重视培养孩子敏锐的观察力和灵活的思维力。

英国著名生物学家达尔文，10岁那年父亲带他到威尔士海岸度假，他观察和采集了许多海生植物标本。舅舅韦奇伍德鼓励他把所观察到的一切详细记录下来，并用文字加以描述，使人能根据描述，就能辨认出各种物品。这一切，为他日后的研究工作奠定了基础。父母要像达尔文的父亲和舅舅那样，善于引导孩子在熟视无睹、习以为常的现象中发现新东西。孩子一旦具有敏锐的观察力，便会有所发现，有所创新。

许多科学家的创新发明，之所以能超过他人，除了他们具有宽厚的知识基础和敏锐的观察力外，还具有灵活多样的思维能力。灵活的思维能力，不是短时间就能造就的，需要父母经常通过趣味题目、启发性问题等，引导孩子既要学会直线思维，又要善于多向思维；既要学会正向思维，又要善于反向思维；既要能根据现成材料作出判断，又要善于根据现成材料，作出假设和逻辑推断，逐步形成灵活思维的习惯。敏锐的观察力和灵活的思维力往往相互交织、联系在一起的，它们相辅相成，相互促进。若孩子具有了灵活的思维力，那么看似严密的科学大门，经不住灵活思维力的穿透，亦会被一扇又一扇地打开。

4. 激发和训练孩子的潜能

孩子的智慧潜能如宝藏一样需要开采、需要激发，"知识即是力量，方法即是智慧"。美国哈佛儿童教育学家尼·普斯坦说：孩子的表现不如父母的意，老师觉得孩子教不会，其实这是因为大人还没有找到正确的方法激活孩子的智慧潜能，只要用对方法，即使最顽劣的孩子，也是可以教好的。美国曾经针对当今成名于世的诺贝尔奖得主、奥运选手、科学家进行研究，了解他们的成长过程，结果证实这些有成就的人，绝大多数人的能力都是后天培养，并非先天生成的。

美国一个叫雅贝斯的女孩，活泼好动，上课总是安静不下来，她常常手里拿着个东西玩，有时是一面小镜子，有时是一支笔。她最喜欢做的事情，就是拿一把小刀在书桌上搞"创作"，书桌上、座椅上，甚至墙壁上，常常留下她"创作"的痕迹。因此听课效果大打折扣，学习成绩可想而知。老师多次找她谈话，效果甚微。

随着年级的升高，学习压力越来越大，雅贝斯的自信心每况愈下，整天没精打采的，父母和老师都很着急。一次偶然的机会里，雅贝斯走进了学校的版画室，她一下就被版画室中陈列的精美的版画作品吸引住了，而且看到版画小组同学手中拿着刻刀专心致志搞创作的样子，雅贝斯的眼睛绽放出渴望的光芒。这一切，早已被站在旁边的版画老师看在眼里，他微笑着对雅贝斯说："如果你喜欢，可以加入我们的版画小组。"

从那一天开始，雅贝斯拿起了刻刀。在版画老师的精心指导下，雅贝斯对版画产生了浓厚的兴趣，她几乎把所有的业余时间都花在了版画上，一有时间就往版画室里跑，一幅作品往往需要千刀万刀才能成功，雅贝斯却乐此不疲，她的版画创作渐入佳境，不仅在技法上进步很快，而且创意独特。

雅贝斯在学习版画的过程中找到了极大的乐趣，感受到了成功，重新建立了自信，各科学习成绩也得到了迅速的提高。当然，在雅贝斯学习的过程中，班主任和美术老师始终配合默契，不失时机地因势利导，终于使雅贝斯从精神状态的低谷中走了出来，成为一名非常优秀的学生。

雅贝斯的成功似乎出于偶然，其实这个富有戏剧性的故事，就是一个典型的激发和训练孩子的潜能的案例。

试想，我们如果没有充分关注到雅贝斯的个性特点，不对雅贝斯进行激发和训练孩子的潜能，整天把雅贝斯强迫性地关在屋子里写作业，死记硬背，用同一把"尺子"去丈量，怎么能够点燃她的智慧之火呢？

要想激发孩子的潜能及创造力，有一定的学习方式和技巧。美国哈佛儿童教育学家尼·普斯坦教授经过长时期研究，提出如下一些原则和行之有效的办法。

（1）善问"十字诀"的原则

普斯坦教授认为发问对于培养孩子是很重要的。作为父母，一定要善用发问的技巧，并学会听孩子发问。因为这既有助于增进亲子关系，更可激发孩子的思考能力，同时可培养其表达能力。

发问时，不要只问对或错的封闭式问题，最好依据孩子的能力，问一些没有唯一答案的开放性问题，如茶杯有些什么用途？多少加多少等于10等。

普斯坦教授总结出发问技巧的"十字诀"。这"十字诀"是：假、例、比、替、除、可、想、组、六、类。

"假"：就是以"假如……"的方式和孩子玩问答游戏；

"例"：即是多举例；

"比"：比较东西和东西间的异同；

"替"：让孩子多想些有什么是可以替代的；

"除"：用这样的公式启发："除了……还有什么？"；

"可"：可能会怎么样；

"想"：让孩子想像各种情况；

"组"：把不同的东西组合在一起会如何；

"六"：就是"六何"检讨策略，即为何、何人、何时、何事、何处、如何。举例来说，孩子要去郊游，就可和孩子讨论怎么去？请谁一起去？何时去？为何要去？到哪里去？带什么去？问题愈多元化，孩子所受到的思考刺激愈多；

"类"：是多和孩子类推各种可能。

（2）创造"想问"的情境的原则

或许有些父母会问，如何才能让孩子想问、会问？尼·普斯坦说，要安排一个情境，以激发孩子想问的兴趣。所谓安排"情境"，有某些技巧可依循，首先是让孩子感到好奇，如故事说一半，让孩子好奇地想问结果；玩猜谜游戏，给一些暗示等等，然后引导孩子如何问得清楚，而且能有礼貌地问。

其次是利用一物多用、废物利用的原则，创造思考和发问的"情境"，例如在垃圾筒上方贴张纸条："东西丢掉前，想想看它还能做什么？"借机鼓励孩子创造不平凡的点子，或看清楚孩子是如何思考的，也了解孩子懂了多少，可谓一举数得。

（3）及早培养孩子认字讲话能力的原则

尼·普斯坦教授强调，创造力绝非"无中生有"，而是"有中生有"，所以教孩子广泛地吸收各类知识，是最有益的激发孩子创造力的方法。要做到这一点，必须多教、早教孩子们阅读、认字（但不是写字），认得的字愈多，孩子愈能快速吸收知识。

至于如何教孩子认字，可以用玩游戏的方式剪贴字、为字卡找朋友、念故事、钓字比赛、踩字、看图认字、拼部首，甚至利用广告画玩剪贴游戏、用报纸玩找字比赛等。总之，要善用孩子"想赢"的天性，让孩子累积认识词汇、字串、字句的能力。

除了认字的能力外，也要培养孩子说话的能力。这方面的办法很多，例如，玩"说故事比赛"、"故事接龙"的游戏就很好，在游戏中，大人接着孩子的话说，孩子接大人的话说，这是孩子最感兴趣的说话练习。孩子学说的过程，父母可以帮孩子录音，让孩子自己也听听自己说的故事。

此外，孩子发问时，要引导他们敢问、想问、会问，使孩子有胆量说话，也懂得轻声发问，并有机会经常累积说话的成功经验，孩子便能兼具勇气、表达和礼仪的多方面能力了。虽然每个孩子都有创造力，也都可以培养出创造力，但每个孩子所能走的路不同，所能接受的教育方式也不同，所以在规划孩子的未来时，父母不应把别人教孩子的方法拿来照本宣科，而应在注重的同时，激发训练原则，注意了解自己孩子的条件及学习途径，这样才能给孩子以最好的帮助。

二、争取让孩子赢在起跑线

在1896年首届奥运会百米跑道上，美国选手伯克一改当时流行已久的站立起跑姿势，采取双手按地蹲式起跑，观众们见状捧腹大笑，认为他是"疯了"。然而，就是这种"蹲式"的起跑姿势，缩短了起跑时间，伯克在出发的瞬间取得了优势，成为冠军。伯克的成功告诉人们，他成冠军不是赢在跑步之中，而是赢在起跑之前。

人们最常听到的一句话是：不能让孩子输在起跑线上。其实，对儿童进行起跑线上的训练，争取让孩子赢在起跑线，即对孩子进行早期教育，参天大树从小苗培养入手，才是最重要的事情。

德国法学家卡尔·威特于1800年出生在哈勒附近一个叫洛肖的村庄。他父亲也叫卡尔·威特，是该村的牧师。

威特的父亲虽然是一位乡村牧师，却有惊人的独特见解，他在没有孩子时就抱有这样的信念：孩子必须从婴儿时期开始教育。用他自己的话说，儿童教育必须随着婴儿智力曙光的出现开始。这样，一般的儿童都能成为不平凡的人。他常说：我要是有了孩子，就这样教育。

不久，他有了一个孩子，但很快死去了。生下的第二个孩子就是小威特，但是小威特在婴儿时期显得非常痴呆。然而，老威特并没有失望，踏踏实实地按照自己的计划对小威特进行教育。起初，连他的妻子也不赞成他："这样的孩子教也没用，成不了什么材，白费力。"可是，就是这个痴呆儿，不久就使邻居们大为惊讶。

小威特8、9岁时就熟练地掌握了德语、法语、意大利语、拉丁语、英语和希腊语6种语言，并擅长动物学、植物学、物理学、化学，特别是数学。9岁那年，他考入莱比锡大学。1814年4月，不满14岁就发表了数学论文，被授予哲学博士学位。两年后，他16岁时，又被授予法学博士学位，并被任命为柏林大学的法学教授。

威特的父亲把对小威特14岁以前的教育情况写成书公诸于世。书名叫《卡尔·威特的教育》。

那么，为什么早期教育能够造就天才呢？要阐明这一道理，必须从儿童的潜在能力谈起。儿童的潜能遵循着一种递减规律。例如，生下来具有100分潜能的儿童，如果一出生就进行理想教育，就可以成为具有100分能力的人；若从5岁开始教育，即使是理想教育，也只能成为具有80分能力的人；若从10岁开始教育，就只能成为具有60分能力的人。也就是说，教育得越晚，儿童生下来所具有的潜能发挥出来的比例就越少。这就是儿童潜能的递减规律。

形成递减规律的原因是，动物的能力具有各自不同的发展期，而且各个发展期是一定的。当然，某一能力的发展期相当长，而某一能力的发展期则极短。这样，一切能力若不在发展期得到发展，就永远不会发展。小狗"将剩余食物埋在土里的能力"的发展期也是一定的，如果让小狗在这段时间里呆在不能埋藏食物的房间里，这种能力就永远不会发展起来。我们人的能力也是如此。所以，早期教育要趁早！

早期教育专家认为，胎儿、婴幼儿时期是教育孩子的"黄金时期"，应抓紧时间以多种多样的形式和方法，对他们进行科学而广泛的早期教育。

1914年，美国有一个年仅15岁的少年毕业于哈佛大学。这个少年名叫威廉·詹姆士·赛兹，是著名心理学家鲍里斯·赛兹的儿子。据说他1岁半开始受教育，3岁就能用母语流利地读写；五岁时看到家里的骨骼标本，对人体发生了兴趣，从而开始学习生理学，不久居然达到执业医师考试合格的成绩。6岁那年春天，他和其他孩子一样进了小学。入学那天，上午9点编入一年级，可是到中午母亲去学校接他时，他已是三年级的学生了，而且当年就小学毕业。第二年7岁，他打算上中学，因不够年龄，学校不收。这一年他只好在家自学。学的课程主要是高等数学，因为语言学他早就学过了。

再过一年8岁，他终于进了中学，各科成绩都很出色，尤其数学更为出类拔萃，所以不久就获准免修，并协助老师给其他同学批改数学作业。这期间，他还编写了天文学、英语语法和拉丁语语法教科书。因为中学的教学内容他都掌握了，所以不久便退学了。

此后，他就闻名于世。从各地来了许多人考他，结果都说所见胜过所闻，惊讶而归。举个例子：麻省理工学院某教授，尽管用自己在德国读博士时感到非常难答的题考他，可是他很快答了出来。这时他才9岁。

9岁、10岁两年他在家自学，11岁进了哈佛大学。入学不久，他讲解四维空间这一数学上的难题，使教授们大为震惊。他父亲赛兹博士曾在《庸才和天才》一书中，写到他12岁时的情况：

他今年只不过12岁，却擅长连大学者也往往感到头痛的高等数学和天文学，还能用希腊语背诵《伊利亚特》、《奥德赛》等。他本来就精通古希腊文，读起埃斯库罗斯、罗福克勒斯、欧里庇得斯、阿里斯托芬、琉善等人的作品，就像其他孩子读《鲁宾逊漂流记》那样轻松和感兴趣。他对比较语言学和神学也很精通，对逻辑学、古代史、美国史等也很熟悉，并通晓我国的政治和宪法等。

1914年，赛兹以优异的成绩毕业于哈佛大学，随即在该大学研究生院攻读博士学位。

看了这个事例，大家也许会想：这就是世人所说的神童。这种想法是错误的。他们是由于早期教育所必然产生的天才。世上不会有这么多的偶然，他们完全是早期教育的结果。由此可见，婴幼儿时期的教育效果和意义，将比后来的教育效果大得多，好得多，重要得多！是万万不可忽视的。

1. 孩子的潜能需自幼开发

美国加州医学院贝格尔教授认为：人的潜在能力是无法测量的。对于儿童来说，只靠智力测验来断定谁有天赋，谁天资聪明并不十分可靠，因此细心的父母们不妨从以下几个方面进行观察：

①走路早的孩子聪慧。走路本身就是对婴儿大脑发育良好的刺激。所以，孩子幼时应多走路，不要整天背着抱着。

②说话早的孩子反应敏捷。说话早说明他大脑神经回路即大脑细胞之间有广泛的联系。说话早能学到比一般孩子较多的词汇，能运用大量的词汇表达复杂的意思。有的孩子3岁时能认数百个单词，能念下来简短的文字，并且对图画感兴趣，能在充分的时间里对一个问题集中注意力。这类孩子大都口齿伶俐，语言流畅，思维清晰，理解能力强。

③对外界事物表现出广泛兴趣的孩子有天赋。这类孩子常常对事物表现出强烈的好奇心，并喜欢刨根问底，很早就表现出旺盛的求知欲和对学习的兴趣。随着年龄的增长，在正确教育方法引导下，知识不断增多，眼界日益开阔，兴趣逐渐广泛，从被外界事物吸引，进而表现出对一些事物的主动性、倾向性和不舍的追求。如爱画画的孩子，见什么都想画下来，听父母讲故事，画故事情节，听了音乐又去画对音乐的感受等等。

④记忆力强的孩子聪慧。这类孩子的记忆广度和深度都超过一般儿童的水平，并且记的时间很长，学习速度快，轻松自如，能够迅速地记住幼儿园教师和父母的要求。

⑤对某种事物表现出高度注意力的孩子有天赋，能够很快地发现问题，注意细枝末节。有的孩子对别的事物漫不经心，而对某一事物则表现出浓厚的兴趣，并去专注学习。

⑥活泼可爱、体力充沛、健康状况优于常人的孩子聪明，这类孩子与父母、朋友相处比一般人更融洽，在日常生活中情绪比较稳

定，有独立生活能力，有很强的进取心、自信心。

身为父母者，平时理应注意观察自己孩子有哪些天赋，并充分地利用这些潜在天赋进行适时的培养和教育，充分发挥其所长。

前几年在魔方颇为流行时，就有一位意大利籍的智能不足小孩子，能在二十六秒内将魔方转成六面同色，显示出不同寻常的智慧；爱迪生，这位曾被誉为 IQ 零蛋的孩子，最后居然成为举世闻名的大科学家。

这些事例，无外乎都诠释了同一项事实：只要父母能够发掘并鼓励孩子的兴趣，他们便大有可为。亦即你的孩子虽然书本学习成绩并不突出，但却具有音乐的天份，这时你若能够让他学习音乐，而非逼他念博士，相信一定可以使他出人头地；如果你的宝贝不善于绘画，但却热爱拆卸玩具，此刻与其要求他当画家，不如鼓励他学习机械修理技巧，如此才不至于令孩子"一无所有"。

我们来看另一个例子：一个智商高达 200 以上，10 岁半进入美国西弗罗里达大学读研究生的美国男孩迈克尔，以他超凡的智慧引起世人惊叹。《吉尼斯世界纪录大全》早已承认并记录下他是年纪最小的（6 岁 7 个月）大学生。

迈克尔的父母凯文和卡西迪非常自豪，因为是他们最早看到了儿子聪明非凡的迹象。

迈克尔是个早产两个月的孩子。当他才 4 个月大的时候，爸爸凯文走进房间，迈克尔竟冲着他叫了爸爸。再过几个月，已可以讲些短句了。迈克尔 1 岁生日时已读着他喜欢的瑟斯博士的书而为父母逗乐了。3 岁时，迈克尔读完了名著《金银岛》。一年以后，他已在电脑上打字，把一本杂志上的一篇文章打了下来。

这个天才孩子相当自信："我是个超人，与同龄孩子在一起，我是个举止温和的孩子。而在大学里，我就是个超人。"

迈克尔上大学学费要 5 万美元，这对他的家庭来说是个很重的负担。为增加家庭收入，凯文夫妇合写了一本关于他们的孩子的书，书名是《意外的天才》，这本书成了畅销书。

由以上看来，只要父母懂得了解子女专长、善于鼓动和激励孩子，便能最大限度地激发孩子的潜在能力，使他们早早的就展现出迷人的风采。

　　每个孩子从出生就携带遗传基因决定的天赋潜能，如何鉴别自己的孩子在哪些方面有潜能特质呢？美国康涅狄州耶鲁大学的罗伯特·斯腾伯格博士致力研究一种"多方面"的测验，这种测验考虑到孩子的多方面才能，他认为如果你的孩子具有以下大部分情况，那么恭喜你，你的孩子有可能具有某一方面的天赋。

　　·善于记忆诗歌和富有情趣的电视中的台词；

　　·很少迷路——尤其是女孩；

　　·能注意到别人情绪的各种变化；

　　·经常问像"这件事是什么时候开始的"之类的话；

　　·动作协调优雅；

　　·能很好地按调子唱歌；

　　·经常问雷鸣、闪电、下雨等宇宙间的问题；

　　·你改用了讲述故事时常用的一个词时，他会纠正你；

　　·学习系鞋带、穿袜、骑自行车很快，且不费力；

　　·喜欢扮演角色、编故事，且演得、编得蛮像样；

　　·乘车的时候会说，"去年冬天奶奶带我来过这地方"；

　　·爱听不同的乐器演奏，并能根据音色讲出乐器名称；

　　·擅长画地图、绘物体；

　　·好模仿各种表情和各种体育动作；

　　·按规格、颜色收藏玩具；

　　·善于表达做某件事的感受，如"这样做我很高兴"；

　　·很会讲故事；

　　·喜欢评论各种声音；

　　·与某生人见面时会说出"他使我想起了小明爸爸的样子"之类的话；

　　·能准确地说出他能干什么，不能干什么。

2. 易出天才的家庭环境

　　一般来说，天才儿童的家庭环境概括起来有以下六种：

①天才儿童在家庭中占有"特殊的地位"：他们常常不是头生，就是独生子女。

②天才儿童生长在"丰富多彩"的环境中。

③天才儿童的家庭是以儿童为中心的：父母几乎将所有精力都用到确保孩子在显露天赋的领域接受早期教育上。

④天才儿童父母的内驱力强：他们不仅率先垂范，定出高标准，而且对孩子的成就的期望值很高。但是，如果父母过分热心，喜爱孩子的成就胜于孩子本身，天才儿童就有逆反心理和半途而废的危险。

⑤父母给孩子相当多的自由。

⑥最益于潜能发展的家境环境是：一方面将高期望值与激励相结合，另一方面还应将高期望值与对儿童的养育与支持相结合。

以上六种除出生顺序效应外，明确表明具体的家庭特征可以导致或有助于产生天才与高成就。可能是儿童的固有特征造就了特定的家庭环境（比如丰富多彩的或以儿童为中心的家庭环境），也可能是父母的特点（如能动性强）通过环境影响了儿童。

（1）在家庭中的特殊地位

在家庭中处于特殊地位的天才儿童或成为杰出人物的成年人，他们一般不是头生子女就是独生子女。人们对这种情况已司空见惯，因而这一发现普遍为大家所接受。

天才儿童或杰出的成人在家庭中享有特殊地位应该说是一种环境优势，而不是遗传优势。从遗传的角度很难解释头生儿童在家庭中为何比后生儿童享有系统的有利条件。有人从动机角度解释头生儿的优势。头生儿童最初几年在家中享有突出的地位。第二个孩子一出生，他们便失去了这种突出地位。他们也许因此而产生了一种动机，想用成功来重新获得这种中心地位。

可是独生子女是不会丧失特殊地位的，这又如何解释呢？动机说在此无济于事，于是我们想到遗传说：决定只生一个孩子的父母可能是能力很强的人，他们想在抚养孩子上少花些时间，而把更多的时间投入到工作中去。然而，若使用环境说，我们就既可以解释独生儿童的优势地位，又可以解释头生儿童的优势地位。较之于出生时家中已有兄弟姐妹的儿童，头生和独生子女早年从父母那里得到的激励要多。后生儿童与其他孩子相伴度过的时光更多一些。父母激励多也许能给孩子带来认知能力方面的优势。

（2）环境多彩易出天才

天才儿童一般都生长在丰富多彩的环境中：活泼有趣、富于变化并充满刺激。屋子里摆满了书，很小就有人读给他们听。有人带他们去参观博物馆，听音乐会。他们的父母从不以居高临下的口气跟他们说话，而是早早的就和他们讨论复杂的问题。

美国有一位名叫亚当的神童，他的父母竭尽全力为亚当提供连续不断且丰富多变的刺激。亚当还在婴儿时，就接触到鲜亮的色彩、有趣的形状、丰富的视觉展示、乐声及其他声音的刺激，还有大量的人际交往活动。这种刺激总是在父亲或是母亲一方监督下实施，以便视亚当的反应而随时调整。婴儿期之后，刺激方式有所改变。父母开始和儿子谈论抽象概念，他们提出有趣的问题，进行思维实验。例如，父母在林中漫步也会对亚当上自然知识课，一次亚当以及他母亲菲奥娜和父亲纳撒尼尔到他们家附近的森林保护区去散步时，花了半个多小时才进入林中100码。菲奥娜看到一簇特别有趣的羊齿植物，他们便都驻足欣赏，于是便展开了不同植物种类繁殖的广泛讨论。再走两步，纳撒尼尔发现一块正在腐烂的什么东西，于是他和亚当就开始猜测它已腐烂了多长时间，会有什么化学反应发生，以及整个腐烂过程需要多长时间。随后，亚当又会悄悄观察一种有趣的小鸟并描述其筑巢习惯。几乎任何东西都为他们生动有趣的讨论提供了素材。

只要父母重视教育，天赋在贫困家庭中一定也能够得到发展。有些天才儿童的父母很贫穷，但他们能够本着对孩子负责的精神对孩子进行激励和鞭策，为孩子的阅读、玩耍和讨论问题创造条件。精神病学者黑人詹姆斯·考默讲过，他和他的兄弟姐妹们生长在一个贫困家庭，父母只受过很少教育，但他们的母亲麦吉·考默十分重视教育，不遗余力地供孩子们在学校读书学习并取得好成绩。考默家的孩子最终都获得了成功。

3. 发掘孩子优异的禀赋

天才儿童也需要指导协助。协助天才儿童的第一步是发掘他们优异的禀赋，作为协助他们充分发展的准备。然而，发掘天才儿童却是一件十分困难的事情。

美国全国教育协会指出，天才儿童之所以被忽略，是因为：

①社会的因素：一般研究表明，出身于中下级家庭的儿童，其真正的智慧才能，往往被社会所忽视；

②教师的因素：许多教师对整洁、漂亮、服从、友爱的儿童，通常都给以很高的评价，而对那些好自我表现、好发问、好别出心裁的儿童却常有着不良印象；

③经济的因素：由于教育是长期的投资，一般清寒家庭却不能负担，因而有些天才儿童往往不能受到理想的教育，因此也就没有机会让别人发现他们。

美国教育政策协会曾痛心地指出："目前，社会上有很大一部分的天才，由于没有被发掘、没有受到他所需要的教育而湮没。之所以会造成此种人才的浪费，有时是因为教育机会或就业机会的限制；有时是因为社会偏见的限制；而更重要的则是学校忽略了发掘及培育的工作。"下面我们将简单地介绍父母如何发掘天才儿童的方法。

天才儿童的教育能否成功，固然大部分取决于学校、社会的如何安排，但是为了尽早发现而给以充分的培育，使他们成为健全的个体，其中很大一部分的工作，还有待于早期父母对天才的认识。西方教育学家卡特与摩斯黎曾指出：所有天才儿童的父母应以其所有力量发掘儿童的天才，并协助天才儿童发展其特殊的禀赋。因此，天才儿童的父母应及早的、正确的发掘儿童的天才，切不可以自己的情感高估儿童的才能或抹煞它。有些父母总认为自己所喜欢并宠爱的孩子，才是最能干的；而不喜欢的子女，也总认为是没出息的。其实，这是一种相当错误的认识。

下面介绍一套评定智力超常孩子的行为表。父母可以通过下面

的个人行为表对儿童的智力水平有大致的认识和判定（当然准确地
评定需进行专门的智商测验）。

· 是个好学不倦的人。

· 对科学有浓厚的兴趣。

· 能非常机敏地回答问题。

· 能长时间集中注意力看书或做智力游戏。

· 喜欢算术，能快速进行心算。

· 有广泛的兴趣。

· 大脑急于做新的事情。

· 能左右同龄人。

· 有价值观念，能分清主次因素。

· 喜欢自己一个人做事情。

· 能发现并归纳出一些公理性的事物。

· 对别人的感情很敏感。

· 能很快适应新的环境。

· 有强烈的自信心。

· 能较好地控制自己的言行。

· 会用创造性的方法解决问题。

· 善于洞察事物的细节。

· 善于发现事物之间的联系。

· 面部或姿势丰富、不呆板。

· 急于完成一件事情。

· 渴望胜过他人。

· 有丰富多彩的语言。

· 能讲富有想象力的故事。

· 别人谈话时经常插嘴。

· 坦率说出对成人的看法。

· 好奇多问。

· 急于把发现的东西告诉他人。

· 遇到新发现会出声地表示高兴。

· 有忘记时间的倾向。

以上行为表父母可以做为培养天才儿童的一个方向或标准。

如果你的孩子表现出如上情形的话，他可能已显露出出色的潜能和才华。

4. 启发、引导孩子的求知欲

20 世纪伟大的科学家爱因斯坦在中小学的学习成绩并不好，记忆力尤其差，记不住单词，背不熟课文，语言科目的成绩总是处在下游，以致于他的希腊文教师作出如下判断：爱因斯坦将一事无成。爱因斯坦后来进了大学，也仍然被教师认为是不会有什么出息的学生。

一生作出八千多项发明、对人类生活的改变有重大贡献的大发明家爱迪生，同样在学校里被教师觉得愚不可教，只上了短暂的一两年小学就回到家中。庆幸的是爱迪生的母亲从生活中得出结论，儿子是聪明的，他只是不适应、不喜欢学校的教育方式。于是，爱迪生的母亲决定自己来教育他，鼓励他的爱好、兴趣。就这样，一半靠着母亲的慧眼、支持、鼓励，一半依凭自己顽强的自学、探索，爱迪生成为人类历史上杰出的科学家、发明家。

作为父母，发现、保护、鼓励孩子的求知欲只是问题的一方面，要使少年儿童的创造潜能有更好的发展，积极而有效的办法是有意识地培养他们的创造个性。

可能许多人不知道，如今不少家庭中使用的鸣笛的水壶，其实是一位小学三年级女学生发明的。一天，这位学生的母亲把水壶放置于煤气炉上，便去忙其他事情，但她又必须不时地去厨房查看水是否煮沸了。这个女学生看着这情形，就想："假如水开时会发出声音告诉人就好了。"想了很久，她突然想到："笛子上有小孔，一吹气就会响，那么水壶是不是在蒸汽喷出的地方挖个小洞就可以了呢？"这就是勤于思索的结果，由笛子的小孔，引发联想，有声水壶诞生了。

因此，当子女默默地参与某种事情时，做父母的需要耐心地观察，绝不能轻易打断甚至嘲笑孩子的异想天开。

求知欲是人类最珍贵的潜能之一，如果父母不懂得启发、引导孩子的求知欲，将是令人极其遗憾的失误。

许多父母希望自己的孩子成为创造性的人才，很想帮助他们，却又常常不得其法，甚至误了孩子。其实，父母可以先从一些基本方面做起，例如可以让孩子参加各种特别的学习班，观察他们的反应，多带他们去观看各种展览，包括有关自然科学方面的展览，如海洋生物、天文地理、恐龙表演等，同时也不妨让他们接触一些有关概率与统计、时间与金钱以及逻辑与推理方面的基本知识。与此同时，父母自身必须认真学习，吸取各种新知识，引导孩子并给他们作榜样。

保护孩子的创造性固然很重要，但是假如父母不能发现孩子的创造性和特殊才能，鼓励他们发扬发挥，同样也是忽视、扼杀孩子的创造性与特长。

父母不妨细心观察你的孩子，从以下各方面去发现孩子的求知欲：

①你的孩子是否善于背诵名言文章，当你在他非常熟悉的故事中更换一个人名，变化一下情节时，他是否会立即发觉并予以改正，或者孩子自己就喜欢讲故事，特别是在别的小朋友面前讲得有条有理，有声有色。如果答案都是肯定的，那么表明你的孩子富有语言才能。

②孩子是否注意父母的情绪、行为，感觉到父母的兴奋或伤心；是否很喜欢扮演各种角色，模仿人物、动物，并且擅长自己编故事、做小导演、演主角；孩子初次接触陌生人时，是不是常对你说，这人像以前见过面的某某。如答案肯定，表明孩子对人、对事物的观察、认识能力很强。

③孩子是否常常连续追问"为什么?""天上有什么? 为何有雪花又有雨?""人吃饭，小白兔怎么吃草?"若答案是肯定的，说明你的孩子数理逻辑才能突出。

④孩子是否能轻而易举学会骑车、玩游戏机，是否行动举止潇洒美丽，是否善于模仿他人的表情、动作。若是肯定，可以视为这孩子的运动知觉能力强。

⑤孩子是否喜欢音乐，父母教唱的歌曲或从电视、收音机中听来的歌，是否过耳不忘，且乐于歌唱，是不是喜欢听各种各样的乐器，并热衷于自己弹奏。是的话，这孩子具备良好的音乐才能。

大多数孩子不会在各方面都表现出创造性和特殊才能，有的特别怕背诵、记忆，理解能力却不同凡响；有的不爱学习、顽皮，运动反应机能却很突出；有的害怕算术、加减乘除；但画画却别出心裁。因此有的父母、教师因孩子没有在自己希望的方面表现突出，又没能发现孩子的特长，就简单地否定孩子，放弃对他的着重栽培，让他的创造才能就此自生自灭，甚至予以打击、嘲笑，这是对孩子不负责任的。

孩子的求知潜能无处不在，只要父母悉心观察、认真对待，掌握正确的方法，你的孩子一定会大有作为。

三、让孩子在玩耍中学习

1968 年，美国内华达州一位叫伊迪丝的 3 岁女孩告诉她妈妈，她认识礼品盒上"open"的第一个字母"o"。这位妈妈非常吃惊，问她怎么认识的。伊迪丝说："是薇拉小姐教的。"结果这位母亲一纸诉状把薇拉小姐所在的劳拉三世幼儿园告上了法庭，理由是该幼儿园剥夺了伊迪丝的想象力，因为她的女儿在认识"o"之前，能把"o"说成苹果、太阳、足球、鸟蛋之类的圆形东西，然而自从劳拉三世幼儿园教会了她26个字母，伊迪丝便失去了这种能力。她要求该幼儿园对这种后果负责，赔偿伊迪丝精神伤残费1000万美元。

可想而知，诉状递上去之后，立刻在内华达州掀起轩然大波。劳拉三世幼儿园认为这位母亲疯了，一些父母也认为她有点小题大做，她的律师也不赞同她的做法，认为这场官司是浪费精力。然而，这位母亲坚持要把官司打下去。

3 个月后，此案在内华达州立法院开庭。最后的结果出人意料：

劳拉三世幼儿园败诉，因为陪审团的23名成员被这位母亲在辩护时讲的一个故事说服了。她说：我曾到东方某个国家旅行，在一个公园里见过两只天鹅，一只被剪去了左边的翅膀，一只完好无损。剪去翅膀的被放养在较大的一片水塘里，完好的一只被放养在一片较小的水塘里。当时我非常不解，就请教那里的管理人员。他们说，这样能防止它们逃跑。剪去一边翅膀的无法保持身体平衡，飞起后就会掉下来；在小水塘里的，虽然没被剪去翅膀，但起飞时因没有必需的滑翔路程，只好老实地呆在水里。当时我非常震惊，震惊于东方人的聪明。可也感到非常悲哀，为两只天鹅感到悲哀。今天，我为我女儿的事来打这场官司，是因为我感到伊迪丝变成了劳拉三世幼儿园的一只天鹅。他们剪掉了伊迪丝的一只翅膀，一只幻想的翅膀，人们早早地就把她投进了那片小水塘，那片只有 ABC 的小水塘。

据说这段辩护词后来成了内华达州修改《公民教育保护法》的依据。现在美国的《公民权法》规定，幼儿在学校拥有两项权利：一是玩的权利；二是问为什么的权利。

美国幼儿园和学前班的教育，几乎看不出有什么规规矩矩的方法。老师教学几乎都带着点玩儿的意思，在不同的玩中教会孩子应该学的东西。因为孩子理解能力不够，记忆也还不行。所以死记硬背教东西很困难，老师的教法都是在玩耍中学习。

一般来说，孩子上了幼儿园，除了听到一些歌，好像就没有看见学什么东西。美国有家幼儿园，平时没有任何学习的东西带回家，直到周五，孩子才会带回鼓鼓囊囊的一大包东西。里面净是一些手工作品。比如孩子带回来的钟。用一个纸碟子做的，手画出来的刻盘，指针是孩子们用安全针按照预先画好的线自己戳洞后裁下来的。然后老师用铆钉类的东西把指针固定在圆纸盘上，一个钟就做成了。老师就开始用孩子自己做的钟，教孩子们看时间。让孩子们自己旋转时针分针，把时间搞明白。这样几天下来，孩子不断地玩儿，不断地学，很快就会了。

还有小孩子因为对于颜色的区别并不敏感，幼儿园时老师会让孩子给父母带字条，让父母按要求的颜色给孩子穿第二天的衣服。

颜色要求并不那么严格。比如学黄色的时候穿黄色衣服，只要是黄色，橘黄、金黄、淡黄、奶黄、明黄，什么都可以。这样每天孩子们穿着同色系但不完全相同颜色的衣服去上学，老师从基本色讲起，然后指点孩子们的衣服，讲同色系的其他色。衣服一天天换过来，颜色也就学全了，而且超出大人们的想象。

玩是孩子的天性。卢梭在其巨著《爱弥尔》一书中强调，幼儿的生命力绝不软弱，而极为强壮旺盛。平常我们看到幼儿整天忙着活动，这就是生命力旺盛的最好表现。

幼儿教育之父福禄培尔认为，幼儿从小就具备了表现性、创造性、建构性等特质。孩子的这一系列表现毫无做作之感，就像一粒种子，正要发芽、生根，虽然还没有成熟，却充满着内在创造性的冲动。他们的动作或结果虽看起来不成熟，但是却充分表现出无比的"活力"，父母们看了也会深深感动。

幼儿的成长，不论是知识的学习、人格的建立、身体的锻炼、与人的交往、美的追求，绝不是只靠言语就可以学会的，而必须让幼儿全心全意进行活动，尽情的玩，他们才能有真正的体会。

英国幼儿教育专家伍德女士认为：最容易吸引幼儿注意的莫过于由他们的经验和视野能领略的事物和环境，而幼儿们串连这一切讯息的途径就是"玩乐"。他们什么都不知道，就只会"玩"。

她反对父母"想要教什么"的居心，提醒父母注重幼儿的真正生命力，只要幼儿喜欢的，就让他们去玩、去尝试和活动。

实践证明，长期感受"童话氛围"的孩子，感知能力、理解能力、判断能力，鉴别能力、表达能力、想像能力、模仿能力、动手能力、创造能力都会超过很少接触"童话氛围"的同龄孩子。

这就要求年轻的父母们要想方设法为孩子成长创造契机，尽可能在家庭环境中创设"童话氛围"，潜移默化地启发熏陶孩子，提高他们的智力和心理素质。让孩子把童话当作认识世界的工具，走向生活的阶梯，一步步长大成人。

1. 父母要和子女一起玩

美国《母亲年鉴》的作者、教育专家玛格丽特·凯莉说："玩乐极有平衡作用。父母玩捉迷藏，一头撞在树上，孩子见了便会明白做出傻事没什么大不了的。父母学玩一种游戏，虽然玩得不太高明，却让子女理解到尝试新事物是好事。孩子看到父母敢于尝试犯错，这是很要紧的。"

何况，父母鼓励子女尝试新的玩意，很可能就是帮他们培养一些日后终身享受的嗜好。

父母应该尽量抽出时间和孩子一起玩，分享孩子玩的乐趣，这可以增进亲子感情，满足孩子安全与爱的需要。有研究显示，亲子交往的数量和质量直接影响着孩子的发展。

父母参加孩子玩的最佳方法是做一个平等的伙伴，让孩子做主导者，父母要做的只是体力上的帮助、充当伙伴、提供建议、帮助他集中精力（陪着他、和他交谈、支持鼓励他）等。

父母们应相信，和孩子一起玩，将对促进孩子的学习和发展有着重要的价值。

当孩子在玩中遇到挫折和困难时，父母应通过回答孩子的问题，给予他帮助，启发他模仿同伴，向他提问题引发他思考等方式进行引导。父母要注意的是，给予孩子的建议、提问、引导都要以孩子是否需要，是否愿意接受为准。因为玩对孩子自己来说具有开拓性和试验性，他们不需要也不愿让别人教他如何做。如果父母坚持告诉他们正确的方法和答案，就会破坏了他们的学习兴趣和进程。

随着孩子的成长，孩子越来越喜欢和小朋友一起玩。他们需要同伴的友谊，需要同伴之间的互相学习，需要在和同伴一起玩的过程中，学习待人接物的方式，学习与人的交流和合作。父母要提供这样的机会，并且引导孩子在和小朋友一起玩时互相学习，学会听小朋友的意见，向小朋友表明自己的想法等。学会共享、交流、互相关心，遇到困难时共同想办法解决。

有很多父母每天都在近乎完美地教育孩子，可孩子天生是调皮的，他们爱好自由的天性常常跟你唱反调。所以，将孩子当成孩子吧。允许他们嬉戏胡闹，允许他们屡屡犯错，对他们宽容一点，让属于他们的自由空间更大一点。

（1）父母越天真越好

孩子认为，父母越天真越好。有一年万圣节，美国一对一向斯文严肃的父母和他们4岁的女儿在幼儿园一起参加化装庆祝会，扮成3只小猪。"那次玩得很开心，"那位母亲说，"我们一边扮猪叫，一边追逐，女儿觉得好玩极了，这是最大的收获。"

（2）玩游戏

纸牌和棋盘游戏能培养亲密感情，带来友谊竞争，孩子大都喜欢。史密斯一家每逢周末晚上，全家都一起玩游戏，尤其是大富翁和拼字等人人爱玩的游戏。孩子的母亲罗邦妮·史比兹曼说："孩子可以借此练好数学和语言技巧，我们成年人也玩得高兴。最好的是，我们可以一起度过快乐时光。"

（3）保持轻松

一心要在长途旅程中玩个痛快的想法会带来压力，造成精神负担。不要以为"更大、更花钱、更长"的旅行必定更开心，简单的郊游也可以很美妙。

有位母亲发现，在夏天晚上与3个孩子外出散步，对全家人来说特别愉快。"我们带了电筒，追逐萤火虫，唱歌。"她说，"我想我的孩子对这些散步终身难忘。"

（4）注意家庭欢乐

一家人应该不时自问：我们是否常在一起玩？很多家庭没这么做，其实玩乐是我们送给子女和自己的礼物。尽情玩乐的最大好处是使我们得到纯真的喜悦。你一旦开始玩，你和你的孩子便都更有兴致。

（5）玩交谈游戏

在西方市场上，孩子父母能购买到许多不会引起争论和不愉快的"交谈游戏"，它们能使父母走入孩子们的内心世界，同时也让孩子们更理解他们。这种游戏叫"Ungame"。据说，在玩过这种游戏后，所有的家庭都表示感受强烈并且极大地增进了家庭成员间的和睦与了解。

"Ungame"，是由加州的一个名叫丽亚·赞金奇的家庭妇女发明的。她有两个男孩，一次她因为喉部的外部手术，被医生告知在三个月内不要说话。赞金奇女士说："在不能说话的这段难熬的日子里，我开始意识到，作为一个家庭，我们在很多问题上都没有达成共识。我并没有让我的孩子了解那些对我来说至关重要的事。甚至我的丈夫都没有真正地了解我。我写下了所有我希望能得到回答的问题，这些问题也是我想要问的却不能开口问的。"

这些问题成了"Ungame"游戏的雏形。游戏中游戏者抽出一张卡片，要么回答卡片上的问题，要么再抽下一张。以下是一些卡片上的问题：

- ·请说出你生命中最重要的4件事。
- ·请说出你生命中最高兴的日子。
- ·请说出那些曾经困扰过你的事。
- ·在最困难时，你的心情如何？
- ·为什么有的孩子要抽烟？

当孩子们回答上述问题时，他们通常能说出一些一般谈话中所不能谈及的事。比如，在被问及："当你晚上睡不着时，你在想什么？"7岁的梅兰尼说到："我那时想有一件貂皮大衣和一颗钻戒。"于是她的妈妈就告诉我们：

"我所在的公司会奖励那些有骄人销售业绩的员工貂皮大衣和钻戒。许多次我都这样说，'你难道不想让妈妈赢得一件貂皮大衣吗？'现在回想起来，我在家里谈及此事太多了。我意识到了孩子们会在我们不经意中就形成他们的价值观。"

有位母亲这样说："我知道我的11岁的儿子在抽出那张'请你谈谈你自己'的卡片时，却不知道如何表述他自己。我就想，我今后一定要多多地指出他的优点，以帮助他建立自信。"

还有一位母亲这样说："起先，只是有一些令人尴尬的笑声。但是当孩子们注意到他们父母是这样投入和认真地回答这些问题时，他们安静下来，努力像我们一样认真对待。我很喜欢这种恬静的、没有争论和没有不友好语言的交谈。这里真有一种家庭的归属感，我们互相理解，互相尊重，互相关爱。"

2. 给孩子时间让孩子随便"疯"

对孩子极少约束，给孩子充分自由的玩的时间，让孩子随便"疯"，体现了美国的教育对孩子乐观性格培养的一个特点。有这样一个故事：

鲁克和丹尼是一对兄妹，他们一个8岁，一个6岁，正是上学的年龄，"你们不上学？"有人问。鲁克摇头："不，我们现在主要是玩，玩够了再认字。由妈妈在家里教。"一年不上学！美国人放心地让孩子先玩，很让人吃惊。

鲁克央求父亲："我要同韩国小朋友玩。"父亲一个电话打到韩国朋友家里，请求帮助。结果，鲁克很快就有了一大帮韩国小朋友。他们打着哑语踢足球，捉迷藏。有人提议到鲁克家里去玩，鲁克马上点头。他让父母打开大人房间，又拿出自己的全部玩具。立刻，家里变成了"战场"，一片狼藉。望着一大群窜进窜出，杀声震天的"小疯子"，鲁克父母视而不见，听而不闻，随他们折腾。在他们看来，玩，是孩子的天性，是乐观心态的一种释放，压抑天性，是上帝不允许的。

地上有个水塘，大人们绕道而过，因为知道从水塘中经过会弄湿衣服。可孩子们十有八九会踏着水塘走过，因为他们觉得好奇，过瘾。如果你站在成人的立场而一味地指责孩子，就会抹杀孩子的好奇心和自信心。

爱因斯坦在上小学的时候，他的老师失望地对他作出"不可救药"的评价，但爱因斯坦却最终成长为人类有史以来最伟大的科学家之一，爱因斯坦小时候也许确实不够积极，但他肯定是个好动和富于遐想的孩子，而正是这一点使他拥有了成为伟大科学家的潜质。

心理学家和教育学家指出，孩子是主动学习的人，他们有天生的好奇心去探索周围的环境。玩，为他们提供了丰富的学习内容和探索发现的机会。对孩子来说，玩要和学习是分不开的。孩子正是在玩的过程中，通过自己的眼睛去看、自己的耳朵去听、自己动手去做、自己动脑去想来学习的。孩子从玩中会获得对自然和生活的初步认识，学习到生活技能，学习到待人接物的态度和方法，这些都是孩子长大后独立生活和进一步发展必须学习的。

玩是孩子的天性。然而要使孩子达到真正的会玩，父母们起着重要作用。父母除了要为孩子提供充分玩的机会外，更应关注孩子玩的过程并加以正确引导。因为孩子在玩中对自然和生活的好奇、模仿只是他们学习的起点，要使他们在玩的过程中深入发现、探索、思考，父母的关注、支持和引导是非常重要的。否则，只会使孩子的玩停留在表面的操作和摆弄上。

父母首先应了解孩子喜欢玩什么、怎么玩、和谁一起玩等，并利用当地自然、生活资源，给孩子提供丰富、安全和可操作的玩具材料；利用当地的文化资源，如民间故事、民谣、图书和游戏等，与孩子一起讲故事、说儿歌、看图书、玩游戏等，引导孩子开展语言、阅读和游戏活动。

父母还可以和孩子一起用各种材料自制玩具，促使孩子在这个过程中，探索各种材料的来源、功能、性质和变化，并学习使用这些材料。总之，尽自己的可能参与到孩子的游戏中去。同时，在参与中要关注、观察孩子，父母应观察些什么呢？

在玩中，孩子能否恰当地表现出喜怒哀乐。能表现不同的情绪是孩子健康发展的标志。孩子的游戏是否过几星期就会变换新花样。如果是，说明孩子善于用新的、难度更大的方式来学习。

孩子对新事物、新人是否表现出好奇心，愿不愿意接受新任务。如果是，说明孩子有较强的自信心。

孩子是否乐于与同伴友好相处。孩子与同伴的交往越多，越有利于他社会能力的发展。

孩子对父母关注的反应是否恰当，过分地拒绝或服从父母都是不当的。孩子偶尔表现出坚持自己的愿望并反对父母的要求，这是他有社会化行为的正常表现。

孩子能否坚持把一件事做完。能坚持到底，是孩子学习成功的重要品质。

孩子是否经常表现出被爱和爱的需要，表现他的快乐。如果是，说明孩子的心态平和而愉快。

3. 从兴趣入手来激发孩子

著名画家达·芬奇的父亲彼特罗培养孩子的信条就是：给孩子最大的自由，让孩子发展自己的兴趣。6岁那年，达·芬奇上学了，在学校里学了很多知识，但对绘画最感兴趣。一天，他上课不专心听讲，还给老师画了一幅速写。回家后，达·芬奇把速写给父亲看，父亲不仅没有生气，反而夸奖他画得很好，决定培养他在这方面的才华。

正是因为父亲如此开明，达·芬奇全身心投入到自己喜爱的绘画中，甚至敢专门画画恐吓老爸。一次，他花了一个月时间，在盾牌上画了一个两眼冒火、鼻孔生烟，看起来十分可怕的女妖头。为了把父亲吓一跳，他还关紧窗户，只让一缕光线照到女妖头的脸上。后来，父亲一进家就被盾牌上的画吓坏了，可是等达·芬奇哈哈大笑地解释完，他竟然也没有责备儿子。

16岁那年，父亲把达·芬奇带到画家维罗奇奥那里学画画。在维罗奇奥的指导下，达·芬奇刻苦学习，掌握了很多绘画技巧，终于成为一代大画家。

诺贝尔物理学奖得主罗伯特·安德罗·米利肯，小时候看到一位伐木工飞速跳上木排，把一条跃上水面的鱼轻巧地逮住了。这情景引起了米利肯极大的兴趣。以后，每逢父亲把船停在河岸边时，他就在船头和系船的码头之间跳来跳去。一次，他纵身一跳，由于船后退了，结果掉到河里。父亲把他救起，刚给他揩干身上的水渍，米利肯就盯着父亲好奇地问："爸爸，为什么我向前跳，而船却向后退了呢？"

"那是因为你纵身向前跳时，对船起了一种反推作用，船在水中向后移了。由于惯性作用，你被'惯性'抛进水里了。"

米利肯高兴得两眼眯成一条线，多么有趣的"惯性"，它竟能把人扔到河里去！这对他来说着实太有趣，印象太深刻了。日后回忆这件事的时候，他曾风趣地说："这是我上的第一次惯性原理实验课。"

米利肯8岁那年，父母把这个机灵的孩子带到费城。费城比他的家乡大得多，对这里的一切，米利肯极感兴趣，而最能引起他兴趣的是电话。他从父亲那里听说贝尔公司要举办一个展览会时，就打定主意自己也做个"电话装置"。父亲热情地支持他："希望你成为一个小小的电话专家！"父亲的赞语在米利肯的心坎上燃起了试验的烈焰。他立即做了两个纸筒，在底面糊上纸，然后用纱线代替导线串着，在100米的距离内和邻居的孩子通话。当然，他这部再简单不过的"电话装置"没能够送到展览会去展览，但他对科学研究兴趣的幼芽，由此一点点地萌生。兴趣成了米利肯登上科学殿堂的阶梯。

许多父母虽然对孩子有强烈的教育和培养的愿望，但常常会指责孩子的一些"没有用"的兴趣。父母们会按照社会或学校既定的模式去设计孩子的未来，并企图把孩子的兴趣与这些模式联系起来，企图把一些"有用"的兴趣保留，一些"没用"的则删除掉。而实际上，对于孩子的心智发展来说，很难用"有用"或"没用"去区别他们的兴趣。应该说，每一种兴趣对孩子求知来说，都是有价值的（除非是一些已明显表现出有违社会伦理和道德的兴趣），明智的父母总能利用这些兴趣把孩子引向各类知识的殿堂，并培养出孩子好的求知习惯。

几乎所有的孩子都对小动物有浓厚的兴趣。一只蚂蚁、一只小鸟、一群蜜蜂或者是一条小鱼，会吸引孩子很长时间的语言力。要他们花20分钟去背诵一段名篇或一首小诗，常常是非常困难的。但他们会在没有任何督促和要求的情况下，花上一个下午去观察一群蚂蚁的活动。这几乎是每个父母都熟悉的情景，他们兴致勃勃，心无旁骛，即使太阳把背晒脱皮，或者汗水顺着脖子往下流也不在乎。这就是兴趣的力量。

然而，我们理智地、毫不怀疑地会知道，即使让孩子花上一两年时间去这样与蚂蚁玩，他也不能增长多少知识，这时的关键就在诱导。诱导他从中去获得新的知识、方法和对孩子有益的习惯。小斯宾塞正是从"蚂蚁的课堂"开始了对他一生都有影响的知识之旅的。

教育专家斯宾塞说：当我发现小斯宾塞开始在屋后的花园对蚂蚁产生兴趣时，我也加入了他的"兴趣小组"。第一天，仅仅是看，是玩。看它们怎样把一粒面包屑搬回家，怎样跑回去报信，带来更多的蚂蚁……第二天，我拟出了一份关于蚂蚁的"研究"计划：

①在"自然笔记"里开设蚂蚁的专页。

②从书本上更多地了解蚂蚁，并作上笔记。

③蚂蚁的生理特点：吃什么？用什么走路？用什么工作？

④蚂蚁群的生存特点：蚂蚁群有没有王？怎样分工？怎样培育小蚂蚁？

有了目标，小斯宾塞的兴趣更浓了。如果说开始他只是觉得好玩，那么现在他还觉得有意义了，这项研究持续了几乎一个夏天。实际上，在这份计划里，已溶入了系统获取知识的方法，还能培养孩子专注达到目标的意志。

父母在这种事上"所表现出来"的兴趣会使孩子获得肯定，而有目的的诱导又不知不觉地让孩子学会了求知的方法。需要注意的是，父母的目的性不能太强，因为渴望自由是人类与生俱来的，一旦意识到这是一项任务，有的孩子的兴趣会大减。

教育专家斯宾塞得出的经验是：

①当孩子对某件事物表现出兴趣时，不简单地因为自己认为"没用"而指责、否定他。

②利用这种兴趣可能给他带来快乐专注，从而获得与这一兴趣相关的知识。

③诱导孩子通过自己查阅和请教别人的方式来获得知识。

④记录是使知识存留下来，并训练使用文字、图画、书籍的好办法。

⑤对于还不具备文字记录能力的孩子，父母也要给他准备一个笔记本，把题目写下来，让他口述。

⑥尽量不使用"任务"、"作业"这类词，而代之以有趣的开头。

4. 用玩具开启孩子的智力

在西方不少家庭中，孩子们的玩具已经摆得到处都是，然而，孩子们仍然不停地抱怨着："这些玩具我早已玩腻了，真是感到厌烦。"他们之所以有这种抱怨，主要是因父母给他们买的玩具太多了，另外，还有一个原因，父母所买的这些玩具，大多是一堆不能激发孩子创造性思维的玩具。

一件理想的玩具，能够刺激孩子的思维，启发孩子的潜能，对孩子的成长有正面的影响。近些年，益智玩具的发展，对刺激孩子想像力和思考力有重要作用，从而可增强孩子的思维能力和学习能力。

美国的斯特娜夫人是一位享有盛名的早期教育家，她在教育女儿维尼夫雷特的过程中感到，在所有的学科中，再也没有比数学更难使孩子感兴趣的了。尽管她曾通过游戏法很容易地教会了女儿数数，并用做买卖的游戏很容易地，教会了她钱的数法，然而当她在教女儿乘法口诀时，却碰到了麻烦：女儿有生以来第一次厌弃学习。

斯特娜夫人真是有些担忧了。为了宣传世界语的优越性，她曾带女儿到纽约州的肖特卡去演讲，在那里幸好遇到了芝加哥的斯塔雷特女子学校的数学教授洪尔鲁克女士，她的教学技巧相当高明。在听了斯特娜夫人的担心后，她一语道破了问题之所在："尽管你女儿缺乏对数学的兴趣，但绝不是片面发展，这是你的教法不对头。因为你不能有趣味地教数学，所以她也就无兴趣去学它了，你自己喜好语言学、音乐、文学和历史，所以能有趣地教这些知识，女儿也能学得好。可是数学，由于你自己不喜欢它，因而就不能很有兴趣地教，女儿也就厌恶它。"接着，这位杰出的女士十分热情地教给她一套教数学的方法。她用这些方法教女儿数学后。效果果然很好。

这位女士的建议首先是让孩子对数字产生兴趣，例如把豆子和纽扣等装入纸盒里，母女二人各抓出一把，数数看谁的多；或者在吃葡萄等水果时，数数它们的种子；或者在帮助女佣人剥豌豆时，一边剥一边数不同形状的豆荚中各有几粒。

母女俩还经常做掷骰子游戏，最初是用两个骰子玩。玩法是把两个骰子一起抛出，如果出现 3 和 4，就把 3 和 4 加起来得 7 分。如果出现 2 和 4、3 和 3，就得 6 分，这时就有再玩一次的权利。把这些分数分别记在纸上，玩 3 次或 5 次之后计算一下，决定胜负。

女儿非常喜欢这类游戏。在女儿投入到这种游戏的乐趣之后，斯特娜夫人仍按洪尔鲁克女士的建议，每次玩游戏不超过一刻钟。理由是所有数学游戏都很费脑力，一次超过一刻钟后就会感到疲劳。在这一游戏玩了两三周以后，她们又把骰子改为 3 个 4 个，最后达到了 6 个。

接着，她们把豆和纽扣分成两个一组的两组或三组、三个一组的三组或四组。把它们排列起来，数数各是多少，并把结果写在纸上，然后把这些做成乘法口诀表挂在墙上。这样一来，维尼夫雷特就懂得了二二得四、三三得九的道理，而且。非常高兴。更复杂的游戏可以依此类推地继续做下去。

为了使女儿将数学知识运用于实际，做妈妈的还经常同她做模仿商店买卖情景的游戏。所卖的物品有用长短计算的，也有用数量计算的，还有用分量计算的。价格是按着实际的价格，钱也是真正的货币。妈妈常常到女儿开办的"商店"买各种物品，用货币支付，女儿也按价格表进行运算，并找给妈妈零钱。

当维尼夫雷特学习努力、工作积极或帮助家里干活儿时，妈妈就付给她钱。她还不断地从杂志社和报社领取稿费。她把这些钱用自己的名字存入银行里，并计算利息。

不久，维尼夫雷特就对数学产生了浓厚的兴趣。一旦有了兴趣，她从算术开始一直到顺利地学会了代数和几何。

孩子玩玩具是动脑又动手的快乐活动，特别是有益的玩具对开发孩子的智力起着不可忽视的作用：

①球、积木、串珠、风铃、飞碟等类玩具，可以促进幼儿肌肉的发展和手眼协调能力的提高。

②通过某些教育性玩具，能增加孩子对物件大小、多少的认识

能力。

③需要两人共同玩耍的玩具，可以训练孩子学习良好的社会性及与人相处的能力。

④医疗玩具，可以帮助儿童学习扮演成人的角色。

⑤拼图及组合类玩具，能在无形中培养儿童的毅力和自信心。

⑥一件有趣的玩具还可以养成儿童专注的好习惯。

⑦玩腻的玩具收起来，待2~3星期后再拿出来，会像新买回来的玩具一样让孩子爱不释手。

从教育观点看，儿童玩具可分以下六大类，提供给读者作参考：

①认知类玩具：也就是一般人所谓的益智玩具，主要是能协助孩子学习及建立各种基本概念的玩具。如七巧板（认识形状、空间方位）、由小至大的套套杯（认识序列）、拼图（部分、整体、关系、位置）、时钟（时间概念），以及形状、颜色、关系为线索的配对玩具，有游戏规则的玩具等。

②语文类玩具：指可让孩子听觉更敏锐、获得新字群、促进语言表达、组织能力、写前练习的玩具。如故事录音带、故事图卡、鼓励涂涂画画的画板等。

③科学类玩具：可吸引孩子观察、比较、收集、分析的科学性玩具。除了引发孩子狂热的好奇心之外，也让他们养成对各种事物观察、分析、收集资料、动手做、实事求是的观念。如显微镜、万花筒、各种标本观察等。

④动作类玩具：锻炼大肌肉及身体各部位的协调能力。如婴儿爬行玩具、各式推车、拉车、可骑乘的脚踏车、丢掷的飞镖等。

⑤操作类玩具：让孩子指头等小肌肉更灵活，促进眼睛与手更协调的玩具。如黏土、穿线、串珠、堆叠组合积木等。

⑥社会类玩具：包括娃娃、填充玩具等，以生活周遭情境设计的玩具，如超级市场、飞机场扮演玩具，让孩子在抒发情绪中体验大人的生活世界外，同时也更有机会认识自己身边环境并吸收相关的生活经验。

怎样为孩子选购玩具呢？首先，选择玩具要适合不同年龄儿童的需求，这应根据儿童的心理、生理发育的年龄特点来确定。比如儿童在 1 岁前，感觉器官与活动能力都比较弱，因此这个阶段所选购的玩具，就应以有助于加强儿童颜色、距离视觉和听觉能力发展为主，像彩色气球、小铃铛等。

其次，玩具的选择必须重视安全与卫生。所买的玩具，应无毒无菌，便于清洗；玩具的边缘要整齐柔和，没有坚硬锋利的棱角。对于年幼的儿童，不要给他们玩玻璃球、塑料球等小玩意儿，以免误入口中发生意外。有些玩具转速过快，或容易伤害他人，购买和使用时都应引起注意。

此外，一些父母往往容易片面追求高档化，以为玩具越高档越好。其实许多高档电子玩具，由于其"自动化"的程度太高，孩子往往成了一般观众，使他们动手动脑的能力得不到培养；同时，高档玩具的功能也过于单一，容易束缚孩子的想像力。对于稍大的孩子，可多选购一些有利于开发智能的玩具。

第 三 章

美满家庭是早教最好的舞台

家庭是社会的细胞，是最主要的一种社会组织形式。随着社会的发展，家庭的结构形式也在发生着变化。在现代社会中，家庭规模越来越趋向于一夫一妻或夫妻与未婚子女组成的核心家庭，家庭的经济、政治等各种功能逐渐分化出去，由社会所取代，但是家庭的教育功能则不断得到强化，内容也丰富起来。西方大量的研究表明，家庭因素是影响个体创造力发展的一个重要因素。

美国著名心理学家布卢姆通过对近千人的追踪研究认为，5 岁前是儿童智力发展最为迅速的时期。一般来说，如果把 17 岁的个体所达到的平均智力水平看作是 100%，那么从出生到 4 岁便获得了50% 的智力，从 4 岁到 8 岁又获得 30%，余下的 20% 则是从 8 岁到17 岁获得的。环境对智力的发展有很大影响，在婴幼儿时期被剥夺或忽视给予智力刺激的儿童，将很难达到他们原来应该达到的水平，而在其他阶段，造成的影响则相对较弱一些。总之，教育越晚，儿童生来而具有的潜在能力发挥出来的比例也就越少，反之亦然。良好的家庭教育有助于儿童潜能的开发。

家庭的教育方式，一般分为三种：压制型、溺爱型和民主型。研究发现，压制型和溺爱型的教育方式，易使孩子养成依赖、顺从的习惯，思维懒惰，缺乏创新性，创造力水平低。民主型的家庭教育，则让儿童积极参与各种事务，以激发孩子强烈的创造动机。因此，在家庭中创造一种和善、温暖、融洽和民主的气氛对孩子的创造力发展是十分重要的。因为只有在这种气氛下，孩子和父母之间才存在着积极的交流关系，很小的儿童就会尝试着想出新颖的主意，使自己的行为和思维方式更加独特；也只有在这种自由式的氛围中，父母才会有意识地培养自己孩子的独立性，容许他们有自己的想法，做自己想做的事；也只在这种情况下，个体的服从意识减弱，独立意识加强，创造性得以发展。

一、做一个合格的爸爸妈妈

美国教育家克莱尔曾说过：如果你自己都不准备去有所成就，你也不能期望你的孩子去做什么。而"成就"在此的第一要义在于成为孩子接受的、爱慕的、模仿的父母，第二才是在事业和生活其他方面的成就。

父母和孩子接触最早、最多、时间最长，因而是孩子学习的最直接、最具体的榜样。父母的一言一行，都会潜移默化地对孩子终生影响，犹如一本没有文字的教科书。在孩子面前，父母的思想品德到生活小节，都不是小事。要教育孩子具有较高的社会公德，父母自己就要努力成为这样的人。要求孩子做到的，父母要先做到，只有这样才能更加有效地杜绝孩子不听话行为的产生。

父母作为孩子最早的启蒙终身的教育者，对孩子的教育影响也最深远。父母若想成功地教育自己的子女，必须以身垂范，做孩子的榜样。

美国有个家庭，注重教育孩子要守约，因为孩子吉米无故拖延，耽误了约定的时间，做父亲的忍耐不住，与孩子做了一番探讨：

"吉米，我和你讲了许多次要遵时守约，否则会浪费别人的时间，也给别人留下不好的印象，你不这样认为吗？"

"的确不好，不过，也没有什么大不了的。"

父亲有些生气了："怎么能说没什么了不起呢？你养成这样的毛病，长大会怎么样呢？还有谁会信任你呢？"

看见父亲生气，吉米也有些沉不住气了："你是大人了，不是也过得很不错吗？没见你有什么麻烦呀？"

"你是什么意思？"父亲不懂怎么话题扯到了自己身上。

"你大概忘记了，好几次你答应来参加我们学校的活动，我都告诉老师你会来，你却到活动结束了都不见人影。"

"那是因为我临时工作上有事情，而且那些活动也不是一定参加不可……"父亲注意到儿子不屑的甚至有些讥讽的表情，尴尬地停住了，不知如何收场。

这不是偷窃、害人的大事，父亲工作忙，的确会有脱不开身的时候，学校里的活动大约不去也可以，但是孩子怎样看这个问题呢？他可能得出什么样的结论呢？他可能会想："噢，父亲也不守约，他过得不错，大概不守约不是什么大不了的事，我也无须纠正这个所谓的缺点。"有了这样的想法，无论有多少次的教训，恐怕也不会起作用。再者孩子可能认为："父亲对别人倒还能守约，尤其对工作上的事，但我的事却不认真，可见守约也要凭兴趣或分等次，不必事事守约。那么有时不守约也就不是错了。"对于这样的推理，我们又有什么可以有效反驳的呢？

父母常常抱怨孩子不肯听话，但实际上，我们常常用自己的行动来抵消我们的言语效果，让孩子认为我们是说一套，做一套，不必对我们的话认真，这样父母是真的面临困难了。

在这个例子中，父亲应当怎样挽回损失，消除不良的印象呢？承认自己的错误是必不可少的，而且还应有行动。

"吉米，我没有意识到自己的行为对你造成的影响，我当时的确有急事不能来，但我应当事先或事后同你解释一下，甚至去同你的老师解释，我真的很抱歉，你能原谅我吗？"

吉米很有些感动："没关系，我知道你很忙。下次打声招呼就可以了。"

"你们下一次父母座谈是什么时间？我一定把工作安排开，当然如有意外我会和你联系，好吗？"

"谢谢！"

能够做到这样谦虚的父母是不多的，然而孩子们需要这样的父母，以身作则，言行一致。

美国的父母都十分注重自己以身作则的形象，他们会拿出很多的时间陪孩子玩游戏，并在生活中耐心引导、教育孩子。

比如孩子的睡觉问题，美国家庭一般都订有孩子就寝的时间，时间一到，大人就会提醒孩子该去睡觉了。孩子逐渐地自觉养成按时入睡的习惯并向家人道晚安，不管大人还在进行什么活动。

在公共场所里，什么样的垃圾该扔在什么垃圾桶里，什么样的东西该拿，什么样的东西不该拿，父母都会一一说得清楚明白，并再三嘱咐："不要为贪小便宜而犯规，别人会看不起你的，而且上帝也不会放过你。"

总之，在规矩面前，父母对孩子的告诫是："任何情况下都不能违规，所有违规的理由都是借口。"

凭心而论，较之美国父母，中国父母教育自己子女的原则更为具体严格，只是一到实施中，就免不了偶尔自己带头进行破坏，最终的结果就是前功尽弃。

1. 打造优秀、健康的家庭

优秀、健康的家庭，是孩子心智正常发展的土壤。西方大量的研究表明：有利于孩子身心正常发展的家庭有以下的特点：

（1）给孩子提供心理的安全港

优秀的家庭使孩子的心理正常发展，情感有所寄托，父母无时不关心孩子的学业，能聚精会神地听孩子讲话，让孩子感受到家庭的幸福。

（2）父母经常把高期望传给孩子

优秀的家庭对孩子的学习起着推动作用，父母经常向孩子提出高的学习要求，并鼓励、帮助他们去实现，父母激励孩子努力学习并指导他们养成好的学习习惯。

（3）为孩子描绘出成功的理想

父母为孩子计划未来，并抉定出一步步实现的方案，让孩子在目标的指引下，走向美好的未来。

（4）帮助孩子尽早树立刻苦学习是成功的关键的信念

优秀的父母会告诫孩子，并使他们明白，不能靠父母吃饭，未来成功不是靠优秀的遗传素质或漂亮的容貌，而是靠刻苦学习与努力工作。父母要使孩子明白，自己的成功来自于他们本身的内在动机和信仰。

（5）引导孩子参与到积极的生活之中

优秀的父母不仅关心孩子的学业，也关心孩子的全面发展，为他们安排丰富多彩的业余生活。对于一些有意义的活动，要求孩子长期坚持。

（6）培养孩子的独立个性

优秀的父母爱护孩子，并不是为孩子包办一切，这只能诱发孩子的懒惰和好逸恶劳，对他们的身心发展是没有好处的。优秀的父母帮助孩子学习自立，鼓励他们独立处理自己的事情，让孩子尽早学会如何打出自己的"天下"。

（7）指导孩子处理好自己与他人的关系

优秀的父母帮助孩子努力获得内心的平静和安宁。指导他们如何把帮助他人与满足个人的需求联系起来。在日常生活中培养孩子文明礼貌与道德规范。

（8）培养孩子的智力

优秀的父母自己注意学习科学的家庭教育，掌握一套发展孩子智力的方法，并能利用时间训练孩子的智力。

（9）与学校紧密配合

优秀的父母不但关心孩子在家庭中的言行，而且还关心他们在学校中的表现，他们经常与学校保持联系，听取教师的建议与教师采取协调一致的教育方法。

以上九条是一个优秀的家庭应该达到的目标，它能够为孩子的发展起到"第一个基地"的作用。

在西方还广泛流传着一首具有哲理的《育儿歌》，描写了孩子成长与环境的关系，并告诫为父母和师长者，在与孩子的朝夕相处中，注意自己的言谈举止，使孩子在更好的环境中健康成长——

挑剔中成长的孩子学会苛责；

敌意中成长的孩子学会争斗；

讥笑中成长的孩子学会羞怯；

羞辱中成长的孩子学会自疚；

宽容中成长的孩子学会忍让；

鼓励中成长的孩子学会自信；

称赞中成长的孩子学会欣赏；

公平中成长的孩子学会正义；

支持中成长的孩子学会信任；

赞同中成长的孩子学会自爱；

友爱中成长的孩子学会关怀。

2. 再忙也不能忽视孩子

美国曾经有项调查是以 300 位七年级和八年级的学生为对象，结果显示，这些孩子每个礼拜与父亲进行"专注交谈"的时间平均只有 7.5 分钟。所谓"专注交谈"指的就是两个人四目交接、彼此倾听并交换意见。所以，换句话说，这些孩子每天与父亲进行真正沟通的时间平均只有 1 分钟。至于和母亲之间的互动时间也不多。

德国的德尼兹·曼是两名年幼孩子的父亲，他的第 5 名孩子将在 2011 年底诞生。曼的太太是一名职业妇女，为了迎接新生命的到来，曼再度聘请女佣。然而曼聘请女佣有一大原则，那就是，让女佣多做家务事，以便他和太太每天能抽出更多的时间陪孩子。曼认为照顾子女是父母的职责，所以下班回到家，夫妇俩便接手照顾孩子，即使孩子在襁褓时期也一样，陪孩子睡，就连换尿布、喂奶都亲力亲为。下班后还要照顾孩子是件非常累人的事，要坚持确实不容易，特别是身兼职业女性、妻子、母亲三职的妇女。在这方面，曼觉得，做丈夫的可以扮演积极的角色。而且他认为自己即使孩子长大了，他也会把这个习惯坚持下去，每天都抽出时间来陪孩子。

与这位父亲曼相比，很多父母做的就没有这么出色了。在有些父母那里，抚养孩子就像记流水账日记一样，变成了打钩完成表。很多时候，忙碌了一天的父母，会在晚上挤出一点时间和孩子在一起，并迫使孩子在这段时间里告诉他们一切，他们假装很关心、很投入地在听孩子诉说，可他们满脑子想的还是工作。调查中发现，有许多人希望自己是完美的父母，工作出色，同时培养的孩子也是无与伦比，但他们就是没有时间实现这一点。这是一种致命的错误。

有一种错误的想法认为，如果没有大量的时间陪伴孩子，那么用少量的但有效率的时间来代替还是可行的。但事实并非如此，这种方式并不健康科学。

英国33岁的莎拉决定放弃她成功的公关事业，而给予三个孩子更多的时间。当她生育头两个孩子时，她很少请假，"我希望成功，我建立了自己的事业，并全身心地投入了进去"。结果她陪伴孩子的时间就非常可怜了，上班以前，她和孩子们一起吃早餐，晚上回家以后给孩子们洗澡，然后让他们上床睡觉，如此而已。当她有了第三个孩子时，她觉得她给予孩子们的时间实在是太少了。"我渴望更多地了解他们，如果在他们小的时候你都不能很好地了解他们，你怎么能指望在他们10多岁，甚至成年时你能和他们很好地相处呢？"

莎拉的话向其他父母们传达了这样的意思：再忙，也不能忽视孩子。"千万不要以忙为借口把孩子推给老人，不管多忙，一定要抽出时间和孩子单独在一起，和孩子多聊天，多沟通。"另一位身在职场的妈妈在总结自己的育儿经验时也同样发出了这样的感慨。原来，在孩子小的时候，她和丈夫因为忙于事业，便把孩子交给了父母。他们给孩子创造了很好的物质条件，却唯独忽视了孩子的情感需求。现在孩子大了，他们也老了，但当他们想和孩子亲近一点的时候，却痛苦地发现：孩子根本不愿意和他们沟通了。

每天抽出时间来陪孩子，多聊聊，多听听孩子的心里话。陪孩子的时候一定要有耐心，要充满爱，多讲道理，不能对孩子态度不好，比如生气、发脾气等。孩子受父母的影响很大，父母的行为很快就会被孩子模仿过去，因此父母在孩子面前一定要注意自己的言行。英国儿童心理学家博茨勒说："对小孩不要发脾气，要讲道理，一次不行讲两次，两次不行讲十次……"他对此解释道："好的影响不是靠一点时间完成的，而是需要很长的时间，所以父母一定要有耐心。"

父母们若想成为孩子心目中的英雄——成为一个良好的行为典范,就必须与孩子有充分的相处时间。从充分的相处时间中,你才能建立高品质的互动,将你对于孩子的接纳和赞赏传达给他们。

3. 做"爱听"的父母

美国心理学界设计出一种类似天主教的告解室:一个小房间隔着布帘子,很多心理有困难、有问题的人,他们在这里得到帮助,谈完后就离开,他们发现布帘后面不是神父,竟是一台设计非常好的计算机。计算机会做反应,计算机会说"嗯、我了解"、"然后呢?"很多人藉由这台计算机得到帮助,非常奇妙,心理学上称之为"净化作用"。心里有困扰有心结,当你倾吐后就会舒服多了,好像洗涤过一样。如何促进亲子沟通,建立亲子关系,最基本的还是两个字"倾听"。

认真倾听孩子的话,不仅是在对孩子进行平等做人、平等对待别人、平等对待自己的教育,也是走进孩子心灵的有效手段。然而做孩子忠实的倾听者,是需要付出时间、耐心和包容的。作为孩子的父母,只有真正换位思考,对孩子的诉说才会认真听下去,才能产生交流中的互动。否则,没等孩子说完两句话,就不耐烦了,那就会伤了孩子的自尊心。因此,作为一个称职的父母应学会倾听、乐于倾听,才能真正学会从孩子的倾诉中真切地感受和把握孩子的喜怒哀乐,真正了解孩子在想些什么,要求什么,希望什么;才能真正领会孩子的思想意图,分享孩子的快乐,真诚地为孩子的进步而高兴,为孩子的成功而喝彩;才能有效地用父母的体贴去化解孩子的烦恼,营造出充满爱意的温馨家庭环境。因此,作为父母千万不能忽视倾听的作用。

知道倾听是沟通的基础,学习倾听的技巧相当重要。父母倾听孩子讲话,应该注意这些问题:

(1) 重复孩子的话

重复孩子的话就像一面镜子,把他的话接收过来,反射回去,最后结尾要用疑问句，问号结束。有个小朋友跑来跟妈妈告状：

"妈妈！哥哥老是欺侮我。"

"哦！哥哥老是欺侮你呀。"

"其实是哥哥刚刚欺侮我"。

很多人讲话自己是不自觉的，把他的话别过来，反射回去，让他听听自己的声音。因为孩子在成长过程中，他的认知语言还不是那么好的时候，这是一个非常好的方式，不妨多用；刚开始一定不习惯，好像鹦鹉学舌一样，只要配合其他技巧，就能够获得很好的效果。

（2）给孩子举例子

如果孩子说："同学都不喜欢我"，父母应该这么回应："你可不可以把经过的情形告诉我，我不清楚，能不能举个例子告诉我，能不能讲更清楚一点呢？"你让孩子举例子，他可以回头去整理他的思想和情感，像说故事一样说出来，不仅有认知语言的发展功能，而且可以在这里找到解决的方法，甚至可以发现原因。

西方教育专家认为，父母要学会倾听孩子的心声，做孩子的良师挚友。在认真倾听孩子的过程中应注意以下几点：

一要专心。每个孩子都希望自己的讲话能受到重视，皆有被尊重的心理需要。因此，父母在倾听时需精力集中、态度端正、全神贯注，尽量注视着孩子的眼睛，不要做看手表、打哈欠等影响孩子情绪的动作，否则会让孩子觉得你心不在焉。

二要耐心。不要因孩子话语过长而感到厌烦，父母要善于控制自己的情绪，耐心地听孩子把话讲完。特别是孩子发表见解或有火气的时候，更要耐心倾听，给孩子提供表达情感的机会，从而有助于问题的解决。

三要诚心。要尊重孩子，在孩子还没有充分把意见表达出来之前，不要随意表态或乱下断语，也不要随便批评。此时倾听者的坦率、真诚尤为重要，否则会产生一种距离感，影响沟通效果。就算不同意孩子的看法也不要轻易打断孩子的话，如确有必要纠正其不妥的观点时，也要等孩子把话讲完后再阐明自己的观点。

父母通过倾听孩子，孩子可以逐渐增长应付重要挑战的能力，学会控制并处理自己的情绪，形成健全的人格和健康的心理，成功地接受人生的挑战。

4. 传统好爸爸的标准

有个跨国机构对非常多的中国、美国和日本的孩子进行一项调查：你最尊重的人是谁？请列出你心目中的第1位到第10位，本国的和外国的都可以。美国和日本的孩子，他们心目中最尊重的人依次是：爸爸、妈妈、英雄人物（或是某个歌星）。中国的孩子最尊重的人根本不是父母，父亲被排在第10名，母亲更惨，挤出前10，排在第11名。孩子不说谎，心目中就是这样认定的。

父亲对孩子有着巨大的影响力，多少个世纪以来，大多数家庭都懂得这一点。美国的一位教育家说过这样一句话：让孩子和一个合格的父亲在一起，这个孩子永远也不会走上邪路。在西方，父亲对孩子来说和母亲一样重要，但是对孩子的影响方式是不同的。而孩子从很小就和父亲有着一种千丝万缕的微妙联系：

· 年仅6周的婴儿就能够分辨出母亲和父亲说话声音的差别。

· 8周时，婴儿就能够分辨出母亲和父亲照料方法的差异。

· 婴儿生来就有一种寻找与自己父亲沟通的驱动力，在他们开始说话时，"爸爸"这个词常常比"妈妈"先会说，其原因尚不清楚。

· 幼儿学步时明显地表现出他们对父亲的需要：他们会不自觉地去寻找父亲，在父亲不在时找他，在电话里听到父亲的声音后会非常惊喜，在可能的情况下会去触摸父亲身体的各个部位。

· 孩子十几岁左右，会以更复杂的方式表达他们对父亲的需要，与父亲展开竞争，对他持有的价值观、信念、信仰提出挑战。

根据调查，孩子最希望得到的品质大多数都是在他们的父亲那里学到的，用孩子的话说，有16种品质可能是从爸爸那里学来的：

· 认真对待我们如同我们对待自己；

· 为了我们做个有同情心的建议者；

· 向我们显示你爱我们且是真诚的爱；

· 向我们提供安全和保护；

· 相信我们和信任我们；

· 处事利落和不做工作狂；

· 接受我们为独立的个体；

· 尊重我们的权利和我们的意见；

· 向我们展示你有幽默感；

· 确信拥有希望；

· 与我们一致；

· 记住做什么事像是一个孩子做的；

· 承认你的错误且不要做个十全十美的人；

· 允许我们犯自己的错误：

· 要轻松愉快；

· 在我们面前不要议论妈妈。

如果父亲不积极参与教育，孩子的自我保护能力就很难培养起来。很多父母总是忧心忡忡，抱怨孩子自护能力差，经常责怪学校、责怪社会。可是只要认真地检查一下自己的行为，原因就找出来了。

在美国1998年6月的《父母》杂志中，列出了父亲对孩子一生的影响：

· 父亲跟母亲是不同的；

· 父亲更愿意和孩子玩耍；

· 父亲对孩子的推动作用更大；

· 父亲使用的语言更复杂；

· 父亲对孩子的约束更多；

· 父亲帮助孩子更靠近社会，为他们走进现实世界做好准备；

· 告诉孩子男人在现实生活中的作用和行为；

· 支持母亲；

· 帮助孩子发掘潜能。

除此之外，父亲还是孩子积极的游戏伙伴。游戏是儿童的主要活动之一。游戏早在婴儿期就开始了，婴儿对于和其他人进行相互间的游戏是有充分准备的。对于婴儿来说，父亲和母亲都是积极的游戏伙伴。事实上，尽管母亲以各种方式为婴儿的发育做出贡献，但是父亲却主要通过游戏为婴儿的发育做出贡献。如果母亲不离家外出工作，那么她将比父亲花更多时间与婴儿接触。不过相比之下父亲要比母亲花更多时间与婴儿玩耍。例如在对美国波士顿中产阶层家庭的一项研究中，教育专家对 7~8 个月的婴儿进行了观察，观察他们与父母的相互作用，然后又对 12~13 个月的婴儿进行了类似的观察，结果发现，父亲和母亲在抱起他们婴儿的目的上存在显著差别，父亲抱起婴儿的主要目的是和他们玩；母亲更可能为了抚育的目的而抱起他们，例如给他们喂奶和洗澡。尽管父亲能够提供的时间是有限的，但是他们致力于游戏活动，从而使得他们对婴儿具有吸引力。

传统好父亲有哪些标准呢？

·体格健壮；

·要求孩子接受自己为他们设定的目标，并引导孩子成为自己想象中的人；

·引导孩子参加对他们有益的活动；

·教育孩子的重点放在：①为孩子提供所需要的物质条件；②让孩子完成自己应该做的事情；

·教育孩子懂得听话和服从。

现代社会又对好父亲有哪些要求呢？

·把孩子看做是和自己一样的独立个体；

·努力理解孩子；

·把教育重点放在孩子身心的健康发展方面；

·尊重孩子为自己设定的目标；

·把孩子的幸福放在第一位；

·充分尽到做父亲的义务和责任。

5. 传统好妈妈的标准

贝丽的母亲吕贝卡接到海蒂的母亲电话，海蒂的母亲不客气地要求吕贝卡好好管管自己的女儿，指责有这样一个女儿是母亲的失职。吕贝卡待她平静了一些后开始发问："究竟发生了什么事？"
"我们周末度假回来，发现洗衣间的窗子没有关好，地上撒满了打
碎的鸡蛋，臭气熏天。""那和我女儿有什么关系？""贝丽的男友最
近同她分手了，开始与我女儿海蒂约会，我听说这件事是贝丽领着
几个朋友干的。"吕贝卡联想到贝丽这几天的情绪和她一贯的泼辣
作风，开始相信这是女儿的作为："让我先同她谈一谈，再给你回
话，我为你的不幸感到抱歉。"

贝丽回到了家，情绪低沉。妈妈在客厅里等着她："贝丽，海
蒂的妈妈打电话来了，她非常生气，我不知道该怎样回复她。你能
不能告诉我，到底发生了什么事？你是不是把鸡蛋扔进了他们的屋
子里？""没有，妈妈。"贝丽十分肯定地说，但心里却为自己向妈
妈撒谎感到羞愧。吕贝卡看出了这一切，但她还是拨通了海蒂家里
的电话："我是吕贝卡，我想你是委屈了我的女儿，她不会做这样
的事情，我希望你停止向别人传播这是贝丽的行为，而且我希望你
向我和我女儿道歉，因为你错怪了她……"吕贝卡郑重其事地在电
话里向海蒂的妈妈申诉着，贝丽却是如坐针毡，恨不能找条地缝钻
进去。她很感激母亲能这样为自己辩护，但正因为如此，心里也就
更加难过。如果母亲一进来就向她发一通火，贝丽恐怕会少些羞
愧。现在她感到自己非要讲出实话不可了，否则让无辜的母亲卷进
这场不义的纷争，实在不应该。贝丽做了个手势叫吕贝卡挂上电
话。吕贝卡这样做了，静静地坐在旁边等贝丽开口。"我和威尔逊
分手了，都是因为海蒂，所以我买了几十个鸡蛋扔进了她家里。你
知道我心里有多么难过……"

贝丽说着哭起来，妈妈也哭了。贝丽以为她会发脾气，这样会
减轻一点自己的罪恶感，但妈妈并没有这样做。相反妈妈同她讲起
自己过去的类似经历，讲到做父母的难处，为了保护自己的孩子不
受任何伤害，他们愿意同任何人争吵，为自己的孩子辩护，虽然这
样做不明智，但要从中吸取教训。这番谈话使贝丽感觉到了母亲的
爱与理解，这给了她勇气纠正自己的错误，她打电话给海蒂的母
亲，承认了错误，并愿意做一切来补偿。海蒂的妈妈说："我接受
你的道歉，但近期你不要到我家来，等我的火气消了再说。"

从这个故事中，我们可以看出西方的母亲对自己女儿的爱与理解是更深层次的，遇到自己孩子与他人孩子之间发生纠纷，她们的处理更为理智、客观。这一点，对于子女的成长是多么重要。

传统好妈妈有哪些标准呢？

·善于理家、打扫卫生、做饭、缝补衣服；

·照顾孩子，安排孩子吃饭、穿衣、洗漱，提醒孩子注意安全；

·训练孩子懂规矩，养成良好习惯，安排好孩子的生活；

·纠正孩子的错误，教育孩子听话，奖励他们的正确行为，保证孩子的身心健康；

·鼓励子女做个好孩子，有良好的道德观念，拥有诚实、公正、善良的品质。

现代社会又对好妈妈有哪些要求呢？

·培养孩子自信心，鼓励独立性，教他们怎样适应生活；

·注意孩子的情绪发展，使孩子处于愉快、满足和无忧无虑的状态；

·帮助孩子发展社会交往能力，鼓励孩子和小朋友们一起做游戏，为他们提供玩具，并指导孩子游戏；

·促进孩子的心理发展，培养他们的阅读能力，给他们提供各种心理咨询；

·引导孩子学会理解，让孩子懂得安排自己的生活；

·爱孩子，与孩子分享快乐，对孩子的一切活动感兴趣。

培养教育孩子，需要父母无限的耐心、充分的理解和持之以恒的努力。而美国心理学家詹姆斯·温德向母亲们指出了教育孩子时的错误行为：

·吼叫。任何人都不愿意听到他人的吼叫，它不仅不能纠正孩子的不良行为，反而会引起孩子的敌对情绪。

·过急。孩子改正错误需要时间，需要母亲的耐心引导，过急地要求孩子立即改正错误往往会适得其反。

·唠叨。唠叨是母亲最容易犯的错误之一，妈妈对孩子提出要求，应该在第一次时采取积极鼓励、明确道理的方法。

·教训。动不动就给孩子过激的教训，孩子最终会"充耳不闻"。实际上，启发式的讨论、问答式的交谈更容易使孩子接受妈妈的建议。

·发怒。发怒对孩子纠正错误没有任何好处。怒发冲冠的母亲对孩子只会造成心灵上的伤害。

·贬低。贬低孩子的话会给孩子造成消极的影响，它会严重地挫伤孩子的自尊心，打击孩子的自信心，因此母亲应该对孩子多鼓励，多表扬，积极引导。

·圈套。一些母亲会给孩子设下圈套，用以取得"证据"，然后对孩子予以惩罚。而这样做会大大增加孩子对母亲的不信任感，并使孩子对现实产生怀疑。

·归咎。母亲把自己生活中的不愉快归咎于孩子的言行不当，而无端地让孩子承担责任，增加孩子的负罪感。

·体罚。一些母亲因为过分激动而难以控制自己，对孩子不是积极地引导而是打骂体罚。久而久之，给孩子的身心健康造成了巨大的伤害，并在孩子的内心深处埋下了暴力的种子。

·强迫。强迫只会引起孩子的逆反心理，尤其是对进入青春期的孩子，更应该尊重他们的意愿并加以引导。

二、营造和睦的家庭氛围

父母的教育行为对孩子的成长具有十分重要的作用，美国教育家本杰明·布鲁姆所进行的研究为父母的这种影响提供了证据。他所领导的研究人员深入地访问了一些才能出众而且非常成功的年轻专业工作者（年龄在28~35岁），他们的职业包括教学研究、神经病学、古典钢琴和网球这些被公认为具有高难度和竞争性的领域。研究发现：这些人在接受普通教育、专业训练和后来取得成就的过程中，一个最普遍的特点就是他们父母的热心参与。

克拉克先生对中小学两个阶段中来自低收入家庭，然而具有积极动机的高成就者进行了长达 10 年之久的研究。这项研究使他得出结论：这些学生能取得较高成就与生长在"有效家庭"中有重大关系。

正如有效学校一样，有效家庭具有一系列易于识别的特征。能帮助孩子在学校和生活中取得成功的"有效家庭"，通常都能向他们的孩子展示出若干肯定性态度和行为。克拉克认为有效家庭主要有下列一些特征：

（1）做到经常性地将高期望值传递给孩子

他们相信：为了学习，孩子自己负有上学、仔细听讲和积极参与的责任。他们信奉祖辈们流传下来的格言："如果你想出人头地，你就得去上学。"虽然在孩子们读完高中以后，他们也许不再要求孩子继续读书，但是他们通常很希望自己的孩子接受某种非正式的继续教育或培训。他们的孩子认识到：渴望在学校取得成功是顺乎情理的事情，而且应该具有正确的学习态度。

（2）对未来，家庭里怀有向往成功的理想

他们为每个孩子描绘出个人成功的幻景，并且拟定出实现这些理想的计划。大多数家庭抱有的理想，都把健康、丰厚的物质待遇和一种积极的精神生活以及对社会的贡献结合起来。为了实现他们的理想，他们与孩子谈论现在和今后要采取的具体步骤。这使他们的孩子了解到，获得良好的教育，是实施这项计划的主要部分。

（3）树立刻苦学习的观点是成功的关键

父母要告诫孩子：在很多方面，个人的努力是成功的关键。要强调，对个人未来前途关系重大的因素不是命运或遗传基础和漂亮的长相，而是勤奋刻苦的工作。要使孩子相信，成功来自他们本身的内在动机和信仰。

（4）每星期进行 25～30 小时以家庭为中心的学习

周末是以家庭为中心学习的最佳时刻。其中有些时间包括做家庭功课或闲暇阅读。这些家庭从更广泛的意义上去看待学习，他们把业余爱好、游戏竞赛、家务事、体育运动、有组织性的青年活动、家庭郊游以及带有创造性的幻想，都视为具有积极意义的学习活动。

（5）与教师保持经常性接触

有效家庭积极地参与到教师—父母团体和学校活动中去。他们会去察看他们的孩子所取得的进步，并且一般都要与教师进行合作。他们想了解如何能通过家庭活动来支持学校的功课。孩子把父母和老师看成是帮助他们在学校取得成功的一支统一的力量。

当家庭和学校在孩子的学习上协调一致的时候，便有利于培养孩子的学习动机。如果在一个家庭中，勤奋努力被认为是学习的一个必要前提，而且父母双方和祖辈都完全一致地支持这种观点，孩子必然会了解、接受和认同这种价值，从而努力培养这种品质，最终培养出旺盛的求知欲，一如继往的坚持下去。

1. 配合学校教育，与学校多沟通

在西方许多学校教室、图书馆里有许多志愿者，这些人都是孩子父母，他们每天都轮流着自愿到学校协助老师一起教育孩子。在美国，学校每学年均要举行若干次面向父母的开放活动，还有固定的父母听课日、父母访问日制度。父母还可以随时到学校听课、查作业，也可以帮助老师改作业。老师与父母经常保持联系，且老师教会父母参与教育的技术，父母通过这种形式更深刻地了解了教育的规律，获得许多教育子女的科学方法。这就更有利于教师顺利地组织好自己的教学活动。学校还让父母经常参与学校教育活动，参加学校有关会议，参与评价教师的活动等。

美国的学校常开父母会，表扬有成就的学生，让学生为父母表演节目，平时也有与父母联系的通知单。如在校情况汇报，收钱买服装，为联欢会准备食品，还有每年一次的 Picture Day（摄影日），全校拍集体照，全班拍集体照，个人拍艺术照……以促使学校教育、家庭教育的相互参与，优化学生的素质。

美国学校对学生父母如何配合学校教育孩子有明确的规定：

①要求父母及时走访教师。当孩子上学时，学期一开始就得抽空去拜访教师，最好花上半天时间观察一下孩子所在的班级。对一学期开设的课程、教师有何要求、要读哪些书等等都要做到"心中

"有数"。要保证孩子不缺课，不要自作主张地安排孩子的日程表。

②要求父母与教师默契配合。不要乱评教师，千万别在学生面前妄评某某老师"太严"啦，或者某某老师"没有水平"等等。不要过分看重分数，分数只是衡量学生学习情况的一个方面。作为父母，向教师了解的不仅是分数，诸如孩子的学习主动性、学习态度、作业情况、突出的优点和品德表现等都应列入必须了解之列。

③要求父母经常与教师"互通情报"。这可帮助教师更全面、更深刻地熟悉和理解学生。如，父母可向教师"提供"孩子单独学习还是集体学习效果较好，他喜欢什么课程，家中最近是否有人生病或发生了诸如父母离异、父母失业、搬迁等可能影响学生在校学习生活的种种"变化"。不管出现了哪方面的问题，都应让教师尽早得悉各种"信息"，以便教师采取相应措施。父母只有全面、客观地熟悉孩子的长处和短处，才能与教师"合力一处"，帮助孩子在学习上不断取得进步。

美国的所有学校，对学生父母的权利和义务都有比较明确的规定，有的州还以法律条文的形式规定了父母的权利和义务。虽然各校的规定条文可能千差万别，但其基本的精神相差无几。

（1）父母的权利

·父母有权为其子女选择公立学校或私立学校，有权利将子女从一所学校转到另一所自认为质量更好的学校。在部分州，父母还有权利让子女在家学习。

·父母有权查阅和获得其子女在学校里的一切档案资料，包括其在校成绩、健康状况、操作表现、奖罚记录以及学校辅导员对他（她）的心理分析结果等。

·父母有就自己认为不合适的课程和教材内容向学区教育委员会提出质疑并要求停用或删除有问题的部分的权利。加利福尼亚有一学区的父母1995年曾要求学校删除语文教材中的马克·吐温的一篇小说，因为该小说使用了大量歧视非洲裔美国人的语言。

·父母有权拒绝让子女学习一些法律规定必须先征求父母同意的课程。

·父母有权让子女在校保留信仰自由。虽然公立学校不宣传也不资助宗教活动，但学生的宗教信仰以及宗教行为是有权得到保护和尊重的。曾经有这样一宗案例：一名来自锡克教家庭的公立学校学生佩带匕首到学校上课，被学校以匕首为攻击性武器为由没收了，后来学生父母以干涉他们的信仰自由为缘由状告学校，结果父母胜诉了。

（2）父母的义务

·父母有义务保证子女接受教育，特别是父母必须保证子女接受法律规定的 13～14 年义务教育，否则，他们很可能会在哪一日接到法院的传票。

·当学生在校违纪（如无故缺课、逃课等）时，父母有义务做出解释和今后不再犯的保证。

·父母有义务帮助子女培养起创新精神，知难而进、百折不挠的精神，不达目的誓不罢休的精神。

·父母有义务为子女提供一个和睦的家庭环境。

·父母有义务控制子女在家看电视的次数和每天持续看电视的时间。

·父母有义务培养子女诚实、独立的品质和自由、开放的民主态度。

2. 辅导子女做家庭作业

西方很多学校很重视家庭作业的布置，他们认为家庭作业很重要，因为它能拓宽学生的知识面，能巩固所学新知，加深对概念的理解，预习新课，又能培养学生应有的责任感和一定的学习习惯。哪个学生不完成所布置的家庭作业，将受到严惩。

在美国学校布置家庭作业非常讲究质量，在内容上给学生布置的家庭作业是有一定规定的（不是每晚都有，至少也是每星期要花三个晚上）。学生应独立完成作业，但也要求父母主动地关心帮助孩子，使其从中受到启发。

父母在子女的教育过程中，开始从学校教师的"助手"向"合作者"的角色转化，他们在其子女的学习和行为上，特别在家庭作业的完成过程中扮演着越来越重要的"互补角色"。

本来美国中小学生周末是没有家庭作业的,周一到周四家庭作业也是很少的。但当认识到美国中小学的学术水平在下降这一事实时,父母们普遍要求提高学术性课程,增加学生的课内作业和家庭作业,美国的许多调查研究也加深了父母和教师对学生家庭作业的重要性的认识。

加利福尼亚的一项阅读测验表明,每天晚上做 2 个小时家庭作业的 8 年级学生,在一次总分为 400 分的测验中,分别比每天晚上没做家庭作业的学生和每天晚上只做 1~2 小时家庭作业的学生多 84 分和 19 分。每天做 2 个小时家庭作业的高中生分别比没有做家庭作业的高中生和每天只做 1 个小时家庭作业的高中生多得 64 分和 34 分。然而由于"在帮助孩子取得学习成功的问题上,父母是外行,即使是受过良好教育的父母也如此。在何种家庭作业对孩子在学校取得好成绩最为有效等方面,他们的知识也是相当匮乏的"。所以许多父母在辅导子女做家庭作业时遇到不少烦恼。

如何解除父母辅导子女做家庭作业的烦恼,提高他们子女做家庭作业的效率呢?美国的许多学校开始实施各种父母培训方案,有关教育专家也给父母提出了种种建议。

(1)"教师鼓励父母参与家庭作业计划"

这一计划旨在发展家庭作业规则,以便学生和父母相互协作,由于效果明显,已被美国许多中小学广泛采用。该计划为小学数学和自然科学的学习提供结构化的家庭作业,帮助父母明确了解子女在学校正在学什么,使他们能够与子女一起讨论家庭作业,能够在他们子女需要的时候及时给予辅导。该计划还为中学社会科学的学习提供有计划的家庭作业,使父母更深入、更有效地参与学校教育。

(2)"父母介入儿童写作"计划

该计划旨在提高父母的写作技能和指导写作的技能,以使他们能够更好地辅导孩子。父母介入儿童写作计划没有把关心的焦点集中在学生身上,而是专注父母的行为。父母先和教师共同讨论家庭作文题目,记录或编写故事准备讲给孩子听,再听从教师关于如何同孩子一起阅读故事的指导。

父母介入儿童写作计划一般通过三个步骤来实施：第一步，父母和教师共同编故事；第二步，"家庭写作"，即父母给学生朗读编好的故事和父母、孩子共同开展各种涉及基本写作技能的练习活动；第三步，鼓励父母自己和孩子一起学习相关的书、杂志和阅读材料，提高写作技巧。

这一计划有利于激发父母辅导孩子做家庭作业的兴趣，能够促进父母和教师、父母和学生之间的相互交流。

上述两个计划是学校就帮助父母辅导某些科目的家庭作业而采取的应急措施。而下面这些建议则是教育专家在研究的基础上对父母在家辅导家庭作业提出的原则性意见。

①从现在做起，告诉孩子学习是非常重要的，而且学习中存在着一定的规则，即使学校没有给孩子布置家庭作业，父母每天也要花上 10～20 分钟的时间为孩子讲些故事，或讨论当天所学的课程。这不仅表明了父母对孩子的教育颇感兴趣，而且让孩子明白学习也可以在家里进行。

②别为找不到一个理想的学习场所而担心。一般而言，任何不受家庭干扰（特别是电视等）的、安静的地方都适合于学习。在他们的卧室中配置一张合适的书桌，再加上一些必备的铅笔、纸和参考书等，这样的学习场所就很理想了。

③按照日程表行动。学习时间表应严格执行，但没有必要每天都是从同一时间开始。日程表应能灵活适应一些音乐课程、球类游戏，甚至一些非常精彩的电视节目等。但是，每晚学习时间的最低标准应该是相同的，不管所布置的家庭作业的数量如何。这样，不仅可提醒那些"忘记"做家庭作业的孩子，而且可提醒那些只管完成作业的速度、而不理会答案是否正确的孩子。而且，只要学习时间一开始，就不应让它中断，如不准吃零食、不准看电视、不准接电话等。

④与孩子一起商讨家庭作业，而不是教他们做家庭作业，当儿童遇到一道难题或得出一个错误答案时，请一定别立即告诉他正确的答案。"帮助"会破坏激励独立性发展的目标。孩子能说出的一

件最值得骄傲的事是："爸爸、妈妈，今天的作业是我自己完成的!"

⑤做好家庭作业的记录工作，让孩子在一个笔记本上记录每天的家庭作业完成情况，然后让你过目，并让他的老师证明他做好了每次家庭作业的记录工作。不要忘记，孩子做完家庭作业后，父母应该检查他是否全部完成了。

⑥树立一个良好的榜样，如果不想让孩子呆在电视机前看电视，而是要他去学习，那么你自己也不要打开电视。这样，孩子就会知道每个人都有自己应做的工作。你可以在孩子学习的时间里看看书报、写写信等。你甚至可以这样说：现在，让我们都来做各自的家庭作业吧!

3. 不要把电视、网络当成"保姆"

在西方很多国家，很多忙碌的母亲把电视当成家里的保姆。在有些家庭中，当妈妈做饭时，会用电视吸引住孩子的注意力半个小时甚至两个小时。还有些家庭，电视就是孩子全天的伙伴。这种做法有什么害处吗？对这一问题的争论十分激烈，西方相关研究表明，电视缩小了孩子们的兴趣范围，使孩子们变得心绪不宁，并产生暴力倾向。

"儿童电视孤独症"属于儿童心理疾病之一，主要表现是：孩子离不开电视，并且他们看电视时候不许他人打扰；孩子不停地模仿电视节目中人物的动作、语言，将自己当作剧中人，并且常常"东拉西扯"地应用在日常生活里面；有的孩子还会出现自言自语等反常现象。西方心理学家研究认为，孩子的思维能力比较差，但是模仿能力却很强，他们如果过多地看电视，大量的电视信息就会就会严重地影响他们，深深地渗透到他们的性格和行为中去。这些孩子由于长时间处在自己与电视的环境中，有时就会陷入虚幻的情景之中。研究表明，这样的孩子常常缺乏正常孩子所应具备的情绪和情感，长大后容易成为心理不健康的人。

这种心理疾病是可以预防的，首先父母要严格控制孩子看电视的时间，特别是学龄童，每天看电视的时间不能超过两个小时。父母还要为孩子精心选择与孩子年龄相适应的电视节目。可根据孩子的年龄选择动画片、儿童文艺节目及智力竞赛等，不能让孩子看与其年龄不适应的节目。

其次，父母应想办法帮孩子消除对电视的迷恋，让孩子找到更有趣的玩的方式。比如父母与孩子一起做游戏，出去郊游等。

父母还应该尽量给孩子讲解电视节目的内容，帮助孩子理解电视的内容。孩子看完电视以后，可以让孩子简单复述节目的内容，这样既可使孩子尽快从电视中跳出来，又可培养孩子的分析、表达和判断能力。

最后，就是要限制孩子的观看时间。美国心理学家保罗·休斯顿在做了大量的研究后发现，学习优秀的孩子一周大约看 10 个小时的电视。看电视过多或过少的孩子，学习成绩都相对比较差。实际上，孩子每周看 10 个小时的电视已经足够了。如果哪一天观看时间要超过两个小时，则需要一个很好的理由，比如，是个课外特别节目或是部精彩的少儿影片。课后作业和家庭活动都应优先于电视。如果今天要准备第二天的考试，而又正好有个非常想看的节目，两全其美的办法是将节目录下来。

一旦定下了看电视的规定，就要让全家人都知道，并告诉照料孩子的保姆或亲戚。斯坦福大学教授唐纳德·罗博特对此进行了准确地描述："父母是孩子的看门人，什么能看，什么不能看，他们具有最终的决定权。"所以父母有责任和义务给孩子制定出看电视的规定，并坚决执行。

需要顺便指出的是：电脑也像电视一样，也会形成负面影响。科学研究发现，就是长期"正常地"使用电脑也对青少年有负面影响。

芬兰心理学家研究指出：青春发育期前的孩子如果长时间地与电脑在一起，他们的思维方式和感情生活都将会受到不良的影响。主要是以下几个方面影响：

·在青春发育期以前，孩子如果长时间与电脑打交道，他所形成的基本思维方式就会与电脑的符号式思维相同，也就是说，零碎的符号式机械思维方式有可能代替了人正常的逻辑思维能力。

·如果孩子长时间地用电脑来替代人脑的记忆，那么复杂的人脑就可能降为智能机器。

·研究证明，过分地依赖电脑与过分依赖父母一样，都不利于孩子独立生活能力的形成。

·不善于与人交流，而只会与电脑相处的孩子，不仅仅在人际关系上会产生缺陷，而且也不利于良好道德观念的形成。

这样的孩子在生活当中表现往往很怪异：

他们对老师和父母的教诲感到厌烦，和同学们谈不拢，说话没人听，于是无形中生出自卑感和怨恨感，内心产生焦虑、烦躁、压抑，从而对周围的人也生出不满，甚至敌对情绪，觉得没啥意思，还不如去玩电脑开心有趣。于是，又回到电脑中去，上网漫游，做异想天开的"白日梦"。这样一来二去便形成了恶性循环，电脑把孩子"训练"成了与世隔绝的孤独者，行为乖戾；遇事惊恐不安或退缩自卑，怕见生人，也不理解他人，缺乏自我表达能力；不愿与人相处，无法感受人类美好的情与爱。

父母时常和孩子交流思想，互相学习鼓励，使孩子从学用电脑中获得有益的科学文化知识，避免成为孤独的"电脑人"。一旦发现孩子变为孤独的"电脑人"，应尽快去看心理医生，进行心理治疗。

正是由于以上这些原因，芬兰心理学家告诫父母们：不要错误地认为，孩子长时间独自在电脑世界遨游是有益无害的。使用电脑的时候，父母应该和孩子一起使用电脑，给予孩子必要的指导并且经常与孩子进行各种各样的交流。

4. 餐桌上应避免训斥孩子

餐桌上，一家人聚在一起，有的父母就认为，这是教育孩子的好时机，便对孩子询问这、询问那；或对孩子的某些行为循循教诲；有的甚至每逢吃饭就对孩子说上一篇大道理。有的父母则因为工作忙，与孩子在一起时间少，也把餐桌当作教导孩子的主要场所。这样对孩子的发育是不利的。

父母与孩子一起吃饭，每天餐桌上虽然只有短短的几十分钟，但它对于孩子的健康和幸福感有着重要的影响。孩子吸收的不仅仅是食物，同时也感受着父母的观念和态度。对于孩子吃饭当中出现的各种问题，父母如果处理不当，不但会不利于孩子的身体健康，同时也会给孩子的心理留下阴影，有损于孩子的性格塑造。

当孩子不愿吃饭的时候，有些父母心情急躁，大声呵斥孩子："你再不吃，看我怎么收拾你。"等等。像这样的恐吓以及辱骂，会让孩子感到十分紧张，从而更加抑制食欲，孩子勉强吃完，也会因为心情不好而影响消化。若是经常如此，则会损害孩子的健康，有些人甚至因为童年时被强迫吃某种食物，成年后对它产生不适反应。

孩子与成人一样，都希望吃饭是在轻松的氛围中进行。人在进食时，消化系统血液循环增强，而脑部的血流量则减弱，这时候，如果人为地激化脑部思维运动，脑部的血流量则激增，而消化系统必然受影响。所以，如果经常在用餐时精神紧张，则容易消化不良甚至患上疾病。从心理上来说，长期的餐桌说教会令孩子失去吃饭的乐趣，从而对吃饭感到排斥，生活质量将会大打折扣。

当然，孩子的自控力比较差，吃饭还是需要父母的引导。对于孩子的偏食，程度不重的可以顺其自然。父母鼓励孩子吃不喜欢吃的食物时，最好不要强迫。可以变换食物的做法，改变其食物的形、色、香、味；也可以让孩子与其他的小朋友一起吃饭，孩子看到自己不喜欢吃的食物被别人吃得津津有味，也会被带动起来的。

在餐桌上切忌一切包办的做法，因为那样既不利于孩子动手能力的养成，也不利于孩子心理的成长。譬如，孩子的好奇心很重，模仿的欲望也很强，餐桌也是孩子学习的场所。如桌上有虾，父母给孩子剥虾，孩子要自己剥。这种情况下，有的父母就会呵斥孩子不听话，并打击孩子说"你剥得到处都是，壳也剥不干净"，坚决不给孩子"淘气"的机会，把虾剥得干干净净放到孩子嘴里。

对于孩子来说，剥虾的乐趣远远大于吃虾的乐趣，可以体验到成功的喜悦，也可以吸收到失败的经验。当孩子做得不熟练的时候，父母应该多鼓励他做，并给予示范。有些父母一边剥夺孩子动手的机会，一边指责孩子自理能力差，其实问题就出在自己身上。

餐桌，是奠基孩子幸福的一块基石，它对孩子身心发育的影响直至终身。作为父母，不仅要重视餐桌上的食物内容，也要重视餐桌上的温馨气氛。另外，有一些父母因为种种原因，长期不与孩子一同进餐，这对孩子的情商教育是一种缺失，这种情况宜尽量改善，给孩子多一些爱和安全感。

三、家庭阅读开启儿童智慧

美国霍普金斯大学的研究者们对已出生的婴儿做过一项实验。他们请50个拥有8个月大的孩子的父母进行配合，在两个星期内为孩子播放10次录音故事。不同的孩子可能听到不同的声音、不同的故事，故事中都包含了几组常用的词语。两个星期后，发现这些婴儿对曾经听过的词语表现出更大的耐心和兴趣。

这个实验充分说明"替孩子朗读"的魔力。不过，为孩子大声读书，目的并不是为了培养什么天才儿童。每个孩子都具备这样的能力，我们只需要为他们搭建一个桥梁，让他们非常自然地、饶有趣味地走入这个用图书承载知识的世界。

英国的詹妮弗·雷姆森是成功教育孩子的一个典范，她的秘诀之一就是给孩子读书，让家庭充满阅读的氛围。雷姆森在女儿埃比出生之后，就开始给她读书。最初的时候，还是个婴儿的埃比用嘴咬着书皮，口水都流到书里面去了。然而，詹妮弗对此并不介意。她甚至让埃比晚上和她的书睡在一块。这样，埃比到了一岁的时候，就爱上书了。她依偎在妈妈的怀里，眼睛睁得大大的，认真地听着妈妈给她读《白雪公主和七个小矮人的故事》。在埃比学会走路之后，就时常手里拿本书，坐在家中养的那条小狗旁边，给狗读书，她的阅读能力远远高于同龄孩子，其智慧潜能也得到了充分的开发。

给孩子经常读书，是培养孩子成功的一个秘诀，它不仅对年幼的孩子产生积极影响，即使对十几岁的孩子来说，它也能够在接受教育方面给他或她一个良好的开端。教育家称，像埃比这样的孩子进入幼儿园时，他们在阅读准备方面，要比其他没有接受过家庭阅读熏陶的孩子提前两年半。

然而，孩子们可以从中获得的，常常并不只是学习技巧。给孩子读书，还可以教孩子学会分享与参与，它使家庭充满亲情，使孩子时刻感受到父母的关爱。伊利诺斯大学的研究员多利斯·布朗花了 20 多年时间，对 200 名入学前已经学会阅读的孩子进行了针对性的研究。结果发现，这些孩子们有一个共同点：他们的父母很早就开始给他们读书，并使他们养成了热爱阅读的良好习惯。

书本上只是一些枯燥的文字，父母在给孩子读书时，应该能把书上写的读得绘声绘色、娓娓动听，只有这样，才能够保证孩子们会聚精会神地听。

为了让自己的朗读娓娓动听，首先应当激发起孩子的兴趣。在给孩子读一本新书前，让他们研究一下书的封面。询问孩子看到了什么，以及他们认为这本书讲的是什么。接下来，把书中的插图指给孩子们看。当读到关键地方的时候，可以略微停顿一下，并询问他们："你们猜一猜，接下来会发生什么事情？"当你给孩子们读完这本书时，问问故事中的哪些情节最能够打动他们；或者对他们说，要让他们写书中所讲故事的结局时，他们将会如何写。这种"积极"阅读法可以加强孩子对语言的掌握，并且能够鼓励孩子勤于思考。纽约大学的研究人员所进行的一项调查表明，如果父母采用积极主动的朗读方式，并且在朗读过程中能让孩子参与其中的话，那么他们的孩子的阅读进度，要比其他孩子提前 6 至 8 个月。

父母如果能让自己的孩子爱上读书，那么读书的欢乐将伴随他或她一生。

1. 早期儿童阅读教育的目标

良好的阅读习惯实际上是一个综合体，它由许多具体的习惯所组成。要真正培养起良好的阅读习惯，就要从一个个具体的阅读习惯培养起。孩子对阅读的兴趣和习惯，来自于父母和教师的培养。因此，父母在孩子年幼时就应开始培养孩子对图书和阅读的兴趣。

儿童阅读能力是一个逐步发展的过程，教育者需要对不同年龄的儿童提出不同的阅读发展要求，才能形成一个逐步递升的早期阅读目标体系。儿童早期阅读教育的目标是什么？在检索和统整各种有关儿童阅读能力发展研究结果的基础上，美国早期阅读委员会提出了"早期儿童阅读教育目标"。

（1）0~3岁儿童阅读能力要求

·能够通过封面认识不同的图书；

·会假装自己在读书；

·知道书应该怎么拿；

·开始建立跟主要的养育者共读图书的习惯；

·通过发声游戏感受语言节奏的快乐和语言游戏的滑稽等；

·能够指认书本上的物体；

·对书中的角色做一些评论；

·阅读图书上的图片并且意识到图片是真实物体的一种表征；

·能够聆听故事；

·会要求或建议大人为他们阅读或书写；

·可能开始关注某些特定的印刷字词，例如姓名的字等；

·逐渐有目的地涂涂写写；

·有时候似乎能够区分图形和文字的差异；

·能够写出一些类似字的符号，也能像用书面语言写作那样涂涂写写。

（2）3~4岁儿童阅读能力要求

·理解母语文字是一种特殊类型的视觉图像，每个字都有其独特的命名；

·能够辨认周围环境中的一些印刷文字；

·读故事书的时候，知道讲述者念的是书上的印刷文字；

·懂得不同形式的印刷品可以用来表现不同功能的书面语言信息（例如超市购买物品清单与餐馆的菜单看上去就是不一样的）；

·能够注意语言中可以分解也可以重复的语音现象（例如在"Peter，Peter Pumpkin Eater"中的 Peter 和 Eater）；

·自己说话时能够使用新的词汇及句法结构；

·能够理解并遵从口头指令；

·能敏锐感知一些故事中事件发生的顺序；

·表现出对图书和阅读的兴趣；

·聆听故事时能够将故事里的人和事与自己的真实生活经验联系起来；

·在所提的问题和评论中表现对故事内容的理解；

·展示自己读写的倾向，吸引他人对自己的注意："看！这是我作的故事。"

·能够辨认大约 10 个字，特别是自己名字的字；

·会将涂涂写写当成一种有趣的活动；

·可能开始关注常用词的声母或韵母。

（3）5~6 岁儿童的阅读能力要求

·知道一本书的组成部分及其不同功能；

·聆听熟悉的书面语言内容，或者读自己"写"的文字内容时，开始点认对应的文字；

·逐渐可以"读出"熟悉的书面语言内容，但不一定照字面一字一字地念；

·能够辨识并读出所有的大写和小写的字母；

·知道一个词的书写顺序表征口语中这个词的语音表达顺序；

·已经知道词的组成中每个书写的字与语音的对应关系；

·开始通过部分特征辨认一些常见的字词；

·在口语中使用新的词汇与语法结构；

·能够在口语表达中恰当地进行口头语风格和书面语风格的转换；

·能够发现简单句的句式表达错误；

·可以将阅读的书面语言内容与日常生活的经验连接起来，也开始尝试把日常生活经验用书面语言方式表现出来；

·能够复述、扮演或表演完整的或是部分的故事情节；

- 注意倾听老师给全班念的故事；
- 能够读出一些书的书名和作者的名字；
- 熟悉一些不同的文体（如故事、说明文、诗歌，或是日常生活中的印刷品，如标志、符号、标签等等），听完一个故事后，能够正确回答有关的问题；
- 能够根据故事的插图或是部分情节预期故事的发展或者结局；
- 知道口语词汇是由一些音素按照特定顺序构成的；
- 听到 dan，dan，den 这组声音，可以辨认前两个是相同的而第三个不同；
- 能够把声音的片段合成一个有意义的单字；
- 给一个单字的音，可以念出另一个有同样韵母的单字；
- 能够自己写出许多大写与小写的字母；
- 能凭语音敏感性和有关字母的知识拼出字词来（可能是自己的创意）；
- 可以不依常规地用书面方式表达自己的意思；
- 开始积累一些拼写规范的字词；
- 感觉到书写与规范书写的差别；
- 可以写出自己的姓和名，以及部分同学的名（或者小名）；
- 能够书写英文 26 个字母的大部分，并能听写一些单字。

通过分析我们不难看出，这个目标系统反映了对早期阅读教育的重视。

2. 定期为孩子读点东西

西方家长认为，最有效的教育方法是给孩子讲故事。听故事不仅可以锻炼孩子的记忆力，而且能够启发想象力，同时也扩展了他们的知识面。给孩子传授知识，死板地灌输，效果往往很差；用孩子们喜欢的方式教，他们不但愿意接受，而且容易记住。美国作家斯托夫人这样培养她的孩子：

"维尼雷特还不会说话的时候，我就开始讲希腊、罗马和北欧神话给她听。在她会说话后，我俩还不时表演这些神话故事。我们也把《圣经》上的故事用戏剧的形式来演。我讲述神话，是为了引导女儿对天文学发生兴趣，也是为了使她能够更好地理解雕刻作品的含义。要研究文学艺术，不懂神话是很难办的。

为了使女儿能够牢记这些故事，我常常把这些内容写在纸牌上面，在游戏中熟悉它们。这个方法我现在还经常使用，我现在教的世界历史就是用的这个方法。先是讲故事，然后把内容编成纸牌，用游戏的方式使学生接受这些知识。有时候，我们母女一起读书，然后各自把内容要点写出来。

由于韵文比散文更容易记住，维尼雷特就习惯于把需要记住的事情写成韵文。她改写的韵文相当多，其中一部分前不久还编辑出版了，书名是《叙事诗》。对于历史事件，如果能够用戏剧表演出来，就更容易记住。其实这个方法很适合学校教学。这并不需要太多的时间去练习，只需每天都练就可以了。现在学校的历史课，只不过是照搬年代表，没有半点趣味，自然引不起学生的学习兴趣了。

我女儿八岁的时候，她爸爸就用人体骸骨教她生理学。过了一阵子，她爸爸外出旅行去了。在这段时间里，她就把自己记住的骨、筋肉和内脏的名称用韵文写下来，等爸爸回来看，结果令她父亲大吃一惊。与此同时，她还相应地学习了卫生学，比如那些有关食物和疾病的知识。

斯托夫人的女儿从父母那里学到的各种知识，将来都会有用。社会上有这样一种人，可以说他们读书破万卷，知道很多事情，但是仅仅停留在"知道"的程度，不论对社会还是个人生活都无益处。斯托夫人可不想让女儿变成这种人，所以注意培养一种务实精神，决心把女儿培养成有益于社会的人。

对于儿童来说，他们注意力持续的时间是有限的，10分钟是所有儿童可以集中精神的极限。超过10分钟的话，孩子就会走神，甚至产生厌倦的情绪。所以说，培养孩子的阅读兴趣之初，先要选择那些10分钟之内可以读完的小故事。

美国《时代》周刊曾刊登了美国第一夫人希拉里·克林顿的一

篇题为《读书给孩子听》的文章，介绍她的育儿经。文章是这样写的：

就职典礼的当晚，我们全家聚集在白宫三层的阳光浴室中。晚饭后，我们的两个蹒跚学步的侄子泰勒和赞克瑞，爬到长沙发上，听他们的比尔叔叔（指克林顿总统）给他们读书上的故事。看到这个情景，我想起了过去我们两人给女儿切尔西讲故事的岁月。

那时候，每天晚上，我们都要轮流给她读书上的故事，或者凭我们的想象力，编一些小故事给她听。我们在小的时候，父母或祖父也经常给我们这样讲故事。比尔的奶奶认为，给孩子读故事，能增加孩子的词汇量，有利于提高孩子今后在学校里用得着的语言技巧。我的父母也同意这一点。

今天，我们要感谢那些从事神经研究的科学家，他们为我们的祖辈或父辈的经验找到了科学依据，使人们知道，读书给孩子听，无论是从生理上还是心理上对孩子都有很大的益处。读书的过程，同时也是一个父母与孩子亲密接触的过程，可以加强孩子与父母的关系，帮助孩子学习语言和各种社会观念，实际上起到了刺激孩子大脑发育的作用。

科学家们已经发现，在少儿时期，父母对孩子进行较多的语言刺激，可以为孩子将来在阅读方面获得成功打下良好的基础。在孩子大脑发育的关键时期，读书给孩子听，不应仅仅被视为提高智商的手段，更重要的是，对建立与孩子之间的信任和亲密关系意丈重大，也有利于孩子将来良好性格的培养。

读书给孩子听吧。当你躺在地毯上，或者坐在摇椅中，甚至与孩子挤在一张小床上，为孩子读书，正像我和比尔给小切尔西做过的那样，你会发现这也是最好的休闲方式之一。

文章说明了一个重要的道理：定期为孩子读点东西有益无害。不管孩子的年龄，都给孩子读书，是发展语言智能的很好方法。这是结束每一天睡前的好活动。晚上，当孩子蜷缩在床上，等着父母一天最后的拥抱和晚安的亲吻时，可以给孩子读3分钟或5分钟的故事（当孩子长大时时间可以增加）。对六七岁的孩子来说，为孩子读书可以使他认识到读书的价值：你可以先给孩子读，然后把书翻给他看，让他看看书上是怎样描写的。运用朗读教育的方法来引导孩子们读书，不仅能使孩子们掌握朗读的技巧，更重要的是培养孩子们的参与意识，同时使家庭气氛更加温馨融洽，使孩子们感到爱抚和快乐。

定期地为孩子读点东西，是使孩子增长知识的重要途径。通过给孩子朗读课文、故事书或文学作品，可使孩子丰富词汇，掌握朗读技巧，提高理解能力，丰富想像能力。

3. 开发孩子的阅读能力

阅读能力是当今社会人们获得成功的基本条件，也是一个人未来成功从事各项工作的必备能力。西方相关研究的结果告诉我们，3~8岁是儿童学习阅读的关键期，在这段时间内他们奠定的是自主阅读的能力。

美国人对孩子阅读能力的开发进行得最早，也最富创造性。国际教育成就评估协会新近的调查结果表明，美国孩子具有比世界其他任何国家的同龄孩子更强的阅读能力。美国学生具有超强阅读能力的有力例证之一是：同样是小学四年级学生，能阅读中等难度的成人报纸者在美国孩子中占78%，能阅读难度较高的文学名著者占46%，比国际平均水平分别高出27和21个百分点。

此外，美国孩子的阅读面也比其他国家同龄孩子要宽，涵盖了《圣经》、外国古典名著和较浅显的科学理论文章等，而此类较深奥的作品，其他国家的孩子往往要再过至少2年才有能力开始系统地阅读。

美国人如何开发孩子的阅读能力呢？下面是他们的一些做法和技巧的总结：

（1）营造阅读氛围

哲学家波普尔的父母非常注重环境对孩子的影响。在波普尔的家里，除了餐厅外，其他地方几乎全是书。在那间特大的藏书室里，放满了弗洛伊德、柏拉图、培根、笛卡儿、斯宾诺莎、康德和叔本华等名家的上万册著作。波普尔后来回忆道，在他还未能读懂父亲的这些藏书前，它们就已经成了他生活的一部分。波普尔说，给他童年影响最大的一本书就是母亲读给他两个姐姐听的瑞典作家赛尔玛的妮尔斯的《骑鹅历险记》。在以后的许多年里，波普尔每年至少要重读一遍这本书，随着时间的推移，他不止一遍地通读了这位伟大作家的全部作品。

因此，父母应该为孩子提供一个良好的阅读环境，给孩子提供一些他喜欢的、高趣味性的阅读材料，这样可以放宽孩子的阅读范围，让孩子自由地阅读自己喜欢的内容，自由地发挥他的阅读天性，从而爱上阅读。

（2）和孩子一起阅读

孩子阅读能力的提高是一个渐进的发展过程。要帮助孩子提高阅读能力，父母最好能够和孩子一起阅读，培养孩子良好的阅读习惯，如果没有时间，也可以比如每周进行一次。和孩子一起阅读不仅能营造读书的气氛，让孩子愿意跟随父母阅读，而且父母能够提前看看孩子要看的书，向孩子提出一些问题，让孩子带着问题去阅读，提高孩子阅读的目的性。对于一些优秀的作品，父母还可以和孩子一起讨论，让孩子发表意见和观点，这样培养孩子的理解力，激发孩子阅读的兴趣。

美国前总统 G·W·布什（小布什）的母亲非常注重与孩子共同阅读。她说："我总是尽可能多地与孩子们一起读书，有时我也让他们读给我听。我的孩子直到很大后，还保持着与我共同读书的习惯。当他们放假或有空闲的时候，我们就会轮流地读一本名著。有时，还会就精彩的部分进行讨论。"

父母不妨每天晚上或节假日里，读一些书、报或当孩子安静的时候，耐心地在他身边富有感情地朗读一首儿歌，一个故事，这将比一味地督促、强制有效得多。

（3）培养孩子的阅读习惯

美国教育家杰姆·特米里斯认为，0～3岁是形成孩子阅读兴趣、阅读习惯的关键阶段。父母应在孩子很小的时候就养成每天为孩子朗读的习惯。每天20分钟，持之以恒，孩子对阅读的兴趣便在父母抑扬顿挫的朗读中渐渐地产生了。他认为孩子坚持听读可以使注意力集中，有利于扩大词汇量，并能激发想像，拓宽视野，丰富孩子的情感。在每天的听读中孩子会渐渐领悟语句结构和词意神韵，产生想读书的愿望，并能初步具备广泛阅读的基础。这里还特意提示父母，为孩子选取的朗读内容应生动有趣，能吸引孩子，随着孩子的年龄增长，内容可逐渐加深。

有些父母为了提高孩子对阅读的兴趣，在给孩子讲故事的时候往往只讲一半，正当孩子对这个故事入迷的时候，父母就停止了，然后递给孩子一本书，对孩子说："这个故事就在这本书里，你想知道这个故事的结局吗？自己看书吧。"于是，孩子就会不知不觉捧起书本。

上面说到美国前总统小布什的母亲非常重视孩子们的阅读。为了提高孩子的阅读兴趣，布什的母亲想了很多方法。如每隔一段时间，全家就会选一位孩子最喜欢的作家，在这个作家生日的那天和孩子一起为作家庆祝生日；或是全家人一起阅读一本书，然后每人选择一个角色，把故事转化为戏剧，全家人一起表演。

布什的母亲还常常在固定的时候送书给孩子。每个月的某一天，孩子们总会在自己的枕头底下找到自己喜欢的图书。母亲更会在孩子生日的时候送书给孩子；全家出去旅游的时候，也总不忘带一本孩子心爱的图书；外出就餐的时候，也会带一本精美的图书。这些行为极大地激发了孩子的阅读兴趣。

4. 为孩子选择适合他们的书籍

在西方，教育学家们一致认为孩子们喜欢阅读那些他们感兴趣的、符合他们年龄段的、难度适宜的书籍，但同时孩子们也需要读物多样化，因此父母们在为孩子选择书籍时，首先应该注意趣味性、多样性以及难易程度，以孩子为本，对于不同年龄阶段的孩子，专家们提出了以下的具体建议：

0~3岁年幼的孩子，这时是孩子的启蒙阶段，同时也是语言学习的最佳阶段。父母应该为他们准备图画简单、色彩鲜艳、内容熟悉的书籍，并每天为孩子朗读。

　　4～6岁学龄前的孩子，孩子在这个阶段具备了一定的理解能力，并且有非常强的记忆力，父母应该为他们准备有一定情节和传奇色彩的故事书籍，可以是寓言、童话、儿歌，文字要优美，朗朗上口，适合孩子背诵。

　　7～9岁低年级的孩子，这个时期的孩子已经具备了一定的文字基础和文学知识，他们不再满足于简单的图画和文字，父母应该为他们准备符合他们兴趣爱好，具有一定挑战性的书籍。这个时期还可以为孩子购买一些简单的科普读物。

　　10～12岁高年级的孩子，这个阶段是孩子阅读的一个高峰期，父母应该为孩子准备文学名著，可以是小说、散文、诗歌，还可以根据这个时期孩子的特点为他们购买一些故事情节曲折紧张，文字流畅的书籍。此外，这个时期的孩子智力迅速发展，兴趣广泛，渴望获取大量的知识，父母应该抓住这个机会，鼓励孩子的兴趣爱好，为他们购买有关方面的书籍。

　　选择图书要根据孩子不同的年龄特点，年龄越小，思维越具体性、直观性和形象性，对一些具体、形象、直观的东西容易理解和接受。为幼儿选择一些以图为主的色彩鲜艳、形象生动的儿童画报或童话故事的连环画和趣味性强的画册。

　　随着孩子年龄的增长，可逐渐添置一些图文并茂的儿童书籍，以及以文字为主的深入浅出的知识性书籍，如历史故事、科学知识等。对于年龄稍大的子女可以有意识地介绍、推荐一些优秀的世界名著及内容健康的推理判断性强的书籍。除了买书，父母还要经常了解孩子在课外时间究竟看些什么书，发现读好书应及时表扬，发现读坏书要及时制止并追查其来源。父母还要与孩子交流读书的心得，这样才能激发孩子看书的兴趣。

　　由美国国家人文科学促进委员会发起，由该委员会主席威廉·本奈特主持，来自全美国的优秀中学教师、大学教授、著名作家、史学家、资深记者等四百余人联合进行了一项民意测验，根据调查结果，列出了美国中学生必读的文学著作。

　　·莎士比亚：《麦克白》、《哈姆雷特》等

　　·美国历史文献：《独立宣言》、《美国宪法》和林肯的《葛底

斯堡演说》

- 马克·吐温:《哈克贝里·费恩历险记》
- 《圣经》
- 荷马:史诗《奥德赛》及《伊利亚特》
- 狄更斯:《远大前程》及《双城记》
- 柏拉图:《理想国》
- 斯坦培克:《愤怒的葡萄》
- 霍桑:《红字》
- 索福克勒斯:(俄狄浦斯王》
- 梅威尔:《墨比·狄克》
- 奥威尔:《1984》
- 索洛:《沃尔顿》
- 弗洛斯特:《诗歌》
- 惠特曼:《草叶集》
- 菲兹杰拉德:《伟大的盖茨比》
- 乔叟:《坎特伯雷故事集》
- 马克思、恩格斯:《共产党宣言》
- 亚里士多德:《政治学》
- 狄勒里:诗歌作品
- 陀思妥也夫斯基:《罪与罚》
- 福克纳:各种著作
- 赛林格:《麦田守望者》
- 德·道克威尔:《美国的民主》
- 奥斯汀:《傲慢与偏见》
- 爱默生:诗文
- 马基维利:《王子》
- 弥尔顿:《失乐园》
- 列夫·托尔斯泰:《战争与和平》
- 维吉尔:《伊尼德》

中　篇

西方育儿的人格教育

第 四 章

孩子的最佳人格是有美德、有修养

      培养孩子养成社会公认的美德和修养，在西方很多国家被当作是学校、家庭、教堂和社会不可推卸的共同责任。西方很多学校历来把公民素质的培养，特别是核心价值观的教育放在一个重要的位置。还有学校通过开设"礼会"、"公民学"、"生活教育"专门课程和通过课外活动、校园文化和校园文化建设、咨询与指导及必要的纪律管理等形式促进孩子的良好品德形成。家庭和社会也通过一些细小的行为影响着美国下一代。

      有这样一个故事：欧洲有一名妇女患癌症，生命垂危。医生认为只有一种药能救她，那就是本镇一位药剂师新近发明的镭。制造这种药要花很多钱，而药剂师索价还要高出成本十倍。他的丈夫海因兹花了 400 美元，只够药费的一半，不得已他只好哀求药剂师，请求便宜一点卖给他或允许他赊账。但药剂师说："不行！我发明这种药就是为了赚钱。"这样，海因兹尝试了一切合法手段，但还是没弄到药，而他的妻子快要死了。于是他在晚上撬开了药店的门为妻子偷来了药。结果，这位药剂师告到了法院。

      讲完故事后，老师会向学生提出问题："海因兹应该借药吗？为什么？""药剂师这样做对吗？为什么？""如果你是法官，你该如何断这个案子？"学生分成几个小组展开讨论，每个都作出判断，说出理由。通过讨论，每个学生都受到了鼓励，对各种观点进行了思考，从而得出了自己的结论。

      这是美国学校经常开展的一种"道德推理"课。在美国人看来价值观念是个人的、相对的，是没有定型的，他们重视学生讨论价值的过程，让学生在讨论的过程中，经过价值澄清、道德推理等形成自己的价值观，促进道德认知水平的提高，从而指导自己的行为。

一、修养是品德的基础

英国教育家斯宾塞说：修养是一个人全部品德的基础，不礼貌不文明的行为，既不利于孩子自身的发展，也将严重危害孩子的品性，在生活中受欢迎的人，往往是那些有礼貌有教养的人，他们也有较好的发展机会与人际关系。修养的意义就是使你受别人的欢迎，使你成为人人愿意交往的可亲的人。人，最重要的是自我修养。而修养，不仅仅是品德，它包括所有能力、境界的提高。

据《华尔街日报》报道，美国占人口总数5％的人掌握着全国约59％的财富。美国作为一个商业社会，依靠个人奋斗，以智慧致富的人被社会大众尊崇，被看作成功者，是英雄是很自然的。这一小部分的成功者保持着很清醒的头脑，想方设法让他们的孩子从小拥有做为成功者所必须具备的素质。他们明白，孩子日常生活的行为，待人接物的态度，一旦固定成习，就成为性格的一部分。它影响学校生活、读书习惯、人际交往和品德的发展。

别小看日常生活的修养，它简直是孩子的命运。那些疏忽生活教育，不重视礼貌、责任和尊重的家庭所培养出来的孩子，既不会友爱别人，也不会自爱。而心理学的研究告诉我们，修养良好的学生，自信心较高，人际关系也较好。

修养与健康的人格息息相关，修养教育越早越好，要从生活中学习正确规范，并做到及时地教导。所以建议孩子的父母们，教孩子要从日常生活开始。

英国人不仅注意自己的品行，在教育孩子方面也毫不含糊。下面的故事就生动地说明了他们的做法：

比尔当时11岁，一有机会就到湖中小岛上他家那小木屋旁钓鱼。

一天，他跟父亲去垂钓，他在鱼钩上挂上鱼饵，用卷轴钓鱼竿放钓。

鱼竿弯折成弧形时，他知道一定是有大家伙上钩了。他父亲投以赞赏的目光，看着儿子戏弄那条鱼。终于，他小心翼翼地把那条精疲力竭的鱼拖出水面。那是条他从未见过的大鲈鱼！

趁着月色，父子俩望着那条煞是神气漂亮的大鱼。它的腮不断张合。父亲看看手表，是晚上 10 点——离钓鲈鱼季节的时间还有两小时。

"孩子，你必须把这条鱼放掉。"他说。

"为什么？"儿子很不情愿地大嚷起来。

"还会有别的鱼的。"父亲说。

"但不会有这么大。"儿子又嚷道。

他朝湖的四周看看。月光下没有渔舟，也没有游客。他再望望父亲。

虽然没有人见到他们，也不可能有人知道这条鱼是什么时候钓到的。但儿子从父亲斩钉截铁的口气中知道，这个决定丝毫没有商量的余地。他只好慢吞吞地从大鲈鱼的唇上取出鱼钩，把鱼放进水中。

那鱼摆动着强劲有力的身子没入水里。小男孩心想：我这辈子休想再见到这么大的鱼了。

那是 34 年前的事。今天，比尔先生已成为一名卓有成就的建筑师。他父亲依然在湖心小岛的小木屋生活，而他带着自己的儿女仍在那个地方垂钓。

果然不出所料，那次以后，他再也没钓到过像他几十年前那个晚上钓到的那么棒的大鱼了。可是，这条大鱼一再在他的眼前闪现，每当他遇到道德课题的时候，就看见这条鱼了。

英国人就是这样教育自己的孩子：在任何场合都要保持良好的道德，这是一个人获得社会接纳的重要条件。

许多父母对孩子的谆谆教诲，除了希望孩子能出人头地外，其实他们最基本的愿望是，希望孩子能养成正直的品格。

现在，人们除了在乎智商（IQ）外，也热烈谈论情绪智商（EQ）所能发挥的作用。当今青少年犯罪率增加，我们是不是也应该重视"道德智商"（MQ）呢？

在西方教育界和心理学界的研究中，道德智商包括体贴、尊重、容忍、宽恕、诚实、合作、负责、勇敢、平和、忠心、礼貌、独立、幽默等各种美德，因此也称之为美德智商。哈佛大学教授兼精神病专家罗伯特·科尔斯的新书《孩童的道德智商》，就从他个人养儿育女的经验，及他周围人教育孩子的心得来谈如何培养儿童道德观。

科尔斯教授认为，儿童的道德智商需从他们诞生的第一天起开始培养，因为他们会观察和模仿成人的行为。而且，我们要相信品格胜于知识。

科尔斯教授本身记述了一难忘经验：当他9岁的儿子不听父母的话，玩弄汽车房里的木工器具而伤到自己时，科尔斯不仅为儿子的不听话感到难过，更难过的是儿子伤得不轻。科尔斯便在雨中开车奔往医院，甚至闯红灯，不断溅湿了路人。这时，他儿子指出："爸爸，如果我们不小心，我们不但不能解决自己的问题，可能还会制造更多的麻烦。"

这时爸爸才意识到驾快车很可能撞到别人，更重要的是，他意识到正在受伤的儿子也能为别人着想了。

迪克梅尔·史密斯一家共五口人，他们把每星期五的晚上定为"家庭之夜"，由父母陪伴在孩子们身边，共度这一晚上的美好时光。全家人时常在一起玩些需用棋盘进行的游戏（如西洋跳棋、国际象棋等）或者捉迷藏。"我的孩子们很爱玩这些游戏，"迪克梅尔说。

父母和孩子们一起玩玩捉迷藏，真的就能教孩子们懂得礼节礼貌了吗？答案是肯定的。这是因为它无形之中告诉孩子们，父母对他们十分关心，不惜花费宝贵的时间，陪他们一块儿玩，他们感受到了爱，而且也能学会去爱他人。"礼节礼貌并不只是要告诉孩子如何使用餐叉，"礼仪辅导员帕特里克·吉尔伯特说，"它是教孩子做个好人——关心他人，富有同情心，团结协作，做一点儿牺牲。

孩子们将从他们的父母那儿学到这一切。"

一位有教养、懂礼貌的孩子长大之后，能有很多好朋友，能找到好的人生伴侣，也能得到一份理想的工作，因为人们同样会以礼相待、鼎力相助。礼节礼貌是全人类通用的语言。

西方教育专家们相信，作为父母，只要耐心、细致地教育孩子，从小就让孩子懂得讲究礼节礼貌，是每个人都应具备的美德；那么他们的孩子一定会讨人喜爱，这样的孩子长大成人之后，也一定会倍受敬重。

1. 在孩子身上培养善良

我们在孩子身上培养善良时，究竟有多少影响呢？这儿有西方研究人员最新的结论：那些善良的父母和教导孩子要善良的父母将最可能有善良的孩子。当孩子们懂得善良能起作用时，他们就更可能将这个行为融入自己的生活。开始时，不是从他们身上着手，而是从我们身上起步。如果我们真的想要孩子关心别人，就需要使这种美德在我们自己的生活中置于首位，然后在孩子身上强化这种美德。

著名作家马克·吐温称善良为一种世界通用的语言，它可以使盲人"看到"、聋子"听到"。善良能够抵御寒冷，驱走黑暗，能够润泽干涸的心灵，为苍白的人生增添些许暖色。与善良同行，我们感受到的是世界的美好，人与人之间的关爱。

"善良教育"是德国教育的特色之一，经过对两次世界大战的反思，德国人格外重视对儿童善良品质的培养，将其列为启蒙教育的有机组成部分。德国人已普遍达成这样的共识：小时候以虐待动物为乐的孩子，长大后往往更容易有暴力倾向。因此，爱护小动物是许多德国幼童接受"善良教育"的第一课。

在孩子刚刚学会走路时，父母就特意为他们喂养了小狗、小猫、小金鱼等，让孩子在照料小动物的过程中奉献一份爱心，学会呵护更弱小的生命。幼儿园也饲养了各种小动物，由孩子们轮流喂养，要求孩子们注意观察小动物的生长、发育过程以及它们是如何做游戏的，有条件的还须做好"饲养记录"。

孩子们正式入学后，他们常常被布置做观察小动物生活习性等方面的作文。当然，这对于从小就和动物打交道的孩子们来说已非难事，其中优秀篇章还会被教师作为范文在壁报发表。此外，利用自己积蓄的零用钱来"领养"动物园里的动物，或捐款拯救濒临灭绝的动物也是德国小学生常做并热衷去做的活动。

同情、帮助弱小者也是德国人对孩子进行"善良教育"的一项重要内容。在父母、老师的言传身教下，孩子们早已习惯于帮助盲人、老人过马路，在公交车上为体弱者让座，随时向遇到困难的同学伸出援助之手也都是很平常的事。

下面的做法是西方专家们认可的，是帮助孩子们懂得善良的一些最有效的方法。

（1）有意识地做出善良的榜样

孩子学会许多道德规范，就是通过观察你的行为。因此，非常重要的是给孩子树立你要孩子模仿的榜样。如果你要孩子为人善良，只要你们在一起的时候就有意识地表现出善良的行为。

（2）期待和要求善良

《关爱他人的孩子》的作者南希·艾森伯格发现，有些父母对伤害人的、不友好的行为发表意见，并且解释他们有这种感觉的原因是他们往往有持有那些观点的孩子。因此，要反反复复地对孩子陈述你的信念："残忍是错误的，会伤害人，所以决不能容忍！"

（3）教授善良的意思

教授善良的一个最重要的步骤是确保孩子明白善良的意思，但是这却是常常被忽视的。所以要花些时间给这种美德下定义。你可以说："善良意味着你关怀其他的人。善良的人考虑别人的感情，而不仅仅考虑自己的感情，他们帮助有需要的人，他们为人和气，即使其他的人不和气。善良的人从不贪图回报。他们就是善待别人，因为他们希望帮助别人生活得更好。所以这是一个我想要你永远使用的美德。"考虑制作一张标语，上面列举你的家人会相互做的好事，把它挂起来，可以起到经常提醒的作用，做些小事也能使世界更美好。

（4）说明善良的模样

无论什么时候，你和孩子在人多的地方都可以做这个活动：商店、飞机场、购物中心、学校操场。告诉孩子这个活动的目的是寻找对别人善良的人。他就会张大眼睛去看善良的人会做些什么来表示对别人的关怀或爱护，然后去观察受到关怀的人的反应。许多教师给学生布置作业，要他们在当天随便什么时候去"观察善良"，然后要求他们把观察到的事情向同学们汇报。教师们说做这个活动总能增强学生们友好的行为，因为孩子们有机会真正看到善良的人的言行，以及这种美德对别人产生的效果。

2. 培养孩子的同情心与爱心

古罗马政治家西塞罗曾经写过："人类只有行善，才能接近上帝。"

"如果我们富于同情心，那么当别人处于危难境地时，我们就有一种帮助对方的强烈冲动，"哥伦布大学德育中心主任、儿童心理学家迈克尔·斯卡尔曼说道，"我碰到过一位曾经在第二次世界大战期间，冒着生命危险救助犹太人的老人。当我问这位老人当初为什么会那么做时，他答道，'当有人在外边敲我的门，请求我为他提供一个避难之地时，心里充满了同情的我，马上就会把门给他打开，哪还有时间去患得患失呢！'"

法国有位教育家曾经回忆说，小时候妈妈给她讲过这样一个令她终身难忘的故事：

一个女孩走过一片草地，看见一只蝴蝶被荆棘弄伤了，她小心翼翼地为蝴蝶拔掉刺，帮助它飞回了大自然。后来蝴蝶为了报恩化作一位仙女，向小女孩说："因为你的善良，我会帮你实现一个愿望。"小女孩想了一会儿说道："我希望快乐。"于是仙女弯下腰来在她耳边轻轻地说了一句话，然后悄然消失了。而那个小女孩果然快乐地度过了一生。当她年迈时，朋友们向她请求道："请告诉我们仙女到底说了什么？"她笑了笑说道："仙女告诉我，我周围的每个人，都需要我的关怀。"

　　这位教育家的母亲通过一个生动的故事，告诉孩子要学会关怀他人，而这正是与他人融洽和谐相处的根本。

　　西方儿童发育心理学家指出，同情心实际上包括两个方面：对他人的情感反应和认知反应。前者一般在孩子 6 岁之前发育成熟，后者取决于较大孩子理解他人观点和感情的深浅程度。

　　婴儿 1 周岁前就有对别人的情感反应。如果旁边有孩子哭，婴儿会不断地转向他，并时时随之一起哭。儿童发育心理学家马丁·霍夫曼把这种现象称为"全球同情心"，因为这时孩子还不能区分自己和世界，因而把别的孩子的痛苦视同自己的。1～2 岁时，进入同情心发育的第二个阶段，孩子能清楚地分辨自己和他人的痛苦，并且具备了试图减轻他人痛苦的本能。由于认知能力不成熟，不知道该如何做才好，因而导致了同情心混乱状态。下面的例子形象地说明了这一现象。

　　当玩伴梅拉妮突然大哭时，莎拉便陷入同情心混乱状态。刚开始，莎拉自己似乎马上就要哭了，但她没有哭出来，而是放下手中的积木，转身轻拍梅拉妮。

　　梅拉妮的母亲跑过来，把女儿抱在怀里安慰着，而这反使梅拉妮哭得更厉害。莎拉看到梅拉妮仍很痛苦，但有人照顾她，因此便轻轻地抚摸梅拉妮母亲的胳膊。梅拉妮母亲发现孩子的裤子湿了，便抱着她离开了房间，留下莎拉一个人。莎拉显然对这种结果不满意，于是抱起玩具熊轻拍着，还不时拍拍自己的胳膊。

　　有的孩子似乎天生比别的孩子更富同情心。心理学家拉德克·雅罗和扎恩·瓦克斯勒在对蹒跚学步时的儿童进行研究后发现，有的孩子在看到同伴遭受痛苦时，表现出同情心，并想提供直接的帮助，而有的只是旁观，仅仅表示出兴趣而非关心。另外还有孩子对同伴的痛苦则显示出负面反应，离开甚至辱骂或殴打哭泣的同伴。随着感性和认知能力的成熟，孩子们渐渐能区分他人精神痛苦的不同表现了，并能用行为表达自己的关心。

　　6 岁时，孩子开始了同情心发育的认知反应阶段，具备了根据别人的想法和行为来看待问题的能力。这种能力使得孩子们知道什么时候该去安慰正在哭泣的同伴，什么时候该让他独处。认知同情心无需交流（如哭泣等），因为他们内心明白痛苦时的感受，无论这种感受是否表现出来。

以 8 岁的凯文为例。当他妈妈正在商店购买晚饭食品时，他决定到商店外面去。这时他看到一位妇女，大约与他奶奶年龄相仿，提着满满的一包东西走向门口。出于本能，他紧走几步，替老奶奶打开了门，老奶奶对他的体贴报以热情的感谢。

不一会儿，一位年轻的母亲走过来了。她一手抱着婴儿，一手提着购物袋。凯文再次敏捷地打开了大门，又得到真诚的感谢。后来，又走过来一位头戴画家帽、手端咖啡的男人，一位老年妇女，两个边走边聊的少年，凯文为他们每个人开门，得到每个人的感谢。凯文可以想象这些人心里的感受（即使他们都没有说出来），并做出适当反应。他是在运用他的同情心的认知反应能力。

到 10 ~ 12 岁时，孩子们的同情心从认识的或直接看得到的人身上扩展到陌生人身上，此阶段被称作抽象同情心阶段。孩子们对处于劣势的人，无论是否生活在同一社区或同一家庭，都能表示同情。如果孩子对他人表现出仁慈和无私，那么我们就可以说他们已经完全掌握情商中的同情心技能了。

美国专家认为，绝大多数的孩子，都能自然而然地发展出同情心这一所有社会技能的基础。许多研究结果也许会让你大吃一惊，无论男孩或是女孩，表现同情心的方式并没有太大不同。一般说来，男孩女孩一样愿意帮助别人，但相比而言，男孩更愿做些体力上或"营救"之类的事（比如，教别的孩子学骑车等），而女孩则更能起到精神支持的作用（如安慰心情不好的男孩等）。孩子所处的社会阶层和家庭成员多少都不会对表现同情的方式产生影响，尽管大一点的孩子比小弟妹更能帮助别人。兄弟姐妹之间，如果年龄相差太大，那么大孩子就更容易帮助小弟妹。

所以，西方教育学家们由此得出结论，鉴于孩子们的乐于助人、善于思考的天性，我们有理由期望现实生活中同情行为会更多。如果孩子有了不关心人、邪恶甚至残忍无情等"非天性"的行为，多数情况下可以在他的家庭中找到原因。如果你希望你的孩子能更加关心和爱护他人，做到行为与感情相符，那么正确的家庭教育就是你所应该做的。

3. 让孩子懂得遵守规矩

波兰作家莱蒙特说过：世界上的一切都必须按照一定的规矩秩序各就各位。身为父母要遵守社会公德、法律、规矩，孩子也必须遵守这些。要让孩子守规矩，从小就应该懂得遵守规矩的必要性。

德国 10 岁的艾嘉丽和朋友玩游戏时，很守规则。可是，从很久以前她就知道，如果对象是妈妈，只要撒撒娇、哭闹一下，任何规则都可以打个折扣，甚至视若无睹。

有一天，艾嘉丽和她的朋友一起到七八条街之外的一家便利商店买糖果，她事先就知道离家那么远，已经违反了妈妈的规定。因此，当妈妈发现这件事时十分生气，立刻决定采取行动，终结艾嘉丽不遵守约定的坏习惯。

艾嘉丽的妈妈知道自己也应该负起部分的责任，因为过去她常睁只眼闭只眼，没有切实地执行家规。现在，她决定重新开始，请艾嘉丽一起上一堂"重建家规"的课。

"艾嘉丽，我们家需要一些新的规则。"妈妈说，"首先，我们一起想想订哪些规则比较好，然后把它们写在一本小册子里，以后才不会忘记。再者，我们要为那些规则定下赏罚的方法。例如，如果你遵守规则，就可以自由选择你要的活动或东西；否则，我就要规定你只可以做某些事情。"艾嘉丽不说话，只是微笑。她心想：真是老套，妈妈不可能做得到，过不了多久，一切又会恢复原状。

不久，艾嘉丽违反了当初订立的一条规则："如果离开朋友家去别的地方，必须先打电话回家，告知妈妈去向"。

妈妈对她说："你离开苏西家到珍妮佛家时没有先通知我，违反了约定，所以我要罚你一个星期不可以到朋友家去。希望你下次不会再忘了我们的约定。"

艾嘉丽气得发狂，大叫："不公平！"可是妈妈完全不为所动。"这些规定太无聊了！我才不在乎你罚我什么！我哪里也不想去！"她尖叫着冲回房间，大哭了起来。后来她又想尽办法恳求、拜托、威胁妈妈，不过，挽回不了任何事情。

终于过了一个星期，艾嘉丽去拜访朋友的禁令解除了。"记得我们的约定哟！"她离开家前妈妈提醒她，"如果你遵守规定，就可以随时去朋友家玩。"

经过上次的教训，艾嘉丽知道妈妈已经不再是以前那个没原则的妈妈了。而且，经过考验，妈妈和家规的权威也确立了。从此，艾嘉丽恪守规则，累积了不少奖励。她觉得有规则还是不错的，可以提供她一些待人处事的方法，更能为她省却不少麻烦。

在美国的学校里，对纪律的要求都有详细的明文规定，老师都有自己的课堂纪律要求，对违规的学生决不姑息，美国孩子是有明确的纪律规范约束的。

美国学校从很小起就训练孩子的礼貌言行，美国孩子从上幼儿园大班、进小学就开始接受正规教育，入学开始的几周，老师会耐心地带他们去学校的每个地方，熟悉环境：该如何排队，领号拿中饭，如何用厕所，如何使用图书馆来借书、还书、阅读，以及乘坐校车的步骤、程序、规则，教室里每天的正常运作程序，该怎样做，不该怎样做，更是不厌其烦地讲解、操练。从这些看似无关紧要的小事中，孩子们学到了许多生活常识，形成了良好的行为习惯。

美国低年级小学生做许多手工、画图之类，经常是桌子上、凳子上弄得很乱很脏，美国老师一定让他们自己清理干净，直到老师满意为止。学生咳嗽、打哈欠、打嗝、打喷嚏，乃至放屁都会说"Excuse me"。咳嗽、打喷嚏都必须捂住嘴，老师会告诉小学生这是为了避免细菌传染，也是礼貌。吐痰要吐在纸巾里，再扔进垃圾箱，直接吐进垃圾桶都是不能接受的行为，更不用说随地吐痰了。

我们再来看一个让孩子懂得遵守规矩故事：

故事发生在美国。在一个再婚家庭里，有个少年名叫阿尔伯特，他是个非常不听话的孩子，与继父关系很紧张。平时他对继父总是绷着脸，心里怀着很强烈的对立情绪。有一次，阿尔伯特为了一点小事就用菜刀威胁继父，吓得继父只好找来警察。

后来，继父找来了心理学家。经过分析研究，发现阿尔伯特有一个爱好，就是特别喜欢开汽车，并且很希望自己拥有一部汽车。心理学家与阿尔伯特的继父商量，让阿尔伯特的继父借给阿尔伯特400美元买了一部旧汽车。继父与阿尔伯特订立了这样的一份契约，大概内容如下：

继父借给阿尔伯特400美元买一部二手汽车，阿尔伯特以每周还5美元的方式归还。阿尔伯特可以采用以下方式挣钱：

①阿尔伯特星期日到星期四晚上留在家里，或者在每天晚上9：30之前把汽车钥匙交给继父，每晚4角；

②阿尔伯特星期五和星期六晚上留在家里，或在半夜12：00前把汽车钥匙交给继父，每晚6角；

③每星期一次，在白天（具体时间由阿尔伯特自己决定）把门前屋后的草坪修整好，每周6角；

④阿尔伯特星期一到星期五，每天晚饭前把家里的狗喂好，每次1角；

⑤阿尔伯特每天6：30前回家吃晚饭？或者按早上母亲说的时间按时回。家吃饭，每次5分；

⑥阿尔伯特早晨离家前，最迟不能超过中午，收拾好自己的房间，每天5分。

如果全部做到，这些钱正好是5美元。

阿尔伯特要是做不到，就按以下条款给予处罚：

①按照不能做到的条款的价值，阿尔伯特在将被下一个星期限制使用汽车，每缺5分钱就限制使用15分钟；

②阿尔伯特如果什么都办不到，就在下一个星期完全剥夺汽车使用的权力。

③上述条款由继父负责执行。

条款还规定，阿尔伯特做了其他好事，可以向继父和母亲提出来，并且商量好这些好事的价值。

契约还规定，双方只要提出要求，均可以修改甚至重新订立契约。

这份契约还真管用。从此以后，阿尔伯特很快地改变了他不听话的行为。为了尽快地得到这部汽车，他还表现出了许多意想不到的好行为，他与继父之间的关系也变好了。等到这部汽车属于阿尔伯特自己所有之后，他与继父之间已经建立起亲密的情感关系了。

4. 减少孩子的不友好行为

如果我们想要孩子为人善良，做正确的事情，那么就一定要他们意识到不客气的话和残忍的行为是很伤害人的。这是他们必须要学习的一课，如果他们要扩展道德上的是非观，要增强他们对别人的同情。在帮助孩子们认识残忍行为的确会产生后果的这方面，父母和教师可以起到很重要的作用。如果我们的孩子待人不善良的话，我们该做些什么呢？这儿有专家们建议的三种方法，可以纠正和帮助孩子将不善良的错误改变为正确的行动。

（1）瞄准不善良的行为

当你看到孩子不和气时，叫他停下来注意自己的行为。父母说的话应该集中在不善良的行为上，而不是在孩子身上。父母务必要让孩子明白你反对什么样的不善良行为，以及不赞同的原因。当父母已经指出了孩子不善良的行为，解释和说明了错误的原因，还要帮助孩子弄明白他的残忍对受害者的影响。此外，父母还要帮助孩子学会采取弥补措施来对自己的残忍行为负责任。我们的目的永远是要帮助孩子养成一个内在的道德指南针，这样就在没有我们给他们指导和提示的情况下，能正确地指导自己的行为。最好的办法是把事情谈出来，保证孩子们明白残忍的真实后果。虽然要花几分钟，但是花这些时间是值得的，因为谈话的过程是培养热心孩子的一个最好的办法，孩子就会知道怎样做正确的事情。

（2）克服孩子的自私行为

孩子的自爱心理很强。每个小孩子都会以自我为中心考虑问题。他们什么都想要，以自己的喜好看世界，把自己看作人们注意的中心，认为世界是为他们而创造的，任何人都应该服从他们并为他们服务。

儿童的很多言行在成年人看来没有什么道理，但对他们来说却是有道理的。儿童的行为主要是受本能支配。例如，孩子要吃甜食，看到母亲把糖和点心放到食橱上，就马上打开橱门吃了起来，而不知道父母要用这些东西干什么，也不知道这行为不妥当、应该受惩罚。再举个例子，一个小女孩注意到自己的娃娃需要件新衣服，就毫不犹豫地把母亲的衣料裁成娃娃的衣服。母亲发现后生气地朝女儿喊道："你怎么能干出这种事！"孩子很坦率地说："我需要。"教育者处理这种问题时，应该努力把孩子引导到正确的路上来，不要叫孩子的这种"自爱"发展成以自我为中心的行为。要达到这一目的，应该认真遵守以下这些要点：

·应该反复提醒孩子，家庭成员应该互相关心，互相帮助，并要体谅别人。

·要反复告诉孩子"己所不欲，勿施于人"这样一条重要原则，使他们能按这样的原则办事。

·最重要的是父母不要做任何助长孩子自私心理的事。

（3）发展他们的道德想像力

约翰是一个好动的 7 岁小男孩，每天早晨，他和他 9 岁的姐姐一块走过两个路口去坐公共汽车上学。一天，这班公共汽车的司机向约翰的父母报告说，约翰和其他两个男孩经常在汽车经过的时候朝路上扔石头。约翰也承认他扔过石头。他的父母便很正式地和他谈论此事。

父亲："约翰，你认为在汽车经过时朝路上扔石头会给他人造成影响吗？"

"是的。"约翰说。

"那么会造成什么样的影响呢？"

"司机会停车，并冲我们大喊大叫。"之后约翰小声地问；"你要打我的屁股吗？爸爸！"

"不，"他的父亲说，"但我认为我们应该多谈谈这件事。假如你扔石头吓着了司机，司机从车上掉到地上，会发生什么事？"

"司机会受伤。"

"假如你是司机，你会有何想法，约翰？"他的父亲问。

"也许我会撞上一棵树，全身受伤，一条腿骨折。"

"你怎样才能让司机避免发生那种事？"他的父亲问。

约翰低下了头，说："不扔石头。"

"对。"他的父亲说。

接下来是一阵短暂的沉默，然后约翰的父亲说："你看，约翰，你母亲和我都因此事而感到很难过，我们想知道你下一步打算怎么做。"

"我再也不往路上扔石头了，"约翰说。

他也确实遵守了自己的诺言。

约翰的父母通过提问讲道理的方法，帮助他的孩子明白了为什么朝汽车扔石头是不对的，并决定以后不再那样做了。我们可以设想一下约翰的父母如果采取以下方式处理，效果会如何：

羞辱：你就没有比那更好的想法吗？我们认为朝汽车扔石头这种事只有3岁的小孩才会干！

窘迫：人家会认为你是怎样的家庭教育出来的孩子呀？

威吓：假如警察看见你扔石头，你知道会发生什么事吗？

惩罚：一周内你不许看电视，我希望这对你而言是一个教训。

那么，约翰的反应将会是针锋相对的：

反应1：我妈妈不看好我，我想我是比较令人讨厌的人。

反应2：我得担心邻居们会怎么想，而不是担心会对司机造成什么影响。

反应3：我朝汽车扔石头前最好是确定周围没人看见我。

反应4：假如早知这和我有利益关系的话，我就不朝汽车扔石头了。

正如我们看到的那样，约翰的父母没有使用上述的任何一种方式，他们没有羞辱他，没有让他感到窘迫，没有责骂他，也没有惩罚他。相反，他们采取的是一种平静但严肃的方式来处理此事，向孩子表明了他们的想法和不赞成的态度，并且没有伤害到孩子的自尊。不是直接告诉约翰他的行为错在哪里，为什么错，而是通过提问的方式让他自己去思考他的行为可能会造成的后果，不是直接下命令说禁止他以后再干这样的事，而是让他自己决定以后不再干这样的事了。

你可以通过问这样的问题来让你的孩子思考行为的后果，提高他这方面的能力。

二、重视孩子的诚信教育

　　世界上各个国家都很重视国民的诚信教育，可以说，诚信是人类一种具普遍意义的美德。在国外办一个信用卡，首先要查持卡人的信用记录，看是不是有过不守信记录。只有一个记录清白，很诚实的人，银行才愿意发个信用卡给你。而且公司录取一个人，也要看你诚实信用的记录，看这个人是不是靠得住，如果靠不住，没有哪个公司敢用你。

　　美国数字设备公司（DEC）始创者、总经理奥尔森是美国大名鼎鼎的人物，曾被美国《幸福》杂志评为"美国最成功的企业家"。但是，在谈及自己的成功时，他总是要提到父亲，因为父亲用行动影响了他的一生。

　　奥尔森的父亲奥斯瓦尔德是一个没有大学文凭的工程师，拥有几项专利，后来成为一名推销员。一次，一位顾客想从他的手中购买他推销的机器，但他发现这位顾客并不真正需要这部机器，于是他极力劝这位顾客不要购买，此事让他的老板火冒三丈，但却为奥斯瓦尔德赢得了好名声。

　　同时，奥斯瓦尔德的诚实品德也给了三个儿子巨大影响。他们都以父亲为榜样，诚信做人，全部成为有为的工程师。奥尔森本人在为人处世上就秉承了父亲的优点：办事讲原则，合作重诚信，在员工和商业伙伴中拥有非常好的口碑。

　　让我们来看看西方国家都是如何来对孩子进行诚信教育的吧：

　　美国从幼儿园及小学起就重视对孩子的诚信教育。美国波士顿大学教育学院设计的基础教材中就突出了诚信方面的内容。其中一篇课文讲述了一则中国古代的故事：一位国王要选择继承人，于是他发给国中每一个孩子一粒花种，谁能种出最美丽的花就将被选为未来的国王。评选的时候到了，大多数孩子都端着美丽的鲜花前来参选，只有一个叫杨平的孩子端着一个空花盆前来，最后他却被选中了。因为孩子们得到的花种都已经被煮过，是根本不会发芽的。这次测试不是为了发现最好的花匠，而是选出最诚实的孩子。教材建议老师在班上组织讨论，向学生介绍"最大程度的诚实是最好的处世之道"这句谚语，并要求学生制作"诚信"标语，在教室里张贴。

德国的教育心理学家普遍认为，孩子在四五岁时是培养价值观和辨别是非能力最重要的时期，97%的孩子的品性是在这个时期形成的。因此在德国的青少年教育体系里，家庭是道德教育的主要场所，父母则是孩子的启蒙老师。德国的教育法中明确规定，父母有义务担当起教育孩子的职责。德国家庭里父母也都非常注重为孩子营造一个真诚的氛围，父母们普遍遵守这样一个原则：教育孩子诚实守信，父母必须做出榜样。在德国城镇的十字路口随处可见到这样一块牌子，上面写着"为了孩子请不要闯红灯"。据了解，自从立了这块牌子，闯红灯的行人和车辆明显减少。

瑞士人很早就将诚信立法，1907年瑞士国会通过的《瑞士民法典》是世界上最早制定的民法典之一，这部法典的第二条规定"任何人行使任何权利，或履行义务，均应以诚实信用为之"，使诚信原则成为民法的基本原则。瑞士人的诚信意识不仅靠法律来体现，大多数人都能从小通过家庭和学校的教育做到自律自觉。在瑞士国家公务员中，有一个官职叫"价格先生"，专门负责监督餐饮、医药、旅游等行业的定价，防止不法商人哄抬物价，但自设立这一官职以来，很少发生"价格先生"处罚不法商贩的事件。在瑞士，商家倘若一味追求利润，不搞诚信经营就没有立足之地，早晚会被市场淘汰。许多瑞士服务行业都实行事后付账的方式，将账单寄到家中，在规定的日期内支付，其基础靠的就是信用。

1. 鼓励孩子不说谎

西方人通常会认为，撒谎和欺骗如果得不到适当的惩罚，让撒谎和欺骗成为一件轻而易举的事情，不仅会强化这些撒谎的孩子的不诚实行为，而且事实上，更是"惩罚"了那些诚实的孩子，使他们的道德观发生动摇。

所以，西方的学校里，对于孩子们诚实品质的培养抓得尤为紧要，对于不诚实的行为，比如考试作弊等等，处罚也相当严重。其实，无论你如何教养孩子，他们迟早会对你说谎。孩子越大，谎言也就越高明，而且如果他们说谎得逞又逃过处罚，那么他们撒谎的次数会越来越多。他们每次说谎心中都会犹豫，还会问"该不该"，但是恶例一开，原来三思而行的能力就渐渐丧失了。

孩子如果还小，他们知道撒谎不好，但是并不知道撒谎是为什么。

一些西方学者认为，孩子撒谎有时是善意的，有时是社交性的，有时也是为了获取利益，有时或是为了逃避惩罚。但是，不管是什么理由，对于父母来说，都应该进行适当的引导。孩子是否诚信在很大程度上取决于父母的教育和引导。对于孩子经常出现言行不一、不履行诺言的行为，父母应该多从儿童的认识发展中来找原因。不要把孩子的这种行为看成是道德败坏而打骂孩子。如果父母从小就注意对孩子进行诚信的教育，孩子是可以养成诚信的习惯的。

每年的 5 月 2 日，美国的威斯康星州的居民总要庆祝这个州特有的节日——"诚实节"。这是为了纪念一个年仅 8 岁的男孩而设立的。

这个男孩名叫埃默纽·旦南。他 5 岁时父母双亡，成了无依无靠的孤儿。8 岁那年的一天晚上，他刚睡着，就被楼下的一阵敲打声惊醒。他急忙下楼，只见养父母正在谋杀一个寄宿在小店里的小贩。第二天一早，他的养父就来到他的房间，教他在警察面前说谎。埃默纽回答说他不想说谎话，养父母就把他双手吊在梁上，用柳条抽打他，逼他说谎。这样抽打了两个小时，埃默纽的回答还是"爸爸饶了我吧，我不想说谎"。最后，可怜的埃默纽活活被养父母打死了。事情真相大白后，人们为了纪念这个诚实的孩子，建造了一座纪念碑和孩子的塑像。纪念碑上写着"怀念为真理而屈死的人，他在天堂永生"。

这里有一招可以帮助父母防止孩子说谎，这就是"信任"。

德国的教育专家多罗特·克雷奇默说过，如果父母能够采用一种平静、镇定、理解的方式对待子女的说谎，那么从一开始就可以避免许多谎话和不必要的争辩。孩子有时说谎是因为他们担心受到斥责，或是由于怕羞，不想辜负父母对他们的期望。父母不应该不顾一切地逼迫孩子坦白，否则孩子会编更多的瞎话来自圆其说，那情况就更糟。

克雷奇默认为，孩子说谎是因为对父母不信任。因此，父母应经常向孩子说明并以行动表明，如果孩子做错了什么事，他们是会给孩子帮助的，以此能杜绝说谎的发生。父母应准备原谅孩子，并帮助他们摆脱困境，即使是孩子伤了父母的心，或者惹父母生气的时候也应该如此。

如果你是位三四岁孩子的父母，你可能会很惊讶，天真无邪的孩子居然会说出天衣无缝的谎话，你可能十分担忧，觉得孩子的道德发展出了问题。其实"说谎"是学龄孩子智力发展的一部分。孩子的谎言可以分为几种类型，如果父母对每种谎言下的"秘密"能有所了解的话，便有助于对孩子的谎言做出适当的反应来。

孩子最常用的一种说谎方式就是"否认"，否认做错的事。否认的目的是为了逃避惩罚。例如自己失手打破了茶杯，却不敢承认，而把责任推给小猫，为的是逃避父母的责骂。事实上，如果这个年龄的孩子不会急忙否认，却静静地等着受罚，那父母才真该担心呢！其实，懂得否认，显示孩子的智力发展正常，已经开始了解因果关系。因此，这样的谎言不要把它想成是不诚实的。

研究发现，鼓励孩子不说谎的行为是一种行之有效的方法。

美国总统华盛顿小时侯，一次他砍了一棵樱桃树，这棵樱桃树是他父亲很喜欢的，华盛顿不是用谎言来推卸责任，而是勇敢地承认了错误。他的父亲非但没有责骂他，反倒高兴地夸奖他，说他是个诚实的孩子。

父母也可以向华盛顿的父亲学习，让孩子知道，说谎可以免除暂时的惩罚，却会引起别人的反感，给自己的心理增加压力，而勇敢承认错误，诚实做人，才能得到父母和他人的喜欢，才能培养自己的优秀品质。

那么怎样纠正孩子说谎，而培养诚实的习惯呢？美国父母的做法常常是以下几招：

（1）做出正确的榜样

因为孩子的模仿性最强。耳濡目染，他们都会效仿的。因此在美国，无论是父母或是教师，都很注意以身作则，自己去做诚实的事，不在孩子的面前说谎。除了自己以身作则外，在美国，父母和老师还非常注意讲一些诚实孩子的故事给孩子们听。譬如，华盛顿砍樱桃树的故事等，父母就是要拿故事中的人物做孩子们的榜样。

（2）了解自己的孩子

美国人认为，父母要弄清楚自己的孩子愿做什么，能做什么，希望得到什么。了解了孩子的心理与能力后，再让他们去做。在做的过程中，父母帮助孩子去发现问题，克服困难，将事情做成功。这样，通过了解孩子，鼓励他们诚实地去做每一件事，从而就能达到消除他们说谎的目的。

2. 消除孩子对说实话的顾虑

当布令斯·罗宾逊先生发现10岁的儿子大卫·罗宾逊从一家小商店偷偷拿走一块巧克力后，他用了一种特殊的方法处理了这个问题，他带着小大卫将巧克力给那家商店送了回去，并要求他当着其他顾客的面向店主道歉："很对不起，先生，我拿了你们商店的巧克力……我保证以后再也不这样做了，希望得到你的原谅。"店主大度地接受了道歉，并准备把还回的巧克力送给大卫，但罗宾逊先生婉言谢绝了，"谢谢你的宽容，但孩子不能接受，因为那不是他的"，说完带着大卫走出了商店。

无论来自哪一个国家、哪一个民族，诚实、勇于承认自己的错误是所有人都应该具备的优秀品质，而唯一的差异是人们采取的教育方法有所不同。布鲁斯·罗宾逊先生让做错了事的儿子在他人面前承认自己的错误，是希望孩子对自己行为感到羞愧，从而培养了孩子正确的道德观念。从结果来看，这种方式既合理，又非常有效。

在上面那件事情发生的 20 年后，大卫·罗宾逊成了 NBA1995 年最有价值的球员和社会活动家。他在《如何培养最有用的人》一书的序言中写道："我永远也不会忘记被大家当作小偷站在柜台外时的心情。父亲让我看到了自己内心深处永远不愿成为的那种人，他的做法在我的一生中留下了无法抹去的记忆。从那件事后，我不想也不会再偷东西了。"

很多孩子都可能出现过说谎的行为，可是孩子的说谎与成年人说谎是有区别的。父母应该注意寻找说谎的根子，播撒诚实的种子，塑造孩子的优秀品质。

孩子到了三四岁以后，一般都有说谎的行为，导致幼儿说谎的原因是多方面的，但归纳起来，不外乎以下三种。

（1）因害怕训斥、打骂而说谎

幼儿对周围的一切事物都感觉好奇，尤其是家里刚买回来的东西，非要亲自动手拿一拿，仔细看一看，往往一不小心，就会弄坏东西。这时由于幼儿内心紧张而产生恐惧心理，害怕受到父母的训斥和打骂，而不知不觉地开始说谎。

孩子在玩耍时，无意中弄坏了东西，或闯了祸怕挨大人的骂，常想把错误掩饰起来。孩子无意中折断了花盆里的花，为了怕大人发现，他们通常会把折断的花扔掉。打翻了墨水他们会把墨水瓶藏起来，再把洒了墨水的地方用报纸或别的东西盖起来。当父母发现了问他们时："是不是你把花盆里的花折断了？"或者："墨水瓶是不是你打翻的？"孩子联想到挨骂，就会说谎："我没有"，或者："不是我打翻的！"或者："我不知道。"

（2）因父母的教育不当而说谎

说谎是一种不诚实的行为，发现幼儿说谎时父母应及时教育。但是，有时造成幼儿说谎的原因，往往就是平时父母的教育不当而导致的。

（3）因有某种愿望而说谎

幼儿时期，心理发育尚未健全，感知事物的能力和成人还有一定的差别。有时，幼儿常会把希望得到的东西当成已经得到的。这是由于孩子的心理活动和思维发展尚不完善，因而产生了"幻想"，并非真在说谎。例如：邻居小孩园园看到小朋友露露在玩小汽车，自己家里明明没有小汽车，却会不假思索地说："我爸爸给我买了好多小汽车，比你的好玩。"可以看出，这种说谎恰恰反映了孩子盼望小汽车的愿望。他并非真想说谎骗人。做父母的不能加以责怪，伤害孩子的自尊心。幼儿口中往往说的"我有"或"我已玩过"等等，常常不仅是在流露愿望，而且也是在掩饰愿望和克制愿望。

孩子不敢公开承认而说谎使大人苦恼、痛恨。因为任何一个作父母的都知道说谎是最不好的习惯，最坏的习惯，甚至是道德所不容的。小事说谎，虽不值得追究，但可怕的是一旦放过怕会养成孩子说谎的恶习。所以父母总是从小就教导孩子不要说谎，而遇到自己的孩子说谎就非常气愤。总想好好地教训他一下，于是就狠狠地责备几句，想使孩子惧怕，以后不敢再说谎。

而事实却正好相反，父母责骂得越厉害，孩子为了怕骂闯了祸或做了什么错事，就又说谎。

美国著名儿童心理学家基·诺特分析儿童说谎的原因说："说谎是儿童因为害怕说实话会挨骂，而寻求的一个避难所。"这话是很有道理的。

孩子一方面被教导"不要说谎"，另一方面却又会因说实话而受责备。这种矛盾是造成孩子为自卫而说谎的主要原因。所以，我们也可以说，在通常情况下，是大人给孩子造成了不得不说谎的形势。因而，杜绝孩子说谎的最佳对策是不追究，让孩子消除说实话的顾虑，而自觉地不去说谎。

从上面所举过的事例来说，当父母发现孩子折断了花时，可以说："花儿开得好好的，可以供观赏，而且也是生命，以后再不要折断了。"或者："幸好墨渍渗透得还不多！"这样消除了孩子对自己做错的事，或闯的祸会被挨骂的顾虑和惊怕，就不会再说谎，反而会反省："当时应该据实向父母讲清楚，父母会原谅我的。"

总之，孩子说谎是时常发生的事情，要想杜绝孩子说谎，养成孩子诚实的习惯虽然至关重要，但确实不易。它要求父母耐心开导，消除孩子对说实话的顾虑。当然，父母也绝不能睁一只眼，闭一只眼，对孩子说谎不闻不问，听之任之。那样，又会变成放纵。孩子只会越说越厉害，直至走上邪路。

3. 没有什么比说真话更重要

在真正知道不可说谎之前，每个孩子都有说谎的经验，因此每个父母都需要学习如何处理孩子说谎的问题。我们必须面对它，而不用吓唬的手段，让孩子晓得我们永远站在他这边。千万不可以蓄意设圈套，或以利引诱他们说出说谎的原因。当我们逮到孩子说谎时，必须先确定原则，目的是为了让孩子明白说真话有多重要。

德国4岁的艾瑞恩和妈妈一起做饼吃，打算带到幼儿园去义卖。下午，妈妈在书桌旁工作，艾瑞恩跑进来和妈妈说几句话。妈妈发现女儿嘴角有饼干屑和巧克力渣。

"艾瑞恩，你脸上有许多巧克力渣。"妈妈说，"你问过我可不可以吃吗？"

"没有。"小女孩摇摇头，吃惊地看着妈妈。

妈妈立刻发现自己面临一个相当棘手的问题。"来！让我们面对问题。"妈妈温和地说，"请告诉我真话，你吃了我们做的饼干吗？吃了也没有关系，可是我要知道真相。"

"嗯……吃了一块！"女儿竖起一根小指头。

"只吃一块？"妈妈问。

"不，是两块。"艾瑞恩说。

"这是真话了吗？"妈妈紧跟着问，"很高兴你诚实地说出真话，艾瑞恩。你知道，说真话是很重要的事。"

"我知道，"艾瑞恩回答，"我还可以吃一块吗？"

"现在不行，"妈妈说，"第一，已经快吃晚餐了；第二，得留一些去幼儿园义卖。这也正是为什么我希望你下一次吃饼干前要先告诉我，好吗？"

"好的，妈妈。现在我可以去玩了吗？"艾瑞恩问。

妈妈已经传授了最重要的一课给女儿，并帮助她了解，即使说了真话妈妈会不高兴，她还是应该说真话。妈妈也让女儿正视这个行为，终止女儿再犯的机会，并且花够多的时间和女儿讨论这件事，也解释了为什么不希望女儿吃饼干，最重要的是告诉女儿下回遇到这类事情时该怎么做才对。

父母要告诉孩子，诚实和真理并不一样。诚实是一种行为，包括我们所了解的能力、经验、想法，想逃避或想拒绝的事等；真理则传达出我们对事情观察透彻与否的能力。慢慢的，当孩子越长越大时，我们希望他们对世事有辨别力，不必借由言语就能知道事情的真假。同样的，他们也需要了解假话和真话所产生的不同影响。谎话意图欺骗，而欺骗的举止是不对的，绝不仅是事实被"说错"了而已。

教导孩子诚实的第一步是了解、面对真相，即使这么做会让他们觉得不舒服或不愉快。要孩子告诉我们事情的真实过程，或他们曾做了什么；这种介入，可以帮助孩子学习辨别事实和虚构之间的差异，虚构的事毕竟只是自己希望的想法，也可能是别人想听，或自己幻想世界的情节罢了。

"昨晚网球拍放在走廊外面，这是怎么回事？"妈妈问9岁和11岁的女儿。这两个女孩紧张地看着对方，知道她们的麻烦大了。

"是这样的，"妹妹先出声，"我从车里拿出球拍、背包和其他东西。我想，是我把它们放在走廊上的，这样才好开前门。"

姐姐附和说："我说过要带进屋子来的，不过，我却忘了回去拿进来。"

妈妈了解了事情经过后，严肃地告诉女儿："下一次请记得把东西收好。整晚放在外面，很容易坏的。"

因为询问，让妈妈更清楚地了解了整件事情的经过，而没让球拍继续搁在走廊上。假如她是问谁该为这件事负责，女儿一定会互相指责对方。所以女儿都对妈妈说了真话，并且描述了事情的经过，妈妈也提供了不让她们再犯的处理方法，真是皆大欢喜。

有时候，孩子很难诚实地描述事情发生的原委，也害怕承担说真话会遭到的责骂或处罚。只有建立民主平等、和谐温馨的亲子关系，才是培养孩子诚实品质的重要因素。

三、让孩子学会得体的礼仪

所谓"礼仪"，是指表示礼貌的具体礼节，包括言行举止诸方面细节。人们在社会生活中，总离不开互相之间的交往。要交往，就要遵循社会的规范，还要遵守当地的一些习俗或讲究。我国是文明古国，人们历来都很重视这方面的修养。

美国人强调社交技艺，教孩子如何以适当的方式与成人打招呼。美国人尤其注重培养孩子公共场合的文明礼貌，要求孩子讲究礼节，不穿着背心、短裤、拖鞋出入公共场所；服饰整洁，切勿身带异味等等。

确实，了解生活礼仪是必要的，它可以帮助自己更快地融入人群，并使自己得到更多的快乐。我们在这里介绍一些基本的礼仪，以方便父母对孩子的教导。

（1）见面介绍、交谈

一般而言，一般场合见面时相视一笑，说声"嗨!"或"哈罗!"即为见面礼节。

初次见面，相互介绍也很简单。一般原则为：将客人介绍给主人，将年轻人介绍给年长者，将下级介绍给上级，将女士介绍给男士。介绍后握手须简短有力，有力的握手代表诚恳坦率。交谈时忌问年龄、家庭状况、婚姻状况、宗教信仰、经济收入以及其他私生活情况。见面打招呼也不问去什么地方、干什么事。

在交谈时要注意：常面带微笑；碰到认识的朋友时，主动地问候对方，别人问候你，也要回问候对方，表示关心。说话时语气诚恳、态度大方，当别人问候你时，回答尽量简洁；多赞美对方；要注意自己的仪容整洁，千万不要邋遢，身体或口腔的异味、头皮屑等都是令人很不愉快的。

（2）上门做客

上门做客不可早到，如果早主人先到，反而失礼。可迟到 5～

10分钟，迟到15分钟以上应打电话给主人通报。夜间造访，主人不能穿睡衣接待客人。去别人家做客，进门时要擦去鞋上泥土、脱帽，湿的雨衣、雨伞放在室外。进门应先问候女主人，再问候男主人。宾客较多时，可以只与主人和熟人握手，对其他人只需点头示意即可。要多谈众人感兴趣的话题，不要只讲自己感兴趣的事。做客时不可随意翻动主人的东西、抚弄摆设，也不能打听摆设的价格。

在主人家打长途电话，要征得主人同意，并留下电话钱。做客时不宜久留，主人没有留客用餐，客人则应在用餐时间之前告辞。

（3）赴宴礼仪

应邀到他人家里用餐，主宾双方都须讲究礼仪。主人要提供各种专门用途的餐具，如冷盘、刀叉、鱼刀叉、肉刀叉、主菜刀叉、水果刀叉、菜匙、汤匙、咖啡匙等。坐姿要端正，手臂不能横放在桌上。只有当女主人动手，其他人才能开始进餐，女主人离座，其他人才能离席，不可中途离席。盐、胡椒瓶倘离座远，不可伸手去取，而须请隔座代劳递送。上甜点或咖啡时，主人可开始致辞，主宾亦可利用此时答谢。席间，应当称赞女主人准备的菜肴，并尽量吃完盘里的饭菜。

餐后要与主人交谈片刻，之后告辞，告辞时应感谢主人款待。与主人不太熟悉者，事后还应尽早打电话或寄短束表示谢意。如果客人比较多，应等年长职位高的客人告辞后，方能告辞。

（4）赠送礼物

上门做客不一定带礼品，也不可在其他客人不送礼时单独送礼。礼物可以是一瓶酒，给女主人的一束鲜花等。受礼时要当场打开礼物，致谢和赞美礼物；受礼后不必马上回赠。

（5）行路乘车

行路一般以右为尊，女士同行，男士应走左边，出入应为女士推门。搭车时，车主驾车，前座为尊，余则以后座右侧为尊。自己开车时须先为客人开车门，等坐定后始上车启动。

在公共场合，应特别尊重女性。在社交场合，男士对女士要谦让、关照；行路时男子走人行道外侧；入座时先让女子坐下；进门时男子应先行并为女子开门；上、下楼梯或乘电梯时要让女子先行；用餐时请女子先点菜；告辞时让女子先起身；陌生女子失落东西，男子也应立即为其拾起归还；与女士打招呼，男士必须起立。

1. 礼仪是教育必修的"课目"

西方人一向把礼仪教育作为品德教育的入门课，其理想中的楷模便是绅士。培养一个绅士大概并不比培养一个科学巨人省劲儿，小到举手投足、吃喝拉撒、穿衣戴帽，大到待人接物、社交活动，都有一套细致入微的规范。西方人如此注重礼貌教育，是不是有点小题大作？非也。西方人是把礼仪修养作为一个人全部品德的基石来看待的。很难想象，一个举止粗野的人会有高尚的品德。小节不拘，大节必乱，正像一位德国记者所言："在我们这个互相交往的社会里，许多生活环境和生活习惯不同的人需要有统一的礼仪规则，并用它们作为一门工具，以创造出良好的社会人际关系。"

在美国，礼仪教育并不一定是教你走路、上车的姿势，而是告诉你一些基本的社交常识。美国小孩儿在幼儿园里学礼貌，老师鼓励小朋友多说肯定、支持别人的话。除了可以在学校里学到的社交常识，美国人还通过生活中的潜移默化和别人的影响来积累更多的礼仪、礼节。其中最突出、让人看得最清楚的是说话和着装。

美国人说话极其"懂礼貌"的习惯是从小在家受了潜移默化的影响而养成的。更形象地说，他们的父母在孩子小的时候就以身作则——在孩子给了父母帮助的时候，孩子就会得到一句来自父母的"谢谢"，于是在自己得到帮助的时候也会对别人说"谢谢"。

美国人也许不注重日常穿着，但对于什么场合该穿什么衣服非常重视。在美国大公司工作，不少公司很注重员工形象，明确规定员工上班要穿工作休闲型或职业型服装。工作休闲型基本上就是衬衫、运动西装和休闲西裤，这是日常工作、生活中最常见的一种着装类型；职业型，顾名思义就是职业装的意思，它比工作休闲装更正规。除此之外，还有宴会型、休闲型、个性型着装。宴会型还可以细分为鸡尾酒会、晚宴、典礼着装，通常都要穿礼服；休闲型是平时出门逛街、与朋友休闲聚会时该穿的衣服；个性型就是你想穿什么都行。

礼貌教育一般被认为是父母们的事，而美国的学校却巧妙地把学生的在校午餐变为礼貌教育课堂。

对美国的多数学生来说，在校午餐首先是一种娱乐和学习，然后才是吃饱肚子。学校为了使学生的午餐既欢乐又文明，并尽量保持食堂安静，制订了一系列规定。

在纽约的天才儿童小学，学生就餐规定很明确。三位校长助理轮流监督学生就餐，表现好的孩子能得到表扬，一年搞三次评比，受表扬最多的班级可以免费吃一次冰淇淋或意大利烤馅饼。小家伙们能很快背出这些规定："不许打架；不许乱跑；一听到吹哨，就不能讲话，否则就要罚站，不能和大家一起出去玩了。"

如果哪个班级把自己的桌子擦干净了，就会受到表扬。但是，要是班上有一个学生擦完桌子跑着离开食堂，那么这个班就前功尽弃了。有人问几个四年级学生：为什么大家吃饭时都那么有礼貌？他们同声回答："谁不想得奖呢！"

这些学生们不仅懂得饭桌上的基本规矩，而且也知道怎样做才显得有教养。娜塔莎说："老师教我们，吃有吃的规矩。他们说：'不要浪费，给你的东西要全吃下去，要想想有的人还没饭吃。嘴巴里嚼着东西时别讲话；嚼东西时嘴不要张开。"

孩子们不能站在椅子上或坐在桌子上，也不能不擦桌子就离开。老师有时在饭厅里巡回检查，有时和孩子们坐在一起吃。他们主要阻止孩子们大喊大叫。

在纽约市西北区的一所私立学校——"三一"学校，学生包括幼儿园到十二年级。幼儿园和一年级小学生进餐时坐在自己座位上，由老师分食。在老师把食品分到每个学生手中时，还及时扼要地教育孩子们饭桌上的规矩。当教师索尼亚把一盘油炸鸡递给一名学生时，另一名学生咳嗽起来，她立即说："咳嗽时把嘴捂住。"孩子们相互间忘了说"请"或"谢谢"时，老师就提醒他们。也许该校学生学到的最重要的东西是耐心，只有当饭菜端到所有人面前后，大家才开始吃。

大多数学生在没有老师和父母的监督时，仍能注意饭桌上的规矩。礼貌教育最显著的成绩是：孩子们让别人把一句话说完时才插话。这说明通过学校教育是能使孩子们变得有礼貌的。鲍尔老师说："文明礼貌对个人事业的成功极有帮助。大的商业交易或爱情往往是从餐桌上开始的。"

礼仪教育在西方至今仍然很受重视。社会和家庭都认为，这是让孩子融入社会必修的"课目"。说到底，礼仪是一种社会规范，对其遵守与否在某种程度上决定着社会对你是否接纳。

2. 不同年龄孩子的礼仪要求

美国家庭素有"把餐桌当成课堂"的传统。从孩子上餐桌的第一天起，父母就开始对他进行了有形或无形的"进餐教育"。帮助孩子学会良好的进餐礼仪。

在美国，当孩子长到一定年龄的时候，父母最常做的事情就是鼓励孩子自己进餐，孩子长到一周岁至一周岁半时，开始喜欢自己用汤匙喝汤吃菜。美国孩子一般2岁时就开始系统学习用餐礼仪，4岁时就学到用餐的所有礼仪。稍大一些，5岁左右的孩子都乐于做一些在餐前摆好餐具、餐后收拾餐具等力所能及的杂事。这一方面可以减轻父母的负担，另一方面也让孩子有一种参与感，对于礼仪教育来说，这更使他们学到了一些接待客人的餐桌礼节。

来看个美国家庭的例子："妈，吃午饭的时候瑞克一直笑我。"6岁的恰克·普瑞特向妈妈告状，"他说我吃饭像猪一样。我只是不小心打嗝大声了一点，他就说我不礼貌。为什么他们这么讨厌我？瑞克不是我的好朋友吗？"恰克边说边哭了起来。

"这不表示他们不喜欢你。我想，他们只是不喜欢你吃东西的样子。"妈妈很肯定地回答。

不久，恰克的爸妈便开始注意恰克的用餐习惯。于是晚餐时，只听到一句又一句的疲劳轰炸："身体坐正！""嚼东西时嘴巴要闭起来！"……这些不断地叮咛、提醒，把恰克搞得紧张兮兮，最后忍不住爆发和爸妈拗了起来。

恰克的爸爸察觉到这个方法既无效，又影响了亲子间的感情，于是只好另起炉灶。他花时间观察、记录恰克的用餐行为，发现一些可以有效改变恰克行为的方法，于是重新开始他的计划。第一，他决定与妻子一起重新和恰克商谈，以确定他是否真的明白用餐礼貌的言行规则；第二，每次吃饭时，称赞恰克表现好的行为，具体指出是哪一个动作符合餐桌礼仪；第三，如果还有恰克做不到的地方，设计练习活动，而不是光口头指责。晚餐时，恰克的爸爸开始实施新计划。他告诉恰克："妈妈和我想确定你握叉子的方法正不正确。盘子里有一支笔，拿叉子就好像从盘子里拿笔一样，你试试看，把笔拿起来就好像你要写字一样。"

如果恰克做得很正确，爸爸就称赞他：很好，对了，现在维持手的姿势不变，把笔换成叉子，就好像要用叉子写字一样。很好，你真的知道怎么用正确的姿势拿叉子吃东西了。"恰克的爸爸最后用赞赏的语气开始了晚餐。

之后的几次晚餐，爸妈都在餐盘边为恰克摆好叉子和笔。如果恰克拿叉子的姿势正确，爸妈就赞美他："拿得不错哟!"他一开心，就更记得拿叉子的方式了。如果不小心忘了，他可以再拿笔感觉一下，重新学习。

恰克记得了拿叉子的正确方式后，爸妈再设计另一个练习计划，教他新的用餐礼仪和技巧。日积月累，恰克一步步学会了全套的用餐礼仪，对自己的信心也增加了不少。不管是在家里还是外出拜访朋友，都不怕再被嘲笑了。

在儿童的餐桌礼仪中，美国人有一项很重要的内容就是进行环保教育。

在现代美国人的眼中，讲究环保，也是一个人有教养的重要内容。五六岁的孩子应知道哪些是经再生制造的"环保餐具"，哪些塑料袋可能成为污染环境的"永久垃圾"。外出郊游前，他们会在父母指导下自制饮料，尽量少买易开罐等现成食品，并注意节约用水用电，因为他们懂得"滥用资源，即意味着对环境保护的侵害。这是最不礼貌的行为。"

在这样的教育下，美国10岁以上的孩子吃饭时，就很文雅了。

对于这种餐桌教育，美国一位叫鲍尔的老师说："文明礼貌对个人事业的成功极有帮助。大的商业交易或爱情往往是从餐桌上开始的。"

一般来说，西方针对不同年龄孩子有不同的礼仪要求：

3～4 岁

·会说"你好!"、"再见"、"请"、"谢谢"。

·会与人握手。

4～5 岁

·会说"对不起"、"不用谢"、"没关系"。

·会正确地使用餐具。

·嘴里塞满食物时不讲话。

5～6 岁

·学会简单的公众场所礼仪。例如：不大声喧哗、四处乱跑。

6～10 岁

·不会打断他人的谈话。

·当必须打断他人讲话时，先说："对不起"。

·关心残疾人士，并主动为他们提供帮助。

·乐于助人。

·尊敬老人。

·不出语伤人。

·客人来访时，说话礼貌，举止得体。

·会自己整理床铺。

·会写"感谢信"感谢他人——为自己提供的服务和帮助。

10～12 岁

·礼貌地接电话。

·礼貌地叫他人接电话。

·收拾自己的房间，并保持房间清洁整齐。

·高效率、愉快地完成应做的家务劳动。

·看电视或听音乐时音量不开得过大。

·主动排队，耐心等待。

·与他人发生碰撞时，主动说"对不起"、"抱歉"。

·对他人送的礼物表示欣赏和感谢。

·守时、守信。

·尊重各种职业，不轻视他人。

·把垃圾分类放置。

·遵守交通规则。

·爱护小动物。

·尊重他人隐私。

3. 教导孩子懂礼貌

北卡罗莱纳大学心理诊所副教授盖里·彼得森博士指出："如果父母不教他们注意别人的感受，今天的孩子将处于十分不利的处境。"他又说，"如果我们不教孩子礼仪，我们就是剥夺了他们一些行为语言。"他的话，可以说是代表了西方人看待父母对于孩子的礼仪教育的态度。

我们来看一个反面例子：多蒙德太太一家人正坐在一个小型电影院内看电影。每次进电影院看电影之前，多蒙德太太和丈夫都要再三叮嘱他们3岁的儿子，要静静地坐在里边看电影，不要大声吵闹，到处乱跑。在电影放映期间，他们的儿子除了个别时候小声提些问题之外，一直都能安静地坐在自己的座位上。然而，尽管电影已经开始放映好长时间了，他们却连一句完整的话也听不清。这是因为坐在他们旁边的两个孩子，不停地在自己的座位上来回晃动，大声地叫嚷着，两个人争得起劲时，还在电影院的过道内互相追逐。多蒙德太太想找这两个孩子的父母，让他们出面制止自己孩子违反电影院规定的行为，可左瞧右看，怎么也找不到这两个孩子的父母。他们全家人接连几次去这个电影院看电影，都碰到了这两个不停地捣乱的孩子，这可真把多蒙德太太给气坏了，她决心要找到他们的父母，把情况向他们说一说。于是，在一次电影放映结束之后，多蒙德太太便尾随着这两个孩子到了一个餐厅。一对夫妇正在餐厅等着这两个孩子，多蒙德太太想他们肯定就是这孩子的父母了，便当即走上前去。

"你们的孩子不停地在电影院内跑来跑去，搅得我们一家人连一场电影都看不好，"多蒙德大太对这对夫妇说道，"他们如果对看电影不感兴趣，那么你们倒不如别让他们去电影院，让他们与你们一块儿呆在餐厅。"

孩子的父亲冷冷地看着多蒙德太太。"我们花钱给孩子买了电影票，"他说，"我们的孩子理所当然地要进电影院，他们在里面想去哪儿就可以去哪儿。"

他说出这样的话，着实让多蒙德太太大吃一惊。一对衣着端庄，看似很有涵养的夫妇，怎么能够容忍自己孩子那么明显的粗鲁之举呢？

在实际的生活中，西方的父母认为，激发孩子要有礼貌的关键，是使孩子意识到：无论是传授道德规范还是为别人开门，父母都十分赞赏礼貌的举动。

教导孩子懂得礼貌的方法很多。一些美国父母成功的经验是：

（1）以身作则，做出榜样

在美国人眼中，孩子在小的时候，可能还不能分辨好坏，因此最简易的教导方法就是父母以身作则。要做到这一点，父母就应该首先保证自己懂礼仪、讲礼貌，知道怎样尊重别人的尊严、荣誉。父母做出的示范往往是孩子们模仿的榜样。

对于父母的榜样作用，琼·莫尔在她的《培养小绅士》一书中，说："正确的示范很容易让孩子学到礼仪。也许孩子无意识地从我们用餐巾、切肉的动作，为别人开门的小事上学到礼仪。

"孩子们听到我们说：'请'、'谢谢'、'对不起'，他们看着我们不打断别人的话语，然后心领神会，仿效。"

（2）激励孩子，而不是支使孩子

琼·莫尔认为，激励胜过任何一切想操纵孩子的努力。激励孩子能够使孩子找到自己潜在的礼仪欲望，并且能够激发它。

对孩子的激励，在美国往往分为内在激励和外在激励两种形式。

美国儿童心理学家认为，内在激励更能使孩子产生积极的举动。

例如，卡尔·莱斯一直渴望到一个有名的美术学校去学习画画，在去面试的那天早上，妈妈告诉他一些面试的礼仪，然后使他形成一些这样的想法："去面试时，我要穿一件笔挺的衬衣，一条直直的裤子，而不是皱巴巴的外套，因为我想进入那所学校。"

卡尔·莱斯妈妈这种说教的做法就是采取内在激励的方式。

那么，外在的激励是什么呢？

例如，在家庭晚宴上，爸爸和妈妈对刚满2岁的丹尼尔做出表扬："做得好！丹尼尔，你没有忘记把餐巾放到腿上，我知道这是很容易忘了的。但是，如果你在喝牛奶前，把嘴边的通心粉汁擦掉，你妈会更高兴！"丹尼尔父母的做法就是外在式的激励。

（3）开始时，应该多提醒

西方人认为，对孩子进行礼仪教育，应该在事先多进行引导，提醒孩子该如何去做。所以，在拜访邻居时，妈妈往往会轻轻地提醒孩子："汉克，你要向史密斯夫人说句'你好'。"

对于这种教育方法，琼·莫尔说："父母应该教导孩子向自己的客人问好。孩子进房间时看到妈妈的朋友时，应说'你好，夫人'等类似的问候语。当夫人说'你好，最近过得好吗'时，孩子则应做出回答。如果孩子没有答话，妈妈则应该温和地督促孩子说'彼得夫人问你过得怎么样呢'类似的话语。但是，父母不停地要求孩子表现良好的举止，会令孩子厌烦。所以，当我们反复说'在漂亮的夫人面前笑一笑'或者'好好地抱抱阿姨，吻吻她'之类的话时，我们就走到了极端。"

四、让孩子自发地爱上艺术

历史上有一些天才人物，从小就才华毕露。大音乐家莫扎特5岁就开始作曲，10岁写出歌剧《简单的伪装》，十二三岁时，就已经使整个欧洲的"权威"人士大为吃惊。贝多芬和海涅都是从13岁开始作曲的；诗人但丁7岁时就给阿特丽斯写情诗，……他们所以如此出众，难道说仅仅决定于天赋的聪颖吗？不！这些人后天的早期环境影响、父母的辛勤培养、教师因人施教的方法、自己的勤学苦练也都起了很大的作用。请看看诗人歌德的童年生活吧，试想想，如果他没有那样好的家庭教育，能成为那样伟大的诗人吗！

歌德的父亲从小就精心培养他。为了使他能够欣赏美，就经常带他到城里参观建筑物，一边参观，一边讲述有关的历史，以便同时培养他对历史的爱好；也给他讲自己游历过的各地方的风土人情，以培养歌德对地理的爱好。当歌德四岁半的时候，祖母就送给他木偶剧模型，以培养他对戏剧的兴趣。歌德的母亲对歌德更加关怀，差不多每天都给他讲故事，而且头天讲完就叫他先想像一下下面的情节，可能会如何发展下去。而第二天接着讲这个故事的时候，总要先问他："你对今天讲的情节是怎样想像的？"以便培养他的想像力。歌德从小就学许多种外语，除德语外，他对法语、意大利语、拉丁语和希腊语都很精通。他也学习自然科学、美术、音乐，不仅钢琴弹得很好，还吹得一口好笛子。正是由于歌德童年受过这样好的多方面的培养教育，才使他有可能成为一个举世闻名的诗人。

所有具有杰出的艺术天赋的孩子，都是早期家庭教育的结果。几乎所有教育家都这么认为，艺术教育应从家教开始。

艺术的美、大自然的美、生活的美、父母情感与情操的美，对孩子具有迷人的魅力，会吸引着孩子，使孩子兴奋、愉快，对生命感到满足，并会追求生命中美好的一切，用来充实自己、提高自己、完善自己。

许多父母认为给孩子一个艺术天地，便是在家里摆架钢琴，墙上挂着小提琴，地上支着画架或乐谱架，每天不停地督促孩子学琴、练画、学舞蹈。实际上，这是一种浅层次的艺术活动追求。

给孩子一个艺术天地，是通过美的环境，给孩子一个美的心境、美的理想、美的感受与美的追求。也许，这个孩子将来不会成为音乐家或画家，但他长大后却是一个具有较高层次审美情趣的人，他会区别真、善、美与假、恶、丑，懂得纯真的、道德的是非标准，谁能说这与懂得"人类之美"没有关系呢？

如何让孩子自发地爱上艺术呢？

（1）培养孩子的艺术才能要循序渐进

父母想培养孩子某个方面的艺术才能时，不要过于性急。过于性急的父母急于训练孩子，从而打乱孩子兴趣爱好的临界期，使孩子永远地失去某种能力发展的可能。父母急于求成的结果会使孩子逃避超负荷的训练，因为繁重的、强迫的刺激将使孩子产生厌恶情绪。

（2）培养孩子的艺术才能要有长远目标并持之以恒

对孩子的教育忽冷忽热，水准忽高忽低，没有细致的教育方案，没有长远的打算，便不能使孩子的艺术活动能力得到明显的提高。

应该尽量地抓住机会，不失时机地给孩子以最科学的指导，这一点非常重要。孩子一岁的时候就可以握笔涂鸦了，将笔和纸交给孩子，特别是把颜色鲜艳的笔交给孩子，这不仅可以使孩子画画的要求得到满足，而且能够刺激孩子视觉的发育，使手指和胳膊得到运动与锻炼，促进小肌群的成长。假如此时父母看到孩子因画画而撕破了纸，把笔也扔在了地上，便训斥孩子，就会在孩子稚嫩的心灵里种下笔与纸不可以随便乱动的种子。那么，当这个孩子长到可以不撕纸的年龄时，可能已经不喜欢这种最普遍的文化用品了。

（3）切忌嘲笑孩子的努力

在培养孩子的"艺术细胞"时，随时保护孩子的积极性。对孩子的哪怕是一点微小的进步，也要给予高度的赞赏。即使是孩子提出大人不屑一顾的问题，父母也要表示关心，承认孩子所付出的努力。

在培养孩子艺术才能的工作中，父亲与母亲的作用十分重要。对于父亲与母亲来说，最重要的是：学会理解与尊重孩子，站在孩子的立场上来发挥父亲与母亲的作用。

1. 艺术教育可以使儿童更聪明

20世纪最伟大的小提琴家耶胡迪·梅纽因指出，艺术教育能培养儿童形成良好的品德和高尚的人格。梅纽因呼吁英国政府重视对培养儿童来说非常关键的音乐、舞蹈和唱歌等艺术教育。他说，只要孩子们能够得到更多的艺术教育，整个社会的犯罪现象就会减少。

他还说，艺术应该是日常生活的一部分。为防止犯罪，现代政府将过多的精力放在制订政策和建造监狱上，忽视了艺术，尤其是音乐的作用。他认为出现犯罪现象的根源是有些人的精力过于旺盛，欲望无法实现，而音乐可以帮助人们宣泄过盛的精力和消除不切实际的愿望。梅纽因举例说，伦敦西部充斥着暴力的贫民区有一所名为"牛津花园"的小学，以前该小学的教师因无法忍受说不定哪一天就会挨匕首而纷纷离开那里。但是，自从这所小学开设唱歌课以来（后来又开设了舞蹈课），教师流失的现象已经得到很大改观。该校校长利兹·皮卡德说，在一个相当不安全的社区里，他们的小学变成了一块乐土。她说："艺术教育起了非常重要的作用。同没有开设艺术课的时期相比，我们学校现在平静多了。我们打算继续扩大这方面的教育。"

梅纽因说，艺术世界里没有"犯罪"这个词。"当孩子学会唱歌和跳舞后，他们会更善于思考、理解问题和相互沟通。"音乐是儿童生活的组成部分。研究表明，带音乐的游戏和轻柔的催眠曲能使许多儿童集中注意力或平静入睡。

研究人员和教育工作者发现，受过艺术熏陶的儿童在学习和交往方面比其他儿童进步快。最难能可贵的是孩子幼小的心灵，也将会变得更加纯洁。

西方新的科学研究也表明，早期的艺术教育能影响儿童正在发育的大脑并提高他们的学习能力，从而有助于逻辑能力、抽象思维、记忆力及创造能力的开发。

美国有两位研究人员在一个报告中说，大学生在听10分钟的莫扎特D大调钢琴奏鸣曲后接受空间—时间能力测试的成绩，比他们听10分钟空白磁带或消遣性磁带后的测试成绩高出8~9分。

这两位研究人员——加利福尼亚大学物理学家戈登·肖博士和威斯康涅大学任教的心理学家弗朗西丝·劳舍尔博士——把他们的

发现称作"莫扎特效应"。劳舍尔和肖博士开始在城市贫民区的学龄前儿童身上做实验，来研究音乐教育影响他们大脑发育的可能方式。他们把儿童分成四组：第一组上键盘音乐课；第二组上计算机课；第三组上声乐课；第四组除了常规课程外不上其他课。6 个月后，上键盘音乐课的学生在空间—时间能力测试中的成绩比其他各组学生——包括上计算机课的学生高出 34%。

美国布朗大学心理学家加德纳研究表明，美术和音乐不仅是学生的消遣活动，而且还能使他们变得更聪明。

加德纳向美国科学促进协会提交报告说，艺术活动似乎对大脑具有调节作用，并有助于大脑在学习其他领域的知识时集中精力：

①对 6~7 岁的一年级学生定期进行音乐和绘画训练，能同时提高他们的阅读能力和数学技能。大脑似乎能把它在音乐领域学到的知识应用于另一个领域，例如数学领域。学习的过程不仅仅包括获得信息，而且还包括训练大脑如何处理这些信息。

②音乐和数学之间的逻辑联系尤为明显。这两门学科都涉及到类似于标尺的概念——在音乐中是音阶，在数学上是数的进位。他说："从艺术学习中获取的知识有助于情感技能的培养。这些情感技能可以处理精神世界中某些以其他任何方法无法处理的东西。"

大脑发育最旺盛的阶段——这是一个关键的时期——从出生后即开始，到 10 岁左右结束。语言能力和艺术的潜力都是在这段时间里发展的。近期研究表明，解决问题的能力和一般推理能力所依赖的神经学基础主要是在一岁之前建立的。婴儿听到的话语使神经元之间产生一系列复杂的相互联系，这些联系对整个大脑的发育有重要影响。同样，研究表明，父母越是给婴儿唱歌或播放旋律优美、结构严谨的音乐，或者看一些鲜明色彩的图画，婴儿大脑就越容易产生神经回路和图形。

人的脑神经细胞大约有 4~5 亿个。无论是成年人还是新生儿都是如此。刚出生的婴儿直到一岁的时候都没有丰富的语言表达能力与行为表达能力。但是，他们却有强烈的接受能力与感受能力，虽然他们对生命的接受是被动的，但是这些贮存会有增值、分裂、爆发、升华的时候。父母们要充分挖掘新生儿大脑中潜藏着的令人惊异的巨大艺术能力，不要错过了最初教育的有利时机。

2. 花时间教孩子音乐、美术

音乐是人们生活中最好的伴侣，当人们欣赏美妙音乐的时候，会身不由己地被那种美的情调所感染，使人们忘却了身边的烦恼，忘却了忧愁，进入一个美好的世界。

当然，孩子的音乐活动是从简单处入手的，如打击乐、唱歌、音乐欣赏、音乐游戏、舞蹈等等。这些活动可以增强孩子的欣赏能力，开拓眼界。让孩子学点乐器也是个好办法，因为演奏活动会使孩子更协调地使用双手。著名医学专家阿特拉斯指出："学习演奏乐器的人，由于左右手指神经末梢经常运动，能促进大脑两半球的发展。"因为演奏时，视、听、触及整个肌体都必须协调一致，这样就能训练孩子的思维、注意及记忆能力，并能启发想像力和创造力。实践证明，幼时学音乐虽不一定能成为专业音乐家，但从小学音乐的孩子一般都比较聪明。

每个父母都应有意识地为孩子提供学习和欣赏音乐的机会，让孩子多多接触音乐。让孩子融入艺术世界，在艺术殿堂中发展个性、培养美感、完善自我。

自古以来，犹太人就以酷爱音乐而著称。音乐在犹太教中有非常重要的地位，犹太人除了普通的读书之外，如果有条件，音乐学习是最基本的。犹太人特别喜欢学习小提琴，所以著名的小提琴家也非常多。世界一流的小提琴家有帕尔曼、祖克曼、明茨等。除了小提琴之外，犹太民族还向世界贡献了众多优秀的音乐家，如波兰作家兼音乐家瓦迪斯瓦夫·希皮曼，奥地利音乐家、西方现代主义音乐代表人物安诺德·动伯格等等都是犹太人。

每个父母都应有意识地为孩子提供学习和欣赏音乐的机会，为孩子创造家庭和社会等不同的环境，如听各种音乐会，利用电视、音像设备，购置各种音乐音像带，让孩子多多接触音乐。如果条件允许的话，可学学唱歌、跳舞、演奏各种乐器，更直接地接触音乐。让孩子融入艺术世界，在艺术殿堂中发展个性、培养美感、完善自我。

一位犹太教育家告诫父母对孩子的音乐学习不要有什么顾虑，不要怕影响学习。在孩子年纪较低时，作业负担不重的情况下，让孩子们广泛接触音乐不但不会影响学习，反而有助于发展孩子的想象力和理解力。

我们不能使每个孩子都成为音乐家，也没有这个必要。然而，人生在世，完全不懂音乐则决不是幸福的。即使自己不会，起码也要会欣赏。因此，应设法教给孩子一些音乐。有人认为，既然不想使孩子成为音乐家，教他音乐就是浪费时间，这种认识是错误的。没有任何艺术的生活，就如同荒野一样。为了使孩子的一生幸福，生活内容丰富多彩，父母有义务使他们具有文学和音乐的修养。

斯特娜夫人认为，人生在世懂得音乐是非常幸福的，因此她从女儿小时起，就努力使她形成音的观念。在女儿出生后不久，她就买来了能发出 1、2、3、4、5、6、7 七个音的小钟。同时，每天播放古今的名曲让女儿听。并让保姆唱给女儿听。

孩子都喜欢好的节奏，斯特娜夫人在这方面的训练也很有一套：

"我从女儿尚不会说话时起，就用拍手的方式打拍子让她看。不久，买来了小鼓，教她按照拍子敲打。过了一段时间又买来了木琴，让她敲打，并且开始作弹琴游戏。我用手指出墙上的乐谱，她按乐谱按琴键。不久，她已能用钢琴单音弹奏简单的曲调了。"

为了使孩子形成节奏和音调的观念，斯特娜夫人还教维尼跳舞。为此，她还建议那些不会唱歌也不会乐器的母亲，最好每天让孩子听唱片。孩子应在节奏和韵律中生活。他们能在雨声中感受到节奏，从风雨中听到音乐。

斯特娜夫人不仅让女儿欣赏音乐，还天天对她朗诵容易上口的诗歌。如美国著名诗歌《钟之歌》，就是一首很好的儿歌，斯特娜夫人就经常和着这些歌教维尼跳舞。有的人排斥跳舞，她认为是不对的。正如荷尔博士所说，希腊和罗马人体形的优美是由于他们能歌善舞。舞蹈可以使我们身体健康，体形优美。

在教孩子练琴时，斯特娜夫人反对只注重技巧的方法。她的一位朋友，曾为孩子聘请过一名小提琴教师。一年之中他只教孩子练习技巧，致使这个孩子不仅没有学会音乐反而开始厌恶音乐。而教维尼小提琴的教师则没有沿用这个教法。维尼练习小提琴时，妈妈总是用钢琴给她伴奏，所以她能很高兴地学。因而，她弹钢琴、拉小提琴都很出色。

大体而言，音乐能力的培养包含了听、唱、读、写、弹奏与创作6个项目，每个项目启蒙的时间，都与生理机能的生长有关。

胎教：学听力。根据教育专家研究，耳朵是所有器官中最早成熟的，早在胚胎时期就颇具雏形，因此胎教音乐主要就是以培养胎儿听力为主。

3岁：歌唱能力。歌唱能力是伴随说话能力而来的，大约三足岁就可以开始有系统地训练唱歌。

4～5岁：读谱能力。4～5岁，小朋友已开始看书，同时也可以开始培养阅读与书写乐谱能力。

5岁半：弹奏。乐器的弹奏，与每个小朋友手指肌肉发展有关，就像握笔写字，若过早开始，难免影响肌肉的均衡发育。一般而言，5岁半以后再开始，练琴的耐性会好些。

总之，培养音乐能力的方式很多，起跑点也不尽相同，父母可以根据自己孩子的成长情况，在0～3岁之间，培养孩子听音乐的习惯，3岁以后，便可以开始培养歌唱课程，培养读和写谱能力，大约5岁半以后，耐性和肌肉都准备够了，才开始增设弹奏的项目。

通过听、唱、读、写、弹奏与创作的学习过程，孩子自然能循序渐进地跨入音乐门槛。

孩子学音乐，不仅不会影响孩子的学习成绩，甚至还会促进。

3. 培养儿童的美术修养

在英国伦敦的一家幼儿园内，有个叫安妮的孩子绘画非常出名。年仅5岁的安妮，已经画了近千幅各种各样的画，并成功地举办了7次个人画展，在当地十分有名。从报纸上看到有关安妮的报道后，我专门到安妮家拜访了她的父亲，安妮的父亲史密斯是伦敦绘画协会的创办者之一。安妮之所以具有如此出色的绘画才能，这完全是史密斯精心栽培的结果。

史密斯的方法就是让安妮在玩中画。在宽阔的马路旁、雪白的墙壁上、住房的门上，凡是有安妮玩耍与嬉戏的地方，都可以欣赏到他的"即兴之作"。

安妮的绘画兴趣通常和玩分不开。玩的时间长了，就产生了浓厚的兴趣，有了兴趣就有了求知的动力，就会用极大的劲头与信心去钻研与获取。玩牵引他走入绘画的大门。

安妮处于幼儿阶段时，缺乏生活经验和知识，手腕骨与指骨比较娇弱，动作不够协调，也不够稳定准确。史密斯就给他几支漂亮的彩笔和几张白纸，安妮就会无忧无虑、不假思索地画出一些曲曲折折的线条、歪歪扭扭的圈圈或断断续续的点点。此时史密斯就不失时机地给予鼓励，沿着孩子思维的路径引导孩子，例如，可以指着斜线条说："呵，天正在下雨。"指着圈圈说："雨停了，太阳出来了，天空多美啊！"可以拿起笔给下面连在一起的两个圆圈简单添上几笔，说："看呵！小鸡也跑出来捉小虫了。"史密斯这样做，能加深安妮对绘画的理解，使安妮画画的兴趣得以萌发。形的概念、美的诗情，会像细润的春雨点点滴滴地渗入他稚嫩的心田。

史密斯认为，儿童的思维都是比较具体的。他们在感知客观事物时，都是一个一个认识的。因此，儿童在绘画上表现出"突出中心事物"这一特点，想要画什么就去画什么。

儿童美术活动要经历三个阶段。最初阶段叫"涂鸦阶段"，是从 1~2 岁开始的，孩子用五个指头一起握住笔，在纸上信手乱涂。大约 2~3 岁，孩子能画出错综杂乱的线条，进入可控制的涂鸦阶段。3 岁后，孩子对自己的"乱画"开始命名，4 岁左右，开始画出简单物象的基本特征和某些细节。5~6 岁才开始对绘画等美术之美有感性理解力，开始自己的创作：线条、结构、色彩，但他们的理解与大人们认识的并不一样，在色彩方面，孩子即使不是色盲，他们所"看到"（理解）的色彩也不一定是事物呈现的本来色彩。

儿童的美术活动是一个集眼、手、脑等多种器官的活动于一体的综合行为。父母在刻意培养孩子的美术素质而训练其美术活动时，首先一定要让孩子观察认识物体，积累感知形象，多安排"涂鸦活动"。在使用色彩方面放任自流，对孩子主动表现出来的表达欲望要给予保护，不能伤害孩子的兴趣和主动性，更不能以大人的目光去苛求孩子，抹杀孩子最初的艺术灵光。

不同年龄段的孩子有不同的美术能力的培养方法：

①1～2岁的孩子的美术活动是其观察力、记忆力、手眼协调能力、小肌肉的精细动作能力和对字形结构审美力的综合结果。此阶段孩子已能认识图形大小，认识1～2种颜色，认识长短、方圆，开始有想像力，是孩子美感能力培养的基础时期。

②2～3岁时，已能熟练掌握各种基本动作，能对鲜艳的色彩和形象生动的物体保持一定时间的注意力。此阶段父母要努力培养孩子们对美术的兴趣，为他们提供丰富的材料，如水彩笔、油画棒、蜡笔、橡皮泥、旧挂历纸、绘画纸等，参与孩子的创作活动，与孩子一起画、捏、折、贴，做好榜样，给孩子指导与帮助。此一阶段对孩子美术能力的培养目标是：能大胆、积极、有兴趣地参与；能逐步注意图像与实物的相似性、大小、图像在画纸上的位置，能说出所涂、捏、折的物体名称；能使用浆糊、手工材料等用具；能感知泥、纸、浆糊的特性，画、捏、折出简单的形状。

③孩子到了4～6岁，已可掌握物体的基本部分和主要特征，并能在画面上简单布局；按物体固有色选用颜色并均匀涂色，已可学会捏泥与连接泥的技能和简单的折纸、粘贴等手法。此时父母要教会孩子观察事物的方法，认识物体的结构、色彩、大小等；还要让孩子大胆想像，鼓励孩子画粗狂泼辣的画。理解孩子画画时的激动，不能阻止、干涉儿童，要与之分享快乐。

④孩子到了3～7岁，父母在培养孩子对美术的美感素质时，要以孩子作品是否天真烂漫、毫无修饰、大胆直率，是否合乎其生理心理特征地表现来评价其优劣。

儿童学习美术的目的不在于未来一定要成为表现大师，成为画家，而在于开发他们观察体验生活的能力，在于培养他们感知艺术、自然、生活之美的情趣，提高他们的鉴赏力与人生境界，并且在现实生活中按照一种美的法则去创造。基于此，可以看出对孩子绘画的培养首先是随意的、涂鸦的，他们不是先构思好才开始，而是画出一定效果后去认识它们，父母应因此为他们惊喜，并且鼓励他们，因为这是他们观察生活，表现生活的开始。几乎所有的孩子都喜欢在家里的墙上、地上乱涂乱画，因为他们已经有了表现的欲望，他们的内心已有了用线条、色彩来描绘的冲动。这时候，做父母的不能简单地因训斥他们的不当行为而连他们对艺术的热爱也一并埋没。当然，父母也可以给孩子准备一块地方，或在墙上为孩子布置一面画墙等。对于 7 岁以上的儿童，更多的是让他们自己按照自己的内心所感受到的线条与色彩去表现。儿童对美术作品的欣赏也同此理，不能太多地灌输欣赏鉴赏性的知识与观念，而是让他们面对这些艺术品时，自己去感受、体悟、领略、比较，从中获得美感而非技巧。

第 五 章

健全孩子的人格修养

家庭被称为"创造人类健康人格的工厂"。孩子的人格健康，不仅关系到儿童身体的正确发育，而且，决定着儿童今后的人生走向。西方教育学家普遍认为，没有健康的人格，就没有优秀的人才。幼儿期是人格形成的初始期，家庭、社会、群体给孩子的每一个烙印，都会对成年后人格的确定起到重要的作用。

苏霍姆林斯说过：每瞬间，你看到孩子，也就看到了自己；你教育孩子，也就教育自己，并检验自己的人格。父母首先要有健康的人格，才能去影响孩子。在生活节奏日益加快的现代社会中，家长不仅要努力地为生活而忙碌、工作，回家之后还要面对活泼、好问、好动的孩子，这里请千万打起精神随时随地做幼儿的表率，以耐心的态度引导他们，不要以粗暴缺乏耐心的态度对待他们，让孩子在自由、宽松、平等的家庭氛围中尽情表现自己。

美国著名心理学家詹姆斯曾这样说："播下一种心态，收获一种思想，收获一种行为；播下一种行为，收获一种习惯，收获一种性格；播下一种性格，收获一种命运。"

昨日的习惯造就今日的我们，今日的习惯决定明天的我们。让我们从现在做起，从今天做起。培养孩子良好的心理修养，塑造优秀、健康的人格。

一、读懂你的孩子

孩子是一个小小的世界，需要父母承认他们，了解他们，引导他们。不少父母整天忙着自己的事，平时与孩子们谈话都很少，心灵上的交流就更谈不上了，孩子们的喜怒哀乐全然不知，孩子有心里话也不愿对他们讲。他们只关心孩子的生活，每次与孩子谈话，目的十分单一，使孩子感到自己的父母不可亲。在这种情况下，父母对孩子的教育影响被大大削弱了。

优秀的父母都是从孩子的立场出发。他们会自问："我的孩子需要什么？"而不是说："我想为孩子做些什么。"

美国学者赫茨为了了解孩子的心理要求，对五大洲20多个国家10万名孩子进行了调查，发现孩子对父母的主要要求有10条：

- 孩子在场，不要吵架。
- 对每个孩子都要给以同样的爱，不要偏心。
- 任何时候都不要对孩子失信、撒谎，说话要算话。
- 父母之间要互相谦让，互相谅解。
- 父母和孩子之间要保持亲密无间的关系。
- 孩子的朋友来家做客时，要表示欢迎。
- 对孩子提出的问题要尽量全面地予以答复。
- 在孩子的朋友面前不要讲孩子的过错。
- 注意观察和表扬孩子的优点，不要过分强调缺点。
- 对孩子的爱要稳定，不要忽冷忽热，不要动不动就发脾气。

美国《读者文摘》也曾刊登过一篇孩子写给父母的信，充分表达了孩子对父母的要求：

- 我的手很小，无论做什么事，请不要要求我十全十美。我的脚很短，请慢些走，以便我能跟得上您。
- 我的眼睛不像您那样见过世面，请让我自己慢慢地观察一切事物，并希望您不要过多地对我加以限制。
- 家务事是繁多的，而我的童年是短暂的，请花些时间给我讲一点世界上的奇闻，不要只把我当成取乐的玩具。
- 我的感情是脆弱的，请对我的反应敏感些，不要整天责骂不休。对待我应像对待您自己一样。
- 请爱护我，经常训练我对人的礼貌，指导我做事情，教育我靠什么生活。

·我需要您不断鼓励，不要经常严厉地批评、威吓我。您可以批评我做错的事情，但不要责骂我本人。

·请给我一些自由，让我自己决定一些事情，允许我不成功，以便我从不成功中吸取教训，总有一天，我会自己决定自己的生活道路。

·请让我和您一起娱乐。

父母知道了孩子的心理需求，就要学会照顾孩子的心情，让他们有一个健康的身心。

作为父母，首先要读懂你的孩子。每一个孩子的思想、感情、感受、快乐、不安、忧愁都是一个独特的世界。谁了解孩子的心理，谁就会赢得孩子的心，取得教育的主动权。

教育的快乐就在于停下脚步，俯下身子的一瞬间，用心与心交流，读懂孩子的心。

1. 学会与孩子沟通

婴幼儿时期的孩子，以摸、触、咬、扭、打学习人生，以哭哭闹闹表达心意，这时的哭，意味着痛、病、尿、饿等多样的意义。这就是沟通的开始。而后孩子开始咿呀学语，并最终学会将所有的感觉都必须经由自己的口传达给对方。于是，我们与孩子真正的沟通开始了。毫无疑问，"亲子沟通"，父母是主导者，是示范者。孩子怎样与人交往，归根结底，"亲子沟通"、"家人沟通"，是一个最有根本性影响的因素。在美国，每年4月都会选择一个周末中的一天，安排一次叫做"跟着爸妈去上班"的活动，让孩子了解父母在做什么，了解社会，了解从议员到普通工人的职业特点，从而理解他们的父母。另外，在美国的很多地方还成立了亲子俱乐部，开展父母与子女共同参加的夏令营。亲子俱乐部通常是父母们相互交流的好场所，特别是有特殊问题的父母，比如离异父母，他们可以通过观察别的家庭，通过心理专家、教育专家的指导来改善同子女的状况。

在我们的日常生活中常常会遇到这样的事：

·孩子不吃饭，我们以为他不合作，不领父母的情。其实他可能只是不饿。

·孩子动作慢，我们以为他故意捣蛋，哪里知道孩子的动作本身就比大人慢。

·孩子不说话，我们以为他同意了，但他很有可能正在思考如何回答，或是正在默默抗议呢。

·孩子顶嘴，我们以为他目无尊长，其实他只是情绪不好，想发泄一下。

·同样的，孩子也常会误会父母的意思，而做出强烈的情绪反应。

·父母太忙，孩子以为父母不爱我，他们不关心我。

·父母的责备，孩子以为爸妈讨厌我。

·父母多关心弟弟一点，孩子以为爸妈偏心。

·父母发生争吵，孩子以为爸妈要离婚了。

这些在生活里常常发生的阴差阳错，其实都是沟通不良惹的祸。

有人说，作为父母，要会用二十几种腔调说"你到那边去"，这当然不可能，但却有一定的道理。现在，就让我们来学习一些亲子沟通的技巧吧。

亲子谈话的技巧：

·不要用说教式或训话式，最好用发问的方式。

·不要否定子女的感觉，要承认他们的感受。

·避免批评，适时表达自己的观点。

·耐心倾听孩子的理由，斥责往往会封住孩子的心，堵住孩子的嘴。

·适时重复子女的看法，以表示真的在倾听，并且是真的了解。

·要有适度的幽默感，但也要在该严肃时保持严肃。

·不要在"情绪化"的情况下进行沟通。

·尽量不要通过第三者传话，面对面谈话才是最好的沟通方式。

·不要抹煞孩子的看法，给孩子说"不"的权利，这样亲子间的双向沟通才容易建立。

·多称赞你喜欢再看到的行为，孩子的不良行为就会慢慢消失。

·沟通的范围要小，且内容越具体越有效。

·不要以讽刺、嘲笑的方式来管教孩子，就事论事，不要翻陈年老账。

·在闲谈中教导，是最有效的教育方法。

亲子沟通的原则：

·接受子女个人的感受和看法。接纳对方是一个完整的个体，从对方立场来看事物。

·鼓励子女表达情绪，并培养有效表达情绪的能力。

·随时愿意沟通，并且聆听子女的倾诉。

·愿意承认错误。

·接受子女的缺点与极限，而不做勉强的事。

·努力发掘子女的长处。

·强调重要的，忽略不重要的，避免唠叨。

·多运用建设性的讨论，不要恶劣的争吵。

·适当的许诺，合理的限制。

·适当配合谈话内容，选择谈话地点，不要有其他的干扰。

·要中断孩子所做的事情之前，先让他了解原因。

·了解对方话语的含意并适时说明自己的想法，是获得良好沟通的两大法宝。

"家"是孩子学习与快乐成长的地方，在那儿孩子永远可以大胆的提出自已的想法与看法，而每个父母都应该是帮助他实现梦想的人，而不是一个仲裁者。

意大利伟大的教育家也是教育的实践者马拉古齐创办了著名的瑞吉欧·艾密莉亚幼儿教育系统。他说：孩子原本有一百种语言，但九十九种已经被"偷"走了，因为大人告诉他不可用脑去思考，不可用手去操作，只要乖乖听话就可以了。马拉古齐感触的说：童年是一方美丽的风景，我们曾在那儿建立我们的乌托邦，却永远找不到回去的路！每个成人都曾是孩童，为什么成人这么健忘，健忘到会"忘记"自己的"童年"？以至于几乎没有几个成人能再以童心面对这个世界。

走进孩子的心灵，站在孩子的立场看待一切。或许是唯一一个可以让我们重归童心，也是唯一一次可以让我们了解我们的孩子的机会。站在孩子的立场想问题，孩子的心才不会离我们越来越远，我们才能拿到孩子心灵的钥匙，轻松地将他们看似封闭的心灵打开。

2. 帮助孩子克服消极情绪

成功学的始祖拿破仑·希尔说："一个人能否成功，关键在于他的心态。成功人士始终用积极的思考，乐观的精神和辉煌的经验支配和控制自己的人生。失败人士是受过去种种的失败与疑虑所引导和支配的，他们空虚、猥琐、悲观失望、消极颓废，最终走向了失败。但是幸好，最低限度的积极的心态是人人可以学到的，无论他原来的处境、气质与智力怎样。"

美国第34任总统艾森豪威尔小的时候，有一次晚饭后跟家人玩纸牌游戏，连续几次都抓了很不好的牌，他开始不高兴地抱怨。母亲停下来正色地告诉他说："发牌的是上帝，不管怎样的牌你都必须拿着，如果你要玩，必须用你手中的牌玩下去，不管那些牌怎么样！你能做的就是尽你的全力打好手里的牌，求得最好的效果，人生同样如此。"很多年过去了，艾森豪威尔一直牢记着母亲的教诲，从未对生活有任何抱怨。相反他总是以积极向上的态度、饱满乐观的情绪去迎接命运的每一次挑战，尽自己的所能干好每一件事。

培养孩子积极向上的心态，要求父母对孩子消极心态既不能不闻不问、听之任之，也不能用不问缘由的高压态势去喝斥打击，要能像艾森豪威尔的母亲那样既严肃深刻地教育孩子，又不伤害孩子的感情。艾森豪威尔的母亲的教育方法可贵之处就在于，她一直鼓励孩子积极面对自己的问题，让他养成乐观向上的心态，从而也让他获得了成功的人生。

对生活抱积极态度的人，容易在各方面取得成功。他们能成功地与人交往、工作顺利，很好地处理各种压力。而生活消极的人，则常常在各方面碰壁，工作很难取得成功，人们也不愿意和他们交往，因为他们总是看到人与事的消极面，缺乏自信，情绪低落，或者精神紧张。

从态度消极转变为态度积极并不难。但是，最好的办法还是从小培养孩子具有积极的心态。

要求父母与孩子交往要使用积极的方式：

·积极地评价他人，例如："如果我赶上塞车，你还能等我，那就太好了。"

·积极地看待自己，例如："今天我感觉很好。刚才一班老师问我，咱们上星期做过的游戏的具体方法，我很高兴，她肯定也想试一试。"

·积极地看待事件，教会孩子积极地审视消极事件：吸取经验或想办法补救。

·给孩子积极的反馈，例如："宝贝，你的手工做得很好，你一定花了许多心思。"

·当孩子做得不尽如人意时，要给孩子积极的期望（对孩子做得不好的事情中较好的部分作出反馈）。

另外，让孩子把喜怒哀乐尽情表露出来，对孩子释放情绪，调整心态也非常重要。

孩子遭遇挫折后，通常的反应是嚎啕大哭。但大多数的父母都不希望孩子用这样的方式表达情绪。其实，消除受挫后的消极情感的最快方法，就是鼓励消极情感的表达。因为消极情感是具有破坏性的，积聚在内心会使身体处于一种紧张状态，导致生理、心理活动的不平衡，影响人的正常行为和活动能力，而长期压抑孩子的情感发泄，会使孩子出现神情恍惚，思维活动受抑制，从而养成消极的心态。还是让孩子将消极情感释放出来吧。为此，向您提供以下建议：

首先，要接受孩子的消极情感。接受孩子的消极情感的前提是，无论这种情感产生的原因是对是错，我们应允许孩子敢于表达消极情感。鼓励孩子说出自己的消极情感，无疑是最佳的疏通、调剂情绪的方法。特别是对性格内向的孩子，更要鼓励他们表达出来。另外，让孩子学会用恰当的方式表达消极情感。您可以告诉孩子哭不是唯一的方法，还可以采用合理的、非破坏性的方式，排除强烈情感所产生的能量，如在床垫上跳一跳，往被子上打几下，或在无人处高喊等。无论用何种方法，我们都是为了帮助孩子释放消极情感，让他们从挫折中汲取教训，学会换角度看待问题，锻炼得更为坚强。

3. 帮孩子处理负面情绪

要做成功的父母，只有爱是不够的，还需要了解和分享孩子的看法和感受，帮助他们处理负面的情绪，这样我们才能在自己与孩子之间建立信任和爱的桥梁，使孩子成长为更成功、更快乐的人。

传统的教育方式可以分为这样四种类型：

第一类——"交换型"父母：

父母认为负面情绪有害，所以每当孩子有忧伤的感觉时，他们就努力把世界"修补"好，却忽略了孩子更需要的是了解和慰藉。看到父母的这些反应后，孩子会对自己产生怀疑："既然这不是什么大不了的事情，为什么我的感觉这么糟?"次数多了，孩子会变得缺乏自信，在情绪上容易产生很大的压力。

第二类——"惩罚型"父母：

孩子常常由于表达哀伤、愤怒和恐惧而受到你的责备、训斥或惩罚。父母以为这样不会"惯"出孩子的坏脾气，或者能够让孩子变得更坚强。表达出自己的情绪可能会带来耻辱、被抛弃、痛苦、受虐待。所以，对于负面的情绪孩子是又憎恨又无可奈何。长大后面对人生的挑战时，孩子会觉得力不从心。

第三类——"冷淡型"父母：

父母接受孩子的负面情绪，既不否定也不责骂，而是"不予干涉"，让孩子自己去找办法宣泄一下或者冷静下来。因为没有父母积极的引导，一个愤怒的孩子可能会变得有侵略性，用伤害别人的方式来发泄；一个伤心的孩子会尽情和长时间地哭闹，不知道怎样去安抚自己缓解自己。

第四类——"说教型"父母：

父母以为孩子只要明白了道理，负面情绪就会消失，所以总是热衷于滔滔不绝地讲道理。此时，孩子感到孤单无助，仿佛身处黑夜，得独自面对负面情绪带来的痛苦。而父母喋喋不休的训导，只会让他更加痛苦。

以上四种是传统的处理孩子情绪的方式，显然都不利于孩子的情商培养。

最佳的处理方式是 EQ 型。EQ 型的父母善于感觉孩子的情绪。看到孩子流泪时，能设身处地地想象孩子的处境，并且能感受到孩子的悲痛；看到孩子生气时，他们也能感受到孩子的挫败与愤怒。因为父母的接受与分享，孩子感到身边有可以信赖的支撑，所以更有信心去学习怎样处理面临的问题。

EQ 型父母的处理技巧分为 4 步：

步骤 1：肯定

具体做法：直截了当地说出你看到的在孩子脸上流露出的情绪。

例如："宝贝，我看到你很伤心的样子，告诉我发生了什么事?"或者，"你看起来不太高兴，什么事让你生气呀?"作为处理情绪的第一步，"肯定"的意义是向孩子表达："我注意到你有这个情绪，并且我接受有这个情绪的你。"

父母须明白——跟所有人一样，孩子的情绪也都是有原因的。对孩子来说，那些原因都很重要。尝试换到孩子的角度，你会更容易接受孩子的情绪。

特别提醒：无论孩子怎样回应你，你都应该让孩子知道，你尊重并完全接受他的感受。

步骤 2：分享

具体做法：帮助孩子去捕捉内心的情绪。孩子们对情绪的认识不多，也没有足够和适当的文字描述情绪，要他们正确表达内心的感受是比较困难的。你可以提供一些情绪词汇，帮助孩子把那种无形的恐慌和不舒适的感觉转换成一些可以被下定义、有界限的情绪类别，刻画出自己当时的内心感受。

例如："那让你觉得担心，对吗？"或者，"你觉得被人冤枉了，很愤怒，是吗？"孩子越能精确地以言辞表达他们的感觉，就越能掌握处理情绪的能力。例如，当孩子生气时，他可能也感到失望、愤怒、混乱、妒忌等；当他感到难过时，可能也感到受伤害、被排斥、空虚、沮丧等。认识到这些情绪的存在，孩子便更容易了解和处理他们所面对的事情了。

如果孩子急于说出事情的内容、始末、谁对谁错，你可以用说话把孩子带回到情绪部分。

例如："原来是这些使你这样不开心。来，先告诉我你心里的感觉怎样。"

"哦，怪不得你这样反应呢！现在你心里觉得怎样？"

孩子需要一些时间去表达他的感受。耐心些，当孩子正努力地说出情绪时，不要打断他，鼓励他继续说下去。当孩子有足够的情绪表达后，你会发现孩子的面部表情、身体语言、说话速度、音调、音量和语气等都变得舒缓了。待孩子的情绪稍微平静下来后，就可以继续引导他说出事情的细节了。

步骤3：设置规范

为孩子的行为设立规范，就是划出一个明确的范围，范围里面的是可以理解或接受的，而外面的则是不合适和不能接受的。

比如孩子受挫后打人、骂人或摔玩具，在了解这些行为背后的情绪并帮他描述感觉后，你应当使孩子明白，某些行为是不合适的，而且是不被容忍的。

例如："你对汤姆拿走你的游戏机很生气，妈妈明白你的感觉。但是你打他就不对了。你想，你打了他，现在他也想打你，以后你俩就不能做朋友了，对吗？"

重要的是让孩子明白，他的感受不是问题，不良的言行才是问题的关键。所有的感受和期望都是可以被接受的，但并非所有的行为都可以被接受。

步骤4：策划

　　人生的每次经验都会让我们学到一些东西，使我们更有效地创造一个成功快乐的未来。不明白这个道理的人，总是抱怨人生处处不如意。而明白这个道理的人，则不断进步、享受人生、心境开朗、自信十足。

　　当孩子很小的时候，便应该教导他懂得这个道理，对事情的处理在经过肯定、分享、设立范围三个阶段后，孩子已经领悟到：现在我知道我感觉糟糕的原因了，而且我知道引起这些不舒服感觉的问题在哪里，我应该怎样去处理这些问题呢？

　　接下来，你就可以引导孩子找出更恰当的方法来处理负面的情绪。

　　①先询问孩子他想得到些什么。比如，即使游戏机不被别人拿走，你也有机会坐在汽车前座。

　　②与孩子一起讨论解决问题的方法。引导他自己想办法，帮助他做出最好的选择，鼓励他自己解决问题。

　　例如："如果重新来过，除了打他，你能想到其他的方法吗？"

　　"下次发生同样的情况时，怎么做会更好？"

　　③讨论：为了避免同样不如意的情况出现，可以采取哪些预防措施。

　　例如："刚才汤姆走过来的时候，你对他说些什么，他就不会拿走你的游戏机？"

　　"为了避免你不在的时候别人拿走你的游戏机，你可以想出多少个办法？"

　　④如果必要，你不妨以爽快和愉快的态度参与，与孩子一起解决问题。

　　二、培养乐观积极的孩子

　　安迪是个乐观的孩子。当他发现全家在三年中又要第三次搬家时，表现出可以理解的烦躁心情。他喜欢现在的学校、朋友，也喜欢现在的家，离社区游戏地只有两个街区。但在发了几次牢骚以后，他开始想象新家的优点。它离佛罗里达迪斯尼乐园只有一个小时的路程，离埃帕科特中心和其他大型娱乐公园都很近。

安迪知道，这次搬家只是由于父亲的工作变动，而不是因为谁做错了什么事。他们全家对搬家也很在行，他们还会和老朋友保持联系的，而且在搬进新家以后的一个星期内，要举行大型晚会，认识新朋友。他决定以这次搬家为题，写篇短文，题目就叫"搬家"。

不会受到忧郁症的侵袭是乐观孩子的优势之一，他们还有一大优势：在学校里比悲观的同伴更容易获得成功。

特雍卡·帕克 1996 年 5 月被选入《今日美国》的全优生队伍。她以平均 3.86 的学分从高中毕业后，顺利进入著名的斯坦福大学。她的组织和领导才能也颇得赞扬。

如果了解她的生活环境，那么你会对她在中学所取得的成绩更加钦佩。她母亲患有精神病，特雍卡从小是在亲戚家长大的，她总是穿梭般来往于各家之间，密西西比、圣迭哥、洛杉矶都曾到过。她的三个哥哥中有两个在她读高中时，由于吸毒而坐牢。在这种环境中，使特雍卡区别于那些表现一般、甚至不走正道的孩子的最重要的一点是：争取成功的坚定决心和乐观精神。对她来说，不幸是成功的朋友，是对她意志的一种考验，正如她对一位记者所说的那样："如果我生在富裕人家，那么我就会悠闲地生活而不是努力奋斗。"在给斯坦福大学的申请信中，她写得再清楚不过了："我要以不懈的努力、坚强意志和献身精神震惊世界。"

乐观远远超出了比较自信的思维，是习惯性的思维。词典中的定义是这样的，乐观是"一种性格或倾向，使人能看到事情比较有利的一面，期待最有利的结果。"

乐观孩子的热情和愉悦是能感染周围人的。根据《乐观儿童》的作者、心理学家马丁·塞利格曼所称，乐观不仅是比较迷人的性格特征，它也能使人对生活中的许多困难产生心理免疫力。他做过高达 1000 次的研究，研究人数达 50 万（包括成人和儿童），结果发现，乐观的人不易患忧郁症，在学校和工作中都更容易成功，而且令人吃惊的是，身体比悲观者更健康。他的最重要的发现是，即使孩子天生不具备乐观品性，也是可以培养的。

要想让孩子变得乐观一点，首先你必须能区分乐观和悲观思想。根据塞利格曼的理论，两者之间最大区别就是对有利和不利事件原因的解释。

乐观主义者认为，有利的、令人快乐的事情总是永久的（也就是能不断发生的），而且是普遍的（即总是能在任何时间、任何场合发生）。他们能努力促使好事发生，而一旦不利的事件发生了，他们也能视为暂时的，不具普遍性的，对其发生原因也能采取乐观现实的态度。

1. 让孩子远离焦虑

美国纽约州立大学心理研究中心通过一项最新专题研究发现，比起那些开朗、快乐的同龄女孩，整天受紧张、焦虑情绪困扰的女孩往往身体生长发育失常。

这项研究结果是由儿童心理学家丹尼尔·帕斯和他的8名同事，在对716名9～18岁的女孩进行了为期10年的跟踪研究后得出的。统计表明，紧张焦虑的女孩平均身高会比开朗快乐的女孩矮5.1厘米，将来身高超过1.57米的可能性要减小2倍，身高超过1.62米的可能更会减小5倍。鉴于这些焦虑型女孩的父母身高大多正常，因而从遗传角度来说，她们并非天生矮小。由此专家们认为，诸如紧张、焦虑等情绪可能抑制了某种掌管身体生长发育的激素的正常分泌。

2002年的《英国心理学期刊》曾公布了一项研究结果。研究人员对7448名英国女性进行了问卷调查，结果表明，那些认为自己在孕期承受了巨大压力的母亲，她们的孩子在4岁时明显表现出一些行为障碍，比如"注意力很难集中"。负责这项研究的托马斯·奥康纳博士说："母亲在怀孕期间越紧张，孩子发生行为障碍的可能性就越大。"不仅如此，这些孩子对自身情绪的控制能力通常较差，一旦被激怒就很难平静。

焦虑是每一个人都会体验的情绪，面对轻焦虑时，大多数人都能够暂时抛开焦虑的心情，继续完成身边的工作。可是有的人却长期持续地处于焦虑之下，而产生非理性的害怕与忧虑，严重影响他们的日常生活。

对于孩子来说，焦虑并不一定与某种特定的事物有联系，可能是心理上的冲突及紧张所致，外界的刺激只是偶然碰巧成为引发物。孩子整天不是担心昨日的错误，就是担忧明日可能发生的问题，以致难以享受现有的生活乐趣。他们的焦虑也会引起失眠、发汗、肌肉绷紧、头晕、心跳加速或腹泻等生理症状。要防止它成为病态，就要通过各种能舒缓压力的方式。

父母是孩子第一任老师，孩子出现心理问题，除考虑环境影响等因素外，父母要注意多从自身找原因，并以轻松的姿态呈现在孩子面前。

每当孩子面临一个新的挑战，往往会对能否取得成功而产生焦虑。

焦虑，各种年龄的孩子都会产生，父母的任务是采取有效措施，化解孩子的焦虑，增强孩子的成就动机，使孩子取得一个个成功。

首先，父母千万不要用自己的言行去暗示孩子，使他们产生紧张感。孩子感到为难或焦虑时，父母应使自己保持平静。例如，当孩子要去参加演出或比赛时，父母必须首先做到心平气和，既不要自己紧张，也不要老对孩子讲"别慌"、"别紧张"。因为这些言语具有很大的暗示性，更容易导致孩子紧张。

其次，父母要善于用孩子过去的成功经验来鼓励孩子。这一点很重要，因为成功的经验能极大程度地加强一个人的成就动机，增强一个人克服困难的信心。当孩子面临一个新的挑战时，你可以帮助他们回想起以前类似活动的成功体验。这类成功的经验与当前活动的时间越接近，激励作用就越大。

当然，焦虑对机体并不都是有消极意义的，它也可以成为一种积极的、建设性的力量。在考场上保持适度的焦虑，可调动机体功能、使脑部血流加快，精力更集中，思维更敏捷，有助于考试的成功。如果一点焦虑都没有，紧张不起来，对应试反而不利。所以焦虑出现后，父母应首先根据孩子的焦虑程度判断它对孩子是否有利，若属于积极意义的，可以使其适当保持，但不能过度。若属于对机体有不利影响的应及时给予心理干预。父母也可以向孩子介绍一些自我心理干预的方法，减轻孩子的过度焦虑。

2. 帮助孩子走出抑郁的心境

8岁的波兰孩子安娜有段时间显得有点反常，食欲明显比以前下降了，有时莫名其妙地发脾气或者流眼泪，对妈妈的态度也不像从前那么亲密了。这是怎么回事呢？有经验的父母向安娜的妈妈说，这个孩子很可能最近发生了什么事，心理上有了创伤。安娜的妈妈有点不以为然，觉得安娜只是个八九岁的孩子，心理还很不成熟，不会有什么心理或精神创伤的，而且她自己也询问过安娜，安娜矢口否认。

其实，不要仅仅因为孩子说过"我没有"，妈妈就相信她真的什么事都没有。八九岁的孩子已经懂得掩饰自己的情感，他们想自己去解决问题，以免父母为之操心。他们也想否认自己的创伤，并且不愿面对它。

不要以为孩子会克服他们碰到的问题，能度过困惑时期，从中恢复过来并汲取教训或自己把它忘掉。这些问题在孩子心中淤积越久，越有可能导致问题以暴力或意外的方式进行。孩子遭受精神创伤的原因是多种多样的，很难固定在某一个具体原因上。有的孩子会因为某一件事受到伤害，如目睹暴力，飓风、洪水、火灾、地震等自然因素夺走家园，家庭成员去世，或仅仅是在医院里呆几天等。而有的孩子，生活在饱受战争之苦之地区，整天受到轰炸的威胁，目睹瞬间丧失一切的惨景，却相对具有弹性。但是，有一种原因是不会有人产生异议的，那就是性和身体虐待都会导致创伤，孩子应该接受精神健康治疗。

问问他是否发生了什么你所不知道的事情。让他知道不管发生了什么事，你都会和他一起应付处理的，让他根本不用害怕。向孩子清楚表明，不管对方如何威胁，你们都会平安无事。当孩子在你面前表露他的苦恼时，不要表现出惊恐、生气或不相信自己的孩子。听他完全讲述整个事情，尽可能更多地知道他所提供的详情。

将孩子拉近身边，亲切地抚慰他，让他在心里感到你会替代他采取某些措施，然后再去付诸行动。

如果你的孩子经历过某件可能对他造成伤害的事，那么你就应该估计出可能的伤害程度，下面列出的一些症状可以帮你对创伤程度作出估计，只要某一个症状持续一个月以上，就应该接受专业治疗。

·孩子表现出明显的恐惧和焦虑感，这在以前没有明显原因不会出现。

·孩子离群索居，对别人表现出明显不信任。

·孩子愤怒、霸道，其程度远远超出从前。

·孩子行为异常，比如抽搐、结巴或古怪。

·孩子不断表现出忧郁症状，如哀伤、呆滞、暴躁、多动（有时，忧郁症孩子与成人的症状相反）。

·孩子内疚和自责。

·孩子经常抱怨身体不舒服，比如肚子疼、头疼，或其他以前没有出现过的疼痛。

·孩子突然对学校和学校作业失去兴趣。

·孩子的吃饭和睡觉习惯有明显变化。

·孩子自虐、自毁，有事故倾向。

·孩子行为"婴儿化"，表示想被视作"婴儿"。

后来，安娜的妈妈说，原来安娜的一个非常要好的同学刚刚在一次意外中死去了，这件事给安娜的刺激很大。当然，了解了原因，解决问题就容易多了。在妈妈的开导下，安娜很快就明白了生与死的意义，走出了抑郁的心理世界，恢复了往日的活泼和开朗。

对于孩子由于感情或心理上的创伤而产生的精神抑郁，要具体问题具体分析，对症下药。解决方法可以是：给他一个交谈的机会，解除孩子的愤怒、恐惧和困惑，也可以交给他一种反抗自己所遇到的不公正对待的正确"武器"，让孩子从抑郁中解脱出来。

如果孩子经医生诊断患有某种阻碍学习的缺陷，应给他提供一些更专业的心理疗法。一位训练有素的教育专家可以帮助你发展孩子的某些补偿性技能，大大提高孩子在学习中获取成功的机会。你的孩子也许需要他人出一些口头测试而非书面考试题，直到培养出他的补偿性技能为止。如果你能帮助孩子弥补自己的一些缺陷，他的老师可能会把你看做是一位卓越有成效的治疗儿童学习缺陷专家。

如果孩子说话有点口吃、模糊不清或发音困难，应对他进行语言治疗。孩子学会清晰而流利地表达语言的能力，与他在学习上获得成功和感知周围的世界直接相关。这些做法都有利于孩子从抑郁中摆脱出来。

3. 教孩子对恐怖进行"脱敏"

"我的孩子对什么都害怕：害怕黑夜，晚上不敢单独睡觉，不敢触摸小动物，甚至声音稍大一些，他都受不了，我对孩子的这种状况也感到很担忧，将来他怎么能生存下去呢？"这个孩子所表现出来的"恐惧"是一种性格软弱的特征，要克服性格软弱的缺陷，首先要探究孩子性格之所以会软弱的成因。在这方面与父母对孩子的教育不当有着不可推卸的责任。

①过分的关怀造成孩子的软弱。经常看到一些孩子在上幼儿园或妈妈上班时哭闹不止。原来，妈妈自己那种恋恋不舍、反复叮嘱和犹豫不定的言行，使孩子知道了"妈妈舍不得离去"。

②不适当的表扬造成孩子的软弱。表扬是对行为的鼓励和肯定，它起到心理强化的作用。不适当的表扬，使孩子的行为向不良方向发展，使之定型，久而久之，甚至影响终身。

③不适当的暗示、恐吓造成孩子的软弱。孩子在雷电交加的晚上，正安静地睡在自己的床上，妈妈惊慌地把孩子抱在怀里，孩子从妈妈惊恐的动作和雷电的环境中学会了害怕闪电。

儿童恐惧的内容随着年龄和知识的增加会有所不同。

研究表明，6～10个月的婴儿害怕陌生人。陌生的面孔会使婴儿感到不安。8～12个月的婴儿最怕被遗弃，他们还不能明白消失的父母很快会回来。所以这一阶段父母应避免长时间与孩子分开或忽然不辞而别。

2~3岁时，孩子会害怕黑暗和蒙上黑布的脸。这时的孩子已能观察他人的面部表情，当这些表情变化消失时，他们就会感到不安。

4岁左右的孩子感情特别脆弱，有一点不舒服便会大惊小怪。

到了学龄阶段，各种害怕心理都可能产生，如：怕雷电、流血、凶恶的动物、恐怖的电影镜头等。

人的情绪是社会的产物。引起恐惧的对象不同，具体情况也不同，消除恐惧的方法也必然因人而异。帮助孩子克服恐惧感的方法很多，让孩子明白惧怕的事物中所蕴涵的科学道理，教孩子正确认识各种自然和生活现象，是一种最好的办法。比如孩子害怕打雷，就可以告诉孩子雷电是怎样形成的，距离我们有多远，怎样避免雷电的伤害等，这样就可能减轻或消除孩子对雷电这种自然现象的恐惧。

其次，父母的示范作用对消除孩子的恐惧也是非常重要的。如果父母对任何事都大惊小怪，表现出一副害怕的样子，就会使孩子也常常生活在恐惧的状态里。如果父母习惯亲历亲为，总是勇敢地亲自去尝试一些事情，孩子也会从中得到勇气，打消恐惧。

还有就是不要强迫孩子否认或掩饰自己的恐惧感。5~8岁的儿童有时会隐藏自己的恐惧心理，西方心理学家认为，这时应该安慰孩子，告诉他"很多像你这么大的孩子都会害怕，这很正常"。不要让孩子为此而感到难为情，这有助于帮他消除恐惧心理。

另外，尽管儿童产生恐惧感是正常现象，但还是不要让孩子接受过多的不良刺激。惊吓和恐惧不仅影响孩子睡眠，严重时还会导致精神障碍。因此，不要带太小的孩子去气氛阴郁或有可能产生突然刺激的场所，如一些惊险刺激类的游乐场所、火葬场、墓地等。更要注意在日常生活中，不要让孩子观看充满暴力、血腥及描写妖魔鬼怪的影视作品，以免对孩子产生不良刺激。

父母还应警惕孩子是否承受过重的精神压力。应确实了解孩子的恐惧感是否与他的年龄相符，是否厌食、厌学、失眠等，如果有这些反常情况，应该引起高度重视。

美国著名的心理学家华生认为，恐惧可以通过学习而产生，同样也可以通过学习而消除。华生通过重新形成条件反射的方法，或者称作去条件反射的方法，为一位名叫彼得的孩子做过消除恐惧的实验，成功地使形成的恐惧消除了。

彼得是一位三岁的男孩，他不但惧怕大白鼠，也怕兔子、毛大衣、羽毛、棉团、青蛙、鱼和机械玩具。华生有一位研究生名叫琼斯，华生交给他一项任务，要他设法减轻彼得的恐惧行为。琼斯想出了一个好主意，他把彼得置身于他所害怕的那些东西面前，同时让其他一些孩子在场，而那些孩子对琼斯害怕的动物并不害怕。琼斯把这种方法叫做"社会因素法"。琼斯之所以这样做是因为他推想，如果他看到其他孩子玩弄这些东西，他的好奇心就足以使他战胜恐惧。

这种方法取得了一定的效果，彼得的恐惧开始逐渐消退，不幸的是，在实验过程中彼得患了猩红热，住了近两个月的医院。出院那天，正当他和母亲上出租汽车时，有一只个子很大的狗向他们发起了攻击，他们两个费了很大的力气才摆脱掉。当彼得躺在汽车上时，显得精疲力竭。经过几天恢复之后，琼斯又把彼得带进实验室，想看看他是否还害怕以前所害怕的那些东西，出乎意料的是，他比以前怕得更厉害。

在彼得身上所做的实验失败了，但琼斯和华生并未灰心，他们决定变换一下方法再做一次。他们想，如果把彼得所害怕的东西，同可能引起愉快感的东西放在一起，呈现给他，也许他就不会再害怕了。于是他们独出心裁地利用彼得吃午饭的机会进行实验。他们把彼得领进一个长约40英尺的大饭厅里，让他坐在一把高椅子上，当他吃得正高兴的时候，把一只兔子放在远处让彼得看。因为距离远，兔子又是放在铁丝笼子里的，彼得并不害怕，照样吃他的饭。以后每当吃午板时便如法炮制。不过逐日将兔子移近，后来竞把兔子放在桌上，进而又放在他的大腿上，最后彼得一手吃饭，一手玩兔子，恐惧就这样消除了。

习惯对于恐惧也是有帮助的。父母可以鼓励孩子适当接触所惧怕的事物，当他对那些事物慢慢习惯了，知道它"不过如此"，也就不怕了。当然，这需要一个循序渐进的过程。

4. 管教要避免心理虐待

心理学上有一个术语叫心理虐待。把心理虐待一词用在父母身上，听起来有些耸人听闻，其中一些是故意的，法律上明确规定了的，比如毒打；有些则是没有明确的法律规定的，但是这些行为对孩子的身心发展很不利，我们也称之为虐待，包括精神上的虐待。

所谓"心理虐待"又称"心灵施暴"或"情感虐待"，是指那种在幼儿教育过程中有意无意地、经常性或习惯性地发生的任何伤害的言行。心理虐待对儿童造成的伤害不像体罚那样显现在外表，在短期内难以看到其负面影响，因此不易引起人们的注意，更难以对其进行量的统计。

然而心理虐待给儿童造成的伤害与体罚一样严重，甚至还大于体罚所造成的伤害。专家们认为，缺乏老师关怀爱抚和鼓励的幼儿，比那种遭到老师体罚的幼儿，心灵所受到的创作更深，智力和心理发展所受的损失更大。许多研究还表明，受心理虐待的儿童更容易误入歧途，走向犯罪，诱发严重的社会问题。

目前最令人悲哀的是这样一种现象：父母往往物质上对孩子无微不至，而在心理上对孩子却很吝惜，甚至刻薄。

例如以下的做法，对孩子的精神发展非常不利。

（1）对孩子冷漠

爱的剥夺对孩子的心灵伤害至深。有的父母不缺孩子的吃穿，却对孩子不管不问，不拥抱孩子，不和孩子一起玩，视孩子为负担，把孩子扔给保姆或者爷爷奶奶。这样的条件下长大的孩子感到生活根本就没有意义，对人缺乏信任，冷漠，破坏欲强。一个缺衣少食，干重活的孩子，如果有温暖的家庭，不会造成心理上的不健康，而如果情况相反，孩子的人格发展极有可能出现问题。

（2）隔离孩子

美国曾经有一个极端的案例，一个出生后 1 年多就被关在小厕所间的女孩，在 10 多岁被发现时，身体发育、智力发育只相当于几岁的孩子，连说话都不会了。现在有些父母担心孩子出外不安全，把孩子关在家里，孩子孤单得不得了。在幼儿园、小学阶段，孩子们就可能受到人际关系问题的困扰。

（3）剥夺孩子玩游戏的权力

孩子的天性就是爱玩游戏，在游戏中，孩子得到快乐。现在的父母往往对子女期望很高，让孩子每天都是要么做作业，要么参加各种各样的辅导班，让孩子每天忙的喘不过气。不让孩子玩的另一个后果是导致孩子厌倦学习。父母剥夺了孩子游戏的快乐，也使得学习中发现新知识的快乐变成了负担。

（4）忽略孩子的进步

在孩子看来，每当他取得一点进步，就值得好好高兴一番。有的父母不懂从孩子的角度来看问题，或者担心孩子听到表扬之后骄傲，就老是批评孩子，不把孩子的进步当回事儿，久而久之，孩子也会认为自己真是没有用，丧失进步的动力。

（5）损伤孩子自尊

有些父母在孩子的同伴面前，毫不留情的数落孩子，揭孩子的短，让孩子感到无地自容，也容易让自己的孩子成为小伙伴们嘲笑的对象。社会心理学有个术语叫做"标签效应"，意思是说，对人的看法就像给人贴了一个标签一样，使得此人以后做出与标签相符合的行为。父母当众说，孩子调皮不听话，就是给孩子贴一个标签，以后即使孩子有了改变，别人对孩子的看法还是很难改变。

（6）迁怒于孩子

有的夫妻因爱成仇，离婚后不许孩子和另一方接触，在孩子面前辱骂另一方。孩子看到自己最亲爱的两个人如此相待，哪里还会相信有真正的关爱？还有的夫妻。每当看到孩子，就想起对方，不由得怒从心中来，责骂孩子。孩子会觉得自己是多余的。这样的孩子，缺乏安全感，容易出现行为问题。将来到了谈婚论嫁的年龄，虽然心中渴望爱情，但是又心怀恐惧。在感情问题上非常敏感，也容易出现问题。

（7）破坏孩子心爱的东西

小孩子往往有个百宝箱，里面装满、了他心爱的东西。另外，孩子对小动物的喜爱、亲近更是一种天性。父母在看待这些东西时，往往会觉得那简直就是一堆破烂。

有的父母不仅自己动手，有时还逼着孩子亲自扔掉、破坏掉这些东西。现在的孩子多有玩具、宠物，有时候扮演了孩子的朋友的角色，孩子无微不至的照顾宠物，对玩具娃娃小心呵护，实际上是在锻炼如何去关爱。

很多父母都抱怨，孩子长大后不知道如何爱别人，不懂得体贴别人，却没有想一想，在孩子小的时候，父母有没有有意识地引导他如何关爱？

心理虐待对幼儿产生的不良后果，生活中应当让可怕的心理虐待远离孩子。具体方法有：

（1）改变传统观念

人与人交往之间的基础是相互尊重，人人平等，老师、父母与孩子之间最基本的关系还是人与人之间的关系。这就要求老师、父母与孩子的关系必须建立在平等的基础上，孩子尊重老师和父母，老师和父母也必须尊重孩子。

（2）引入赏识教育

大多数的老师和父母教育的初衷是关爱孩子的成长。但我们必须注意，孩子正处在快速生长发育时期，此时性格、个性都在一个形成时期，较大的孩子的自我意识会特别突出，心理上对于外界的体验也会更加敏感。很多时候，老师和父母并不是有意地斥责孩子，或者说只是使用不当用语。因此，老师、父母与孩子坐下来共同商量，将孩子看作一个独立的个体，尊重孩子的感受，碰到问题先鼓励夸奖孩子，多用"太棒了""你真聪明"之类的话语。

（3）"以孩子为本"

必须树立"以孩子为本"的心育观念，把家庭变成孩子的快乐天堂，把幼儿园创设成孩子的快乐家园，把活动变成孩子发展个性的快乐舞台。尤其是家庭应是孩子学习和活动的平静港湾，父母应给孩子营造一个宽松愉悦的家庭环境，使孩子能有一个健康的心理进行学习。同时也要避免对孩子过分迁就或放任不管。

素质教育的第一条就是应当尊重孩子的人格，关注孩子的心灵，培养孩子的个性。没有尊严，没有个性也就没有了创造性和开拓精神，如果我们教育培养的是这样的孩子，我们民族还有什么希望？老师、父母是孩子心灵的塑造师，但愿经过我们共同的努力，使心理虐待远远地离开孩子。

三、告诉孩子，你能行

自信心是进取心的支柱，是有无独立能力的心理基础。自信心对孩子健康成长和各种能力的发展，都有十分重要的意义，少儿期的自信心对一个人一生具有举足轻重的作用。

西方一位心理学家是这样给具有自信的儿童下定义的：自信就是一个人所拥有的对自己的信心和感觉的集合。它在很大程度上影响着人们的做事动机、态度和行为。孩子的自信可在约三、四岁时出现，当孩子学会用汤勺将饭放进自己嘴里时，就会出现"我能做到"这种心理。自信心强的孩子比较乐观，自我感觉较好，喜欢与别人交往，愿意追求新的兴趣，从不轻视自己。遇到难题时不说"我是白痴"，而说"我暂时还不理解"。反之，缺乏自信心的孩子比较悲观，总是感觉"我不行"或"我什么事情都做不好"等，往往表现出被动、抑郁和孤独。

欧美诸国均注重儿童自信心的培养，我们常常在欧美的文艺作品中读到这样的话："孩子，你能行！"这是鼓励孩子充满自信。尤其在处境困难的时候，自信心显得十分重要。英国家庭教育的重点之一，就是保护并培养孩子的自信心。

英国的父母不娇纵孩子，不主动替孩子做事，其目的之一就是培养孩子的自信，从而增强他们独立做事的能力。父母对孩子的过分保护会使孩子失去自信心，久而久之，孩子会产生强烈的依赖心理，并认为自己不能做什么，没有力量。所以英国人对自己的孩子的关心看上去是冷漠的，甚至有些"残酷"，但他们的目的是明确的。要知道，日常生活中的意外伤害是随时随地存在的，有些磕磕碰碰的事情是不可避免的，对孩子来说，有些时候应该不逃避各种危险，而应该学会去面对、去忍受，因为长大之后的生活环境需要忍受的东西更多，因而从小培养孩子的自信和自立能力是为了他日后更好地工作、生活。英国人认为，一个碰伤的膝盖是容易治愈的，而受了伤的自信心和没被开发出来的勇气是终身难以实现其真正的作用的。父母不必事事包办，许多事情孩子自己完全可以做得很好，应该放心让他们自己去做，让孩子们认识到"我能行"，这才是最重要的。许多父母总是以"你还小"为理由，拒绝或阻止孩子的独立行为，这无形中伤害了孩子的自信心。

孩子喜欢做新鲜事情并具有很强的模仿能力，有的时候大人做什么孩子也会跟着做，这时应该鼓励他并在做事的过程中传授知识，而不是去阻止他，打击他的积极性和自信心。例如当饭后妈妈收拾桌子时，大多数孩子会主动跑来帮助妈妈，而大多数的妈妈则会夺下孩子手中的碗碟，然后说："孩子，你还小，会把这些东西摔坏的。"甚至大声地训斥孩子做了不该做的事情。这种情形一次次出现，孩子的积极性会受到严重打击，他们真的认为自己非常弱小，自信一点点被清除掉，天长日久，他们再也不会主动做什么，懒惰随之而来。许多父母就这样在不知不觉中犯着使自己的愿望不能实现的错误。一方面想让自己的孩子成为有益于社会的出色的人才，另一方面又不允许孩子用不同的方法去发现自己的能力，培养自信心。这类父母做的一切恰恰与其愿望相反，他们限制了孩子的发展，打击了他们主动做事情的积极性。

大多数英国人都懂得用鼓励和表扬的方法去培养孩子的自信心，而且知道在什么时候什么情况下不失时机地鼓励和表扬孩子，从根本上扶植孩子的自信，使他们明白自己应该做什么，怎样做。英国人都在努力避免这样一种先入为主的错误，他们是用激励的办法去促使孩子主动做事情，而不是以年龄划线去阻止孩子做某件事情。英国的儿童5岁便入小学读书，比其他国家的儿童入学年龄都小。"你能做好"是英国父母大脑首先设定的一个前提，他们认为孩子和大人一样能把事情做好，孩子随时随地都应该学习生活的本领，尽管他们可能学不好或者做错事情。但其中的道理和大人学习做事情是一样的，有成功也有失败，不能因为失败而影响孩子自身的价值，关键之处在于孩子是否敢于失败，敢于面对失败，同时他们的自尊心和自信心不要受到影响。所以应该鼓励孩子主动做事情，既不能打击孩子，也不要过分表扬。因为过分的表扬容易使孩子产生骄傲的情绪。总之，适当地对孩子进行鼓励和表扬，让孩子得到一种自我满足，增强自尊感和成就感，可以不断加强他的自信心和自信力。

1. 鼓励孩子而不是打击孩子

美国服装业巨子雷夫·罗伦因创立 Polo 服饰王国而成为以服装设计而致富的典范。罗伦从小就喜欢做梦，当别的孩子忙着玩耍时，他却已拥有了辨认皮夹克好坏、真假的本事。中学的时候，他一得到打工赚来的钱就为自己买衣服，不断培养自己对服装的兴趣，并希望日后朝服装界发展，毕业时，他在纪念册上写下他的愿望：成为百万富翁。

罗伦希望进入服装界的想法一直在脑中盘旋，于是他在没有专业素养，单凭特殊品味的本事下，得到一家领带制造公司的任用，终于有了展露设计才华的机会，他设计出的东西得到了同业的赞赏。

之后，他的朋友因为欣赏他的才华而愿意投资，和他开设了 Polo Fashion 公司，罗伦得到了发挥才华的空间，大胆地打破传统，把当时流行的两半宽的领带，硬是设计成四宽，这样叛逆的设计，得到当时年轻人的肯定，更掀起一阵流行狂潮，Polo 于是成为男装革命的先锋。

现代科学，以及大量的事实证明：自信心是一个人的潜能源源不断得以释放的精神源泉，是人们克服困难，取得成功的重要保证。顽强的自信常常会产生奇迹。稍微留意一下那些取得杰出成就的人，便不难发现：促使他们成功的因素固然很多，但其宝贵的自信心却是一个非常必要的重要因素。

自信心不足的人，往往在被对手打败之前就知自己打败了自己。正如美国心理学家索里和特尔福德认为的那样："在早期的学习经验中，不断地遭受失败的经验，这对任何儿童来说，都是不幸的。早期体验到失败的儿童，摆脱不了失败的威胁，而且不敢大胆创立新的活动，由于最初进行探索和独立行动的尝试而受到惩罚，这会妨碍儿童以后在这方面的努力。"因此，父母要设法创造各种有利条件，使孩子在早期经历中更多地体验成功。通过创立顺境，增加孩子对生活的积极心理，形成和发展其自信心。

（1）创设培养孩子自信心的环境

平时，遇事常对孩子说一些鼓励的话，"你一定能行，你肯定做得不错"。因为孩子自我评价往往依赖于成人的评价，成人以肯定和坚信的态度对待孩子，他就会在幼小的心灵中意识到：别人能做到的，我也能做到。老师、父母是孩子的效仿榜样，因此，在孩子面前更应有自信心、乐观的性格，有魄力，自强，办事不怯懦。为幼儿树立良好的形象，创设良好的精神氛围，也是形成孩子自信心的重要因素。

多给孩子以欣赏的目光，有利于培养孩子良好的道德行为习惯和品质，能给孩子所需要的价值感、胜任感和自信心，有利于增强孩子对父母的信任。多给孩子以欣赏的目光，就会看到孩子与众不同的长处和优点，对孩子的责备少点，肯定多点，赞扬他做得对的地方，并以实际行动支持他，是很必要的。鼓励和支持让孩子十分高兴，他也能看到自身的价值。

（2）重视与保护孩子的自尊

多赞许，少责备，有助于提高孩子的自尊心，因为有高度自尊心的孩子，对自己所从事的活动充满信心；而缺乏自尊心的孩子，不愿参加集体活动，认为没人爱他，缺乏自信。因此，作为老师、父母，切忌用尖刻的语言、讽刺挖苦孩子，不用别家孩子的优势比自家孩子的不足，不能在别人面前惩罚孩子或不尊重孩子，不把孩子的话当"耳旁风"，不滥施权威，以免损伤孩子的自尊心，使之产生自卑感，而丧失孩子的自信心。因此要特别注意保护孩子的自尊心，帮助孩子发展自尊感，树立坚定的自信心。

（3）让孩子不断获得成功的体验

培养孩子自信心的条件是让孩子不断地获得成功的体验，而过多的失败体验，往往使幼儿对自己的能力产生怀疑。因此，老师、父母应根据孩子的发展特点和个体差异，提出适合其水平的任务和要求，确立一个适当的目标，使其经过努力能完成。如让他跳一跳，想办法把花篮取下来，从而在不断的成功中培养自信。切忌把花篮挂得太高，而实际能力不及，连连失败，致使其自信心屡屡受挫。

同样，他们也需要通过顺利地学会一件事来获得自信。一个在游戏中总做不好的孩子，很难把自己看成是成功的人，他会减少自信心，并由此不愿再去努力，越是不努力，就越是做不好，就会越是不自信，形成恶性循环。父母应通过帮助他们，完成他们想要做的事来消除这种恶性循环。另外，对于缺乏自信心的孩子，要格外关心。如对胆小怯懦的孩子，要有意识地让他们在家里或班级上担任一定的工作，在完成任务的过程中培养大胆自信；创造民主、和谐的家庭气氛，像人类赖以生存的阳光、空气那样，无时无刻不在影响着孩子的身心健康和智力发展。

2. 永远相信孩子

西方心理学的研究发现，亲子之间的情意沟通，词汇传递的比例约占7%，语气占38%，表情和当时的肢体动作则占55%。当父母亲开始对子女担心、失望、无奈时，和孩子说话的语气、语调、表情和肢体动作，便会直接传达失望或绝望的讯息。如果一时情急，又说了一些泄气的话，那么你给孩子传达的讯息，几乎全是负面的。这容易给孩子带来挫折，使他们渐渐陷入被动的心态，放弃积极进取的心态。请记住，要抱着厚望去教育孩子，而不是抱着欲望或野心，这样才能把孩子教好。

孩子的心灵是敏感的，它是为着一切美好的东西而敞开的。如果我们诱导孩子向好的榜样学习，鼓励他们效仿一切好的行为，那么孩子身上所有的缺点就会没有痛苦和创伤地、不知不觉地逐渐消失。父母应该不断看到孩子的闪光点，不断强化他的优点，那么缺点就会少起来，直到消失。只有永远相信孩子，孩子才会感到你对他能力的认可，这样他才会承担起自己的责任。

大人相信孩子回答问题的能力；这种信任就会潜移默化地影响着孩子。在成人积极的鼓励下，孩子得到的是一种信念——"我能行，大家相信我"。孩子在这样的环境中没有自卑，只有自信。

相信孩子，他们完全有能力做好我们觉得不容易的事，给他们机会，他们的能力一定会超乎我们的想象！

美国哈佛大学教授威纳曾说：自卑是孩子心里的一颗定时炸弹，一旦引爆，后果不堪设想！作为父母，一定要在孩子长大成人之前把它拆除，否则命运带给他的将只有失败。美国亚利桑那大学教育学专家梅克教授经过15年的研究后得出结论：努力发现孩子的长处，激发的是孩子的自信；而专门注视孩子的短处，激发的是孩子的自卑。现代心理学研究表明：人的潜能主要是指心理能量、大脑潜力。许多事实表明，每一个人身上都有巨大的潜能没有开发出来。从生理角度而言，人的身体潜能存在一个限度，但是从心理学角度讲，人的心理潜能却是无法想象的。

心理学家罗森瑟尔和杰卡布森做过这样一个实验：

新学年开始不久，他们到一个新入学的班级里，找来学生名册，随意记下了十二个学生的名字。然后，他们找到这个班的老师说："经过测试，你们班这十二个学生智商很好，非常聪明，可以肯定，他们是很有发展潜力的孩子。"老师听了很高兴，又一个一个告诉学生说："专家说你智商很好。"学生听了异常兴奋，因为专家说自己智商好，有潜力。回家后，又把这一信息告诉了父母。父母听后很高兴，因为专家说自己的孩子很聪明，有发展潜力。就这样，从十二个孩子到老师、父母，都处在一种特定的生活与学习氛围中。孩子们觉得自己智商好，有潜力，做什么也不甘落后；老师们觉得这些学生底子好，有后劲，既敢于严格要求，又善于及时表扬；父母们觉得自己的孩子变了，变得聪明、勤奋，时时流露着信任的眼神。一年后，心理学家们带着仪器和设计好的问卷到这个班里搞测试，这十二个学生的各项指标居然名列前茅。

有的孩子在学习上一直不够出色，让父母很恼火，该怎么办？要对孩子抱以厚望，要有信心。不管孩子的成绩怎样，都要坚持对他们抱以厚望。因为父母的态度会通过语言、语气、表情、动作传达给孩子。当父母的信心动摇时，孩子敏感的心会立刻感觉到。如果不断重复表现出这样的怀疑，就会在孩子心里积累成自卑。一个自卑的孩子是无法让人寄予厚望的。

有位老师曾经做过这样一个试验，年级里有一个学习成绩最差的孩子，当他再一次在考试中成为年级最末一名时，这个老师和他认真地谈了一次，使他明白老师对他有信心，并且抱以厚望。在之后的日子里老师不断鼓励他，接下来的一次考试后，老师发现他果然有了些进步，虽然离希望的目标还有很大的距离，老师仍然准备了一份小礼物送给他。

在这样持续的关注与鼓励进行了一段时间之后，这个可爱的孩子已经不需要老师的特别照顾了。这只是一个小例子，但或许会带给孩子父母一些启发。

希望所有的父母都能了解，任何孩子都拥有自己唯一而独特的天赋，不要拿自己的孩子跟别人比较，只要对他寄予厚望，他就不会辜负你的期望，并且走出他自己亮丽的未来。

3. 从一点一滴树立孩子的自信心

孩子的自信心是父母一点一滴培养和树立起来的。一位有经验的留美华人这样写到："那天，我女儿班上年龄最小的同学丽娜在我家画画，女儿要和她出去玩时，我顺手要把一堆涂抹得乱七八糟的纸张扔掉，丽娜见状急步过来对我说：'阿姨，别把这些画扔了，我还要带回家去呢。'见我没说什么，她又问：'你不喜欢我的画吗？我妈妈一定会喜欢。她告诉我，不管我做什么她都喜欢，因为她爱我，我是天下第一。'看着丽娜的那认真劲儿，我知道，她的自信在妈妈的培养和鼓励下已经根深蒂固了。我自愧不如丽娜的妈妈，她的言行举止，在潜移默化地使孩子树立信心，而我险些将孩子的自信心毁掉"。

在美国，无论孩子长得多丑，别人都不会对她说真话，而是告诉她（他）长得有多么可爱，多么讨人喜欢。

即使在某些孩子的重要性被忽略的家庭，美国的大环境也会时刻提醒父母和孩子要关注自己。

曾有一个三口之家到餐厅用餐，服务生先问母亲要点什么，接着问父亲要点什么，之后问坐在一边的小女儿"亲爱的，你要点什么呢?"

女孩说:"我想要热狗。"

"不可以，今天你要吃牛肉三明治。"母亲非常坚决地说。

"再给她一点生菜。"父亲补充道。

服务生没有理会父母的提示，目不转睛地注视着女孩问:"亲爱的，热狗上要放什么?"

"哦，一点西红柿酱和黄酱，还要……"她停下来怯怯地看一眼父母，服务生一直微笑着耐心等着她。女孩在服务生的目光鼓励下说:"还要一点炸土豆条。"

"好，谢谢。"服务生转身径直走进厨房，留下两位大张着口，吃惊不已的父母。

"你们知道吗?"女儿避开父母的目光，望着远处轻声细语地说:"原来我也没当真的。"

可以想象，这个服务生带给女孩的不单单是平等，更多的是自信。

在美国，父母对孩子常说的话是:

"你是最美丽的、最聪明的孩子，长大后一定会当总统!"

"失败怕什么，这次不成。下次不就成了嘛!"

"啊，考了80分，不错哦!比老爸当初强多了。"

更多的是从父母的嘴里吐出"孩子，我为你骄傲"之类的话。

安西拉的女儿各方面都发展得很好，在小学曾是令小朋友们羡慕的楷模，学习的榜样。在女儿学有余力的情况下，她让女儿跳了两级上了中学。到了中学，由于连续几次考试成绩都不理想，活跃的女儿变得沉默寡言了。安西拉在和孩子聊天时，孩子流露出了中学的学习没有小学有意思的思想，安西拉为之一震。她没有急于给孩子讲中学学习知识的重要，也没有后悔当初让孩子跳级，而是像往常一样站在女儿的角度，去思考女儿的难处。女儿从学习成绩冒尖到学习成绩落后，孩子没有了过去的优越和自豪，心理是难以平衡的。同时，孩子对于中学的学习方法还没有摸着门，怎么会觉得有意思呢？安西拉认为，孩子的关键问题是失去了以往的自信，只要重新唤起女儿的自信心，帮助孩子尽快地适应中学学习的规律，孩子一定还能学得很好。在认真准备的基础上，安西拉经常向孩子指出孩子想不到的自己正在取得的进步，具体地帮助孩子复习每天学习的知识内容，引导孩子在课前总结重现知识。当孩子的学习成绩有所好转后，父母开始教给孩子课前预习、课后复习、章节小结等学习方法，变被动的学习为主动的学习。孩子在主动的学习中重新认识了自己的学习能力，对自己能学好中学的知识充满了自信心。安西拉从细微处帮助孩子恢复了在学习上的自信，帮助孩子跨过了中学学习中的知识障碍、方法障碍、心理障碍，使孩子信心百倍地投入到学习之中。

这些美国父母在家庭教育上的成功经验告诉每位父母，父母要像爱护襁褓中的婴儿一样爱护孩子的自信心，并加倍小心地培育孩子的自信心，当他们自信的翅膀长满了丰满的羽毛时再让他们经受风雨。父母要点点滴滴的帮助孩子不断地清理心理上的畏惧感，使孩子的学习处在轻松的心理环境中。

帮助孩子树立信心，是父母的责任。可是在现实生活中，有些孩子比较缺乏信心，对这样的孩子父母应该着力培养他们的自信心。

择其要者，我们觉得应注意以下几点：

（1）多给予鼓励和表扬

事实证明，能力再弱的孩子也有他的"闪光点"，父母要从发现孩子的优点入手，及时地给予肯定和鼓励，不断地强化他积极向上的认同心理。

（2）万不要把孩子的缺点挂在嘴上

对于孩子来说，父母的话具有很大的权威性。父母不仅不要经常谈论孩子的缺点，更不能对孩子说结论性的话，比如说"笨蛋"'你真没治了"等话。可能在父母而言，只是一时"随口而出"，而在孩子的心目中就常常会留下很深刻的印象。父母即使发现了孩子的某些缺点，也要采用暗示的方法，以避免对孩子产生心理压力。

（3）让孩子有获得成功的机会

对孩子的要求如果太高，孩子就很难实现目标，就很难建立起信心。如果父母针对孩子的实际水平适当地降低标准，孩子就很容易取得成功。成功对于孩子来说，往往会产生意想不到的效果，孩子就会从不难获得的成功体验中获得充分的自信，就会取得更大的进步。

（4）可以适当夸大孩子的进步

孩子即使没有进步，父母也应该寻找机会进行鼓励。如果孩子确实有了进步，父母就应该及时夸奖他们"进步挺大"。这样一般都可以调动孩子心中的积极因素，促使孩子期望自己取得更大的进步，孩子就有可能取得"事半功倍"的奇效。

（5）进行适度的"超前教育"。

父母提前让孩子掌握一些必要的知识和技能，等到与同伴一起学习的时候，他就会感觉到"这很好学"，在别的孩子面前就会扬眉吐气，孩子可能比别的孩子还学得快，自然就会信心百倍了。

四、培养孩子健康的性心理

有这样一个笑话：一天，儿子安迪问妈妈："我是从哪里来的？"妈妈一听，心想：这个问题终于来了！好在有备无患，妈妈早已胸有成竹，于是从卵子、精子讲到受精卵、孕育过程再到宝宝出生。

讲完，妈妈问儿子："现在知道你是从哪里来的了吗？"谁知儿子早已听得不耐烦了："隔壁的妞妞说她是从华盛顿来的，你怎么说得那么复杂呢？"

很多父母不知道，从呱呱坠地的那一刻起，孩子就有了性别的烙印，从姓名、服饰、玩具，到以后的行为要求、生活方式、父母对他们的期望，孩子正是从爸爸妈妈对待他们的态度和行为要求中逐渐地理解性别。孩子性别认同发展的 3 个阶梯：

第一阶梯：3 岁前对性别的理解只是外部特征层面。

虽然孩子能够很响亮地说出自己的性别，但他们对性别的理解只是外部特征层面的。开始时，孩子会好奇地问妈妈，自己是男生还是女生。是和妈妈一样还是和爸爸一样呢？逐渐地，他们学会从发型、衣着上来辨别男性或女性，不过，这时他们还不大能真正明白男女的不同，同时他们也不能理解性别是恒定不变的。

这个时期如果处理或引导不当，容易使孩子产生"性识别障碍"。自身发育明明是个正常的男性或女性，却强烈固执地认为自己是异性，并模仿和表现为异性的气质、动作、习惯及服饰，此时若是没有正确地去纠正，甚至会发展成性心理障碍。

第二阶梯：4 岁对性别的意识开始丰富。

到了 4 岁，孩子的性别意识开始丰富许多。他们对性别的差异也比 3 岁时更好奇。比如，当孩子发现男女上厕所的方式不同时，通常会好奇地问"为什么男生要站着尿尿，而女生要坐着尿尿？"同样，他们对自己的生殖器也产生了好奇，想看看自己的和别人的有什么不一样，并在此基础上感受到男性和女性在生殖器上的差异。有时，听到有人提起"小鸡鸡"等字眼，会觉得神秘而咯咯地偷笑。甚至有的孩子会因为实在太好奇，玩起脱裤子之类的游戏。

这时，孩子的性别刻板印象也在加强。他们会坚定地认为，男孩子有男孩子的游戏，比如打仗游戏；女孩子有女孩子的游戏伙伴，比如洋娃娃。

第三阶梯：5 岁以后真正开始了解两性的差异。

孩子真正开始了解两性的差异，他们知道除了外表的不同外，还包括生殖器官和某些生活习惯的不同。孩子们开始固执地认为，男生和女生是不一样，比如最常听到的是"男生不可以穿裙子"，"女生可以留长发"等。但如果你一直追问，他们会有些不好意思地告诉你："男生有小鸡鸡，女生没有。"由于对性别的理解，这时的孩子对性别也开始敏感起来，开始懂得不好意思和回避。

美国 9 岁的艾伦·鲁宾逊是出了名的好奇宝宝，对任何事都要追根究底。从小他就喜欢问东问西，所以当他对"两性之间"开始产生兴趣时，自然又去找爸妈发问，就和他问其他问题一样。可是，这一回他的爸妈却窘得不知如何作答，他们觉得和孩子谈"性"太尴尬了。

艾伦只好退而求其次，去问朋友。他那些9岁的朋友们说了一堆似是而非、道听途说的理论，把艾伦搅得更迷糊了。由于缺乏正确的指引，艾伦就靠自己摸索，寻找答案。

直到邻居卡夫曼太太打电话来，又哭又喊地，鲁宾逊太太才痛苦地惊觉，艾伦对两性知识的强烈好奇与探索从来没有停止过。卡夫曼太太哭诉，艾伦和他的朋友乔，说服她的女儿莎拉和他们一起到车库里，把衣服全部脱光。结果，被卡夫曼太太撞见三个人都赤裸裸地互相摸来看去，想知道"两性"到底是怎么一回事？

"我们又没有做什么！"当鲁宾逊太太罚艾伦进房间禁闭一天时，艾伦大声抗议。鲁宾逊太太也明白处罚并不能解决问题。所以，当晚待鲁宾逊先生下班回家后，他们认真地开了一个讨论会。

最后，鲁宾逊先生提议："教会里的阿诺太太是两性教育的专家，也许我们应该打个电话，听听她的意见。"

阿诺太太向鲁宾逊夫妇保证，艾伦的好奇心绝对是正常的，一点也不需要觉得尴尬或焦虑。他们一致决定，艾伦需要的是正确的两性观念和两性教育。阿诺太太给了鲁宾逊夫妇一些书，书里提到家庭在孩子学习两性知识过程中的重要性，以及何时或如何在家中教导孩子健康安全的两性知识，避免孩子道听途说，学到错误的观念和行为。

虽然还是很尴尬，不过鲁宾逊夫妇开始教导艾伦两性知识。他们尽量诚实、坦然地和儿子分享书中的知识和图书。刚开始，艾伦不愿意提问题，可是过了不久，他越来越放松，问题也倾巢而出。

"小婴儿是如何装进妈妈肚子里的？精子真的是从阴茎里出来的？卵子如果没和精子结合，真的会死掉吗？真的会有血从子宫里流出来？好恐怖哟！"艾伦大叫。

鲁宾逊夫妇坦然地回答艾伦对两性的疑问，提醒他尊重别人的隐私权，也告诉他日后有类似的问题都可以和爸妈谈论，以防被一些过分渲染的错误性知识给误导。鲁宾逊夫妇努力地扮演着夫妻和亲子间相互尊重的角色。他们终于接受孩子对两性知识的好奇，是最自然健康不过的事了。

在西方，重视青少年性教育，培养健康的性心理，从儿童时期就已经开始了。

美国从小学一年级起就开始传授生育、两性差异、个人卫生、手淫、性道德等知识。初中阶段讲生育过程、性成熟、月经、遗精、性约束等知识。进入高中时期讲婚姻、家庭、同性恋、性病、卖淫、性变态等知识，并向学生发放避孕套。

教男孩要有男人气，教女孩更细心，这在美国父母心中已成为约定俗成的育儿观。假如母亲送儿子上幼儿园，孩子缠着妈妈不肯放，妈妈只要对儿子说："不能哭了，你是男子汉，男子汉是不能哭的。"男孩就会强忍着哭，松开手。父母要让孩子从小就接受正确的性别教育，要让孩子对自己的性别有正确的意识。

1. 以恰当方式对孩子进行性教育

孩子们其实个个都是哲学家。几乎每个人童年时代都会很认真地思考"我是怎么来的"这个问题并想尽一切办法寻找答案，而"我是谁?""我从哪里来又到哪里去?"一向是哲学家们穷其一生思考的大问题。

孩子有权知道他的"生产"过程。作为父母有责任有义务将真相告知他们。任何含糊其辞的话都会增加性在孩子心中的神秘感，而人类天生就对充满神秘感的事物充满兴趣和好奇。

对于现在的早期教育来说，幼儿的早期"性教育"，是父母们应该正确面对的问题。可对于这些新的教育观念，我们应该如何应对呢? 没有案例、没有经验、没有指导。我们都在不停的摸索当中。在面对自己孩子萌发早期"性"意识的时候，一位英国母亲的一些智慧应对方法值得我们借鉴。

随着年龄慢慢增长，戴维对妈妈生宝宝的事情也要求知道的多了。

戴维经常问他的妈妈："妈妈，我是从哪来的啊?"

戴维就会回答："是从妈妈的肚子里来啊。"

戴维还问："我是说我怎么会在你肚子里的？"可以看出，孩子的问题是经过思考的。

戴维的妈妈觉得没有必要隐瞒孩子，就对他说："爸爸给了妈妈一个种子，然后种子在妈妈肚子里找了一个好朋友，他们住在了一起，过了几天，他们变成了一个大种子，这个大种子就是戴维。"

戴维终于明白他是从哪里来的了。有时候他还会问，"那大种子戴维为什么不在妈妈肚子里了，非要出来呢？"孩子的好奇心很强，小小脑袋里装的大问题还真多。

妈妈这样和他解释："你在妈妈的肚子里一天天长大，一直长到10个月，你长得已经很大了，妈妈的肚子装不下了，而且你也想出来看看妈妈长什么样，所以医生就在妈妈的肚子上开了个门，把你抱出来了。"

戴维对妈妈的解释似乎很满意，很久都没再问妈妈此类的话题。

孩子是多么富有想象力，类似的疑问还会有："是不是只有女孩子才可以生宝宝呢？"

做父母的不要慌，可以参考这个回答，"是的，因为女孩子的肚子里才有宝宝住的小房子，宝宝才可以住下来啊！"

"男孩子肚子里就没有小房子吗？是不是男孩子只有种子啊？"

"对，男孩子没有小房子的。他会有很多种子，然后最优秀的种子才可以给宝宝。而且只有相爱的人才可以播种的。不是什么人都可以。"

像这样一段对话，不单解决了孩子对"我是怎么出生的"的种种疑惑，而且还在孩子心中播撒了爱的种子。在给孩子输送性教育知识时，还要注意引导儿童的情感发育。儿童不会有成年人那种异性之爱，但他或她有没有一种对别人的关怀之心、博爱之心，却会直接决定其成年后能否顺利投入恋爱和婚姻生活。

值得提醒的一点就是，幼儿早期的性教育需要父母共同负起责任，需要从思想上认识一致、行动上互相配合。很多家庭都容易忽视这一点。常常有这样的情景：母亲告诉孩子一个道理，孩子的眼神会转向父亲，似乎在问父亲："是这样吗?"这时父亲如说："妈妈说得对。"这便会使孩子感到心满意足。

有一位临床心理学家——安妮西·班斯坦博士，她曾做过儿童对"人类的起源"的认识的广泛研究。她在研究过程中采访了100多个注重儿童教养问题的家庭。其中大多数的父母都认为，他们已经向子女恰当地解说过"婴儿怎么来的"这个问题，觉得孩子应该能答复得很好，没想到研究结果却使这些父母大为惊愕。所以，提醒各位父母，不要从大人的角度看待孩子的性好奇，各年龄段的孩子各有其性探索取向。"我从哪里来"这个问题也要根据不同的年龄段来给孩子合情合理的解答。

第一阶段，大约三四岁。此时的孩子多半无法理解婴儿怎么来的。对于生殖器，孩子想象着——它是存在的，不过也许在别的地方。

第二阶段，为4岁到7岁之间。此时，孩子开始认知婴儿的某种起因，他们相信自己是由成人"组合"而来的，或者像商店中购买的货物一般，是被制造出来的。

在与幼小孩子的晤谈中，班斯坦博士发现，父母竟会告诉孩子那些奇奇怪怪的答案。这是需要父母改进的。

第三阶段，在8岁左右，孩子逐步能够认知父亲也是创造婴儿的角色之一，而且具有肤浅的性交观念，但是他们无法把整个过程联想在一起，从而形成一种全面的认知。

第四阶段，在8至10岁之间。班斯坦博士发现，孩子在被问到"婴儿从哪里来"时，第一次出现困窘的样子。他们能够完整地叙述怀孕的原因，但是仍然不了解如何发生、如何结合，才能开始生命的过程。

处于11和12岁的第五阶段的孩子，可能也是处在这样的困惑当中。这个阶段的孩子，都需要有人向他解说：精子和卵子相遇并且结合后，胚胎才开始形成。

青春期为第六阶段，倘若父母从小就曾告诉孩子婴儿如何出生，这时的他们通常能较正确地描述其过程。

所以，提醒所有父母，在对幼儿进行科学的性教育时，要分阶段去解答孩子们的性疑惑。同时，还必须具备几个条件：一是父母必须端正性教育态度，认识两性教育的迫切性和必要性，另一方面也需要掌握良好的两性教育知识，学习和掌握好良好的教育方式，以恰当的方式对孩子进行性教育是非常必要的。

2. 认同性别角色，提防性别偏差

孩子都是属于一定的性别，可是有的孩子对自己的性别不认同，这就是性别偏差。如果孩子很小，父母不必为此担心，因为孩童时代的性倾向是没有定型的。关键是要及时发现，对孩子进行性角色教育，及时加以矫治，不管孩子的性角色偏差多么严重，都是有可能纠正的。

由于小时候的家庭缺陷或教养方式的欠妥，有的孩子经过长期的潜移默化，性别角色就可能产生了偏差。例如，没有父亲或父亲长期不在家的幼儿，由于缺少男性榜样而会出现对女性的爱好倾向和行为。再例如有的男孩与母亲，女孩与父亲，关系过于密切，这些孩子在身心上对异性父母常常会产生过分依恋，而不愿接受应有的性角色行为。比较常见的情况是，父母双方都希望有一个不同性别孩子，所以从小就把自己的孩子当作另一性别的孩子来加以教养。这种性别角色偏差一旦形成或者定型，要改变过来就常常是有一定难度的。

心理学家上所谓的"俄狄浦斯情结"与这种性别偏差有些关系。

世界级的大心理学家佛洛伊德认为，幼年期的孩子对异性父母，都会产生眷恋现象，这是人类普遍存在的特征之一。他用古希腊悲剧的人物俄狄浦斯王无意中"杀父娶母"的故事，把这种现象称为"俄狄浦斯爱恋"。

按照佛洛伊德的幼儿性欲学说，孩子的这种"性欲"3～6岁到达顶点。人的性欲自出生后就已经存在了，其中经历口腔性欲阶段，肛门性欲阶段和性器官性欲阶段。在性器官性欲阶段，幼儿的"俄狄浦斯爱恋"是主要特征，经过潜伏期，这种"性欲"很多都会发生转换，孩子在不得不放弃对异性父母的爱恋而模仿同性父母，这种爱恋就得到了正常解决了，这也就确立了儿童成熟期后的正常异性爱恋的模式。这就是孩子成年后在选择配的时候仍然无意识中以异性父母为标准的原因，尽管本人可能不会清楚地意识到这一点。

但是，如果"俄狄浦斯爱恋"得不到妥善的解决，这种带有强烈情绪的、未得到正常解决的"乱伦性爱恋"也会被抑制，但是它总是隐藏在无意识中，成为一个不停地要求满足的潜在力量，成为以后神经症和心理变态的根源。这就是"俄狄浦斯症结"。

更为复杂的情况是，孩子由于对同性父母产生"爱恋"而嫉妒异性父母，就会产生"负性俄狄浦斯爱恋"，这种"爱恋"如果得不到正常解决，冲突就会留滞在无意识中，成年之后就很容易成为同性恋者。

因此，作为父母，应当重视。对孩子正常性别角色的教育，因为这是个体成长的一个重要环节。那些把孩子当成另一性别来教养的父母是不明智的。如果这样，就有可能造成孩子喜欢穿异性服装、同性恋或要求做变性手术等后果，给孩子的个体带来精神上的痛苦和心理上的压力。

判断孩子的性别偏差有以下几个标准：

①如果孩子在言谈中总表露不恰当的性别角色，父母就应该引起足够的重视了。例如男孩子常常说"我是个女孩"，"我长大要当妈妈，也要生孩子"等。

②如果孩子坚持要穿异性服装或者对异性的服装特别喜欢，这可能说明孩子很可能有性别确认上的问题。

③在游戏当中，如果孩子总是喜欢扮演异性角色，对异性的游戏和玩具等很感兴趣，总是喜欢参与异性活动，那么也可以被看成是一个性角色偏差的信号。

④如果孩子在言谈举止、姿态声音、行为等方面都有异性化的倾向并在父母等人的反对之下仍难以纠正，那么父母就应该请专家鉴别一下孩子是否有了性角色偏差了。

发现孩子出现性别偏差是一件让人焦急的事情。但是，儿童心

理学家研究表明，只要父母引导得法，注意改善环境条件，孩子在
4～12岁期间经过努力，性别偏差是可以矫正的。

如果父母发现孩子出现性别偏差时，可以采用以下方法纠正：

（1）培养孩子与同性父母的亲密关系

父亲应该常常陪儿子玩，母亲要单独与女儿在一起。如果家里
缺乏同性父母为榜样和引导的作用，可以找一个与孩子同一性别的
直系亲戚、朋友或家庭教师来对孩子施加影响。多跟同性的成人在
一起做游戏或干些有兴趣的活动，会使孩子受到感染并出现模仿同
性成人的行为。另外，让男孩子看一些男英雄的书，让女孩子看一
些仙女的书，都会对孩子的性角色矫治有所帮助。

（2）及时鼓励孩子表现适当的性角色行为

例如：对娇弱的男孩，要经常表扬他爬山踢球之类体力活动和
勇敢行为，经常夸奖他是个"好小伙子"，希望他成为一个"小男
子汉"。特别是孩子表现得像个男孩子的时候，这样的表扬和鼓励
就会发生很好的作用。这些鼓励可以是"口头表扬"，也可以是
"物质刺激"。比如可以奖给儿子一把冲锋枪，奖给女儿一个布娃
娃等。

（3）对孩子不当的性角色行为要表示明确反对。

除了孩子偶尔的表演性行为，对自己孩子的不当性角色行为，
父母即使不明确地进行反对，也应该采用冷淡的态度，让孩子感到
自己的表现不正确，父母等人对此没有什么兴趣。

当然，父母对孩子的性别角色行为过分敏感也是不必要的。例
如不必禁止男孩从事艺术活动而逼迫他参加竞争性运动，也不必阻
拦女孩"玩枪弄棍"而只能抱着洋娃娃办家家等。心理研究认为，
健康的人格兼有男性特质和女性特质两个方面，具有综合性心理的
人才能更为灵活自如地表现自我或适应外界环境。

西方专家认为，孩童时代的性倾向是没有定型的，父母不要为
此焦急不安。只要做父母的能重视孩子的性角色教育，及时发现可
能发生的问题，并及时加以矫治，不管孩子的性角色偏差多么严
重，都是有可能纠正的。

3. 西方的孩子怎样接受性教育

性教育在世界各国都是一个敏感的话题，不过西方文化比东方文化开放，西方国家的性教育比东方国家的性教育起步早。因为各国文化和教育方式的不同，所以孩子在性教育程度和接受程度都有所不同。父母们不妨了解一下国外是怎样将儿童性教育渗透到孩子的生活与学习中的。

（1）英国的儿童在 5 岁必须开始强制性性教育。

英国法律规定，必须对 5 岁的儿童开始进行强制性性教育，根据"国家必修课程"的具体规定，英国所有公立中小学都将学生按不同年龄层次划分为 4 个阶段来进行不同内容的性教育。

目前，在英国还流行"同伴教育"，即利用朋辈间的影响力，通过发展青少年的自我教育和自助群体，抵御来自社会的消极影响。

（2）瑞典的儿童通过电视接受性教育。

瑞典的性教育亦称"避孕教育"，是世界性教育的典范，其早期学校性教育是国际公认的青春期教育成功模式之一。

瑞典从 1942 年开始对 7 岁以上的少年儿童进行性教育，内容是在小学传授妊娠与生育知识，中学讲授生理与身体机能知识，到大学则把重点放在恋爱、避孕与人际关系处理上。1966 年，瑞典又尝试通过电视实施性教育，打破了父母难以启齿谈性的局面。这样的教育模式取得了显著成效：性病的患病率极低，20 岁以下女孩子怀孕生育的情况几乎没有，HIV 阳性率至今全国仅 5132 例，出生率明显下降，堕胎率超低，性病和性犯罪比例也在不断下降。

（3）芬兰的儿童在幼儿园就开始接触性教育图书。

20 世纪 70 年代初，性教育进入了芬兰中小学的教学大纲，连幼儿园也有正式的性教育图书，一面加强性道德教育，一面从性保健角度出发进行性知识传播。

（4）美国 1/3 学校要进行禁欲教育。

美国从小学一年级起就开始传授生育、两性差异、性道德等知识，初中阶段讲生育过程、性成熟、性约束等，高中阶段讲婚姻、家庭、性魅力、同性恋、性病、卖淫现象、性变态等，并向学生发放避孕套。

最近 10 年里，全美有 1/3 的学校增加了禁欲教育，提倡将性行为推迟到婚后，并告诉学生实行安全性行为的做法。有一些学校还提供在何处可获得控制生育器具或如何使用避孕套的资讯。现在全美 14 个城市的 32 所公立学校中都建有性咨询室，回答咨询的也是孩子，其内容对教师和父母都保密。

（5）荷兰的孩子和父母在餐桌上可公开讨论性话题。

荷兰人开放的性态度给全世界留下了深刻印象，然而荷兰拥有欧洲国家最低的青少年怀孕比率。在荷兰，与学其他课程一样，孩子 6 岁进小学时就开始接受性教育，孩子们甚至会在餐桌上和父母讨论这方面的话题。荷兰的教育专家认为，对青少年甚至儿童开展早期性教育，可以让青少年知道如何保护自己，帮助青少年不至于因为一时的性冲动或对性的某种无知而做出令自己后悔终生的憾事。

（6）以身心和谐发展为目标的性教育。

在德国，性教育已经成了家庭、社会和学校的义不容辞的共同责任。在德国，性教育从中学阶段开始，因为此时青少年刚刚进入青春期，处于性意识的苏醒阶段。德国许多学校的性教育在讲解生殖系统和男女性别差异时，男女生是分开上课的，男教师给男生上课，女教师给女生上课。

德国学校的性教育的另一项重要内容就是教学生学会保护自己，学会寻求帮助，在遇到问题时知道怎样和向谁求助。这一方面，以对学生传授艾滋病和性病的预防知识为主，以增强学生的自我保护能力为主。

除了学校进行的性教育之外，德国的家庭和社会在性教育方面也发挥着很大的作用。德国性教育专家把父母看成是子女的第一任老师，因为他们与子女之间有着密切的血缘关系，这种关系是进行性教育最有利的条件。女孩子的月经初潮，可能最先告诉母亲，男孩子的胡须出现也可能是父母第一个看到。在与孩子的交往过程中，父母通过自己的观察可能会在第一时间发现孩子生理上和心理上的变化，这为父母对孩子进行性教育提供了机会和条件。家庭的性教育往往采取随机和情境性的方式来进行。父母在与孩子的交往中，最初就会回答孩子是从什么地方来的，为什么要结婚等问题。随着孩子年龄的增长，他们从电视、电影中可能会看到男女拥抱、亲吻等镜头，会提出一些有关的问题。对于这些问题，父母会采取实事求是的态度，用科学的方法告诉他们什么是性爱。在孩子第一次交异性朋友的时候，德国的父母往往采取的是欣赏、赞美的态度，积极鼓励孩子做一个负责任的人。当孩子失恋时，父母又会与孩子在一起，陪伴孩子度过心理上的痛苦和矛盾阶段。

总之，德国家庭的性教育更多地采用灵活随机的方式进行，父母们往往用自己的爱与子女沟通，使子女能感受到爱和责任的力量。同时，父母也会给子女提出种种忠告，引导他们少受不良媒体的影响。

第 六 章

要赏识与尊重孩子的人格

在现实生活中，父母一定要放下架子，以平等的身份对待孩子、尊重孩子，这样才会赢得孩子的信任。

儿童是独立的个体，父母必须为孩子创设游戏的空间和条件，还给他们游戏的权利；打开自家的大门，让孩子们自由交往；允许孩子选择，倾听他们的想法，满足他们的合理需要，对于他们独立性的培养有积极作用。要尊重孩子的权利。父母是不是一个现代的父母，是不是一个优秀的父母，能否尊重孩子的权利是一个极为重要的指标。亲子关系的核心就应该建立在相互尊重的基础上，孩子是通过父母认识权威、认识世界的。

父母碰到事情的时候应该听取孩子的意见。因为你尊重孩子了，孩子才可能自己对自己负责。真正的教育是自我教育。真正有效的教育是信心的内化，并让孩子接受。碰到事情跟孩子商量，把与孩子相关的事情的决定的权利交给孩子自己。每个孩子都是唯一的，我们要尊重每个孩子的个性，特别要尊重他们之间存在的差异，避免以所谓"优秀儿童"为榜样在他们之间进行横向比较。会欣赏自己孩子的父母是最聪明的。

一、尊重与平等对待孩子

幼儿还处在心理成长发展和人格形成的关键时期，他们具有巨大的发展潜力，可塑性大。由于他们在心理上极不成熟，自我调节、控制水平较低，自我意识还处在萌芽状态，极易因环境等不良因素的影响形成不健康的心理和人格特点。不少父母把幼儿当作自己的附属物或私有财产，期望通过幼儿去实现自己未能实现的愿望和理想，去补偿自己生活中的缺憾。其实幼儿是独立的、有意识的、有思想的个体，应该得到父母的尊重与平等对待。尊重幼儿才是父母最深刻的爱。

美国家庭教育给人印象最深的一点是：从小就尊重孩子：

· 孩子吃饭父母不能硬逼；

· 孩子做错了事不得横加训斥；

· 要孩子换衣服不可用命令的口吻；

· 家庭各式各样的玩具和儿童读物放在令孩子能拿到的地方；

· 墙上门上贴满孩子们的"美术作品"；

· 父母很少强求孩子的言行，孩子们像伙伴似地称呼长辈的名字是很自然的事；

· 美国人十分讲究对孩子说话的口气和方法，孩子同大人讲话不但要认真听，而且父母与孩子说话永远是蹲下来……

在美国，从不出现父母训斥和打骂孩子的现象，更多的是父母对孩子说："谢谢"、"对不起"、"请原谅"、"这样好吗"等等，用商量的口吻对话。在美国，尊重孩子不仅仅是因为他们年龄小，需要爱护、帮助，还在于他们走出娘胎就是一个独立的个体，父母或教师都没有特权去支配或限制他们的言行，即使从"细枝末节"上，也要让孩子们感觉自己是小主人。

尊重孩子，等于教育他们辨别周围各式各样的人。一位新同学进到杰克所在的五年级教室，留给大家很深的印象。他和家人住在国外，会好几种语言，体格健壮。他像连珠炮似地介绍他们的大房子，有最新的电动玩具、大型荧幕和游泳池。班上每个男生都想去他家玩。

可是杰克受邀请去他家，发现这位新同学作威作福，很难沟通，有时候甚至像没头脑的人。爸爸来接杰克回家时，他安静地坐在车上一语不发。

　　"你们两个整个下午玩了些什么?"爸爸问,"好玩吗?"

　　杰克开始抱怨,认为这位同学和人玩游戏只准赢不能输,和他玩一点儿也不公平。

　　爸爸仔细聆听了一会儿,找到空当,才说:"你认为他的行为如何?"

　　"我很不喜欢。"杰克由衷地说。

　　"嗯,为什么不喜欢呢?"爸爸问。

　　"他可以买一大堆玩具,但是我再也不跟他玩了。"杰克突然激动起来。

　　爸爸等杰克情绪平静后,说:"我为你感到骄傲,杰克。一个人的好坏,不是以他拥有多少好东西来衡量的。"

　　爸爸提醒儿子,不以拥有物当作评断一个人的价值标准。在我们忙碌的一天中,这类简短的会话并不至于压缩我们的时间,却可以帮助孩子建立向上的价值观,让他们可以面对自己的未来。

　　有人认为,美国父母对孩子的尊重太过分,但事实证明,受到父母良好尊重的孩子同父母大多非常合作,他们待人友善,懂礼貌,同大人谈话没有局促感,独立意识很强。

　　美国的家庭教育问题专家阿黛尔·费比曾提到过发生在她自己身上的一件事。她回忆说,有一次她女儿对她说:"我讨厌外婆!"费比听了后,立刻为自己的母亲作了一番辩护,还严厉地指责女儿"你这么说简直太不像话了!最好你不是真的那么想!"但她随即就发现自己犯下了一个错误,那就是漠视了女儿内心的感受。而就在不久前,正是她自己曾在一本书中写道:"如果我们总是不能尊重孩子们的真实感受,那么,他们就会以为一个人不应该在他人面前讲述自己的真实感受,从而将自己的喜怒哀乐或其他情绪深藏于心底。长此以往,他们的心理就会得不到健康发展。"

　　孩子随着年龄的增长,自主的意识会逐渐增强,会越来越需要别人重视自己的想法,尊重自己的心情与感受。如果孩子的感受得不到父母的尊重,便会,感到深深的失落与烦闷、甚至产生逆反心理,对生活雨兴趣与对父母的信任也会因而受挫。可惜的是,有些父母从来就没有想过应该平等地与孩子相处,更别说能有尊重他们的意见与感受的行为了。

1. 不尊重孩子的三种模式

西方教育专家通过长期的观察，发现家庭教育最常见的三种不良模式是：

（1）忽略孩子的存在

在孩子生命早期 1~3 岁间，父母对孩子不闻不问，孩子的解释父母不听。这样既会损害孩子的自尊心，又会损害自信心。他会认为自己不够好，父母不认为自己是有价值的。"忽略孩子的存在"是比打骂孩子还严重的恶习。父母以为：孩子还小，还不懂事！等孩子懂事时，再去注意听他说话，就可以了。于是太多的父母没有耐心去听孩子的说话！孩子要买什么东西，要做什么事情，要解释什么东西，都不予理睬，根本不听他的理由！

（2）进行破坏性的批评

破坏性的批评是扼杀孩子自尊心和自信心最重要的杀手。我们很多父母，批评已经成为痼疾。对孩子除非不说话，说话就批评。自己认为批评是为孩子好，是为了改正孩子的缺点。事实上，破坏性批评的结果与所希望达到的结果完全相反，不仅没有改掉孩子身上的缺点，反而扼杀了孩子成长的动力。我们希望孩子完美，却把孩子弄得没皮没脸，自尊心丧失殆尽。

（3）强迫孩子做某种事情

父母强迫孩子做事情，会扼杀孩子的主动进取精神、学习兴趣，而且形成被动的习惯。学习是脑力劳动，需要学习者处于主动状态，自己想学习，才能学习好，才能不感到辛苦劳累。如果孩子不想学习、厌倦学习，那么学习对孩子来说就是一种折磨，是苦不堪言的事情，是很难取得优秀成绩的。这样的孩子成年以后会成为一个被动的人，那是他一生不幸的根源。

一次，九岁的小汤姆，怒气冲冲地回到家里，原因是他的班级本来打算去野餐，但是下雨了。他的父亲在了解了情况后温和地对小汤姆说："你看上去很失望。"

小汤姆仍然怒气冲冲地回答："我当然很失望了。"

父亲表示理解："你已经准备好了一切，没想到却下雨了。"

小汤姆回答："是的，正是这样。"

这时，出现了短暂的沉默，然后让人惊讶的是，小汤姆竟然用心平气和的语气说："哦，不过，可以以后出去玩。"他的怒气看起来消失了，在那天下午余下的时间里，他都很合作。原来，通常只要小汤姆生气地回家，一家人都会心烦，迟早他会激怒家中的每个成员，直到深夜他睡着了，家里才能重回宁静。他的父亲在检讨过自己的行为后发现，以前他总是说一些让事情变得更糟的话："天气不好，哭是没有用的。以后会有玩的时候。又不是我让它下雨的，你为什么要冲我发火？"

但是，这一次，小汤姆的父亲决定用一种新的方法，他对小汤姆的感受表示了理解和尊重，效果惊人好。

当孩子遇到难题时，他们通常会生气，然后把他们的窘迫迁怒于他人，而这常常会激怒父母，然后父母就责怪孩子，说一些事后会觉得后悔的话，可问题还是没有得到解决。

父母应该学会倾听在孩子愤怒的外表下所隐藏的担心、失望和无助，这将会对父母提供很大的帮助。父母不能只针对孩子的行为做出反应，而是要深切关注他们行为背后的情绪，帮助他们将心情平静下来。只有当孩子的心情平静时，他们才能正确地思考，才能做出正确的举动。

西方专家们指出，孩子一旦发觉父母能够理解和体谅他们的感受，往往就能够自己来设法处理问题，逐渐培养出一种自信、自强、自立的精神，使自己的心理得以健康地发展。

尊重孩子的感受，并不是说，凡事都照孩子的想法去做。父母应注重给孩子灵活的空间，通过平等的沟通、合理的引导来激励孩子乐观向上、健康成长，要让孩子了解到，他的感受对我们很重要，我们愿意倾听，更愿意去试着理解，我们是真的爱他、关心他。

2. 尊重和爱护自己的孩子

孩子与老师、父母间的关系如何，在很大程度上决定了他的自信心程度，培养孩子的自信心，首先应检查一下自己与孩子的关系是否有助于自信心的培养。如果孩子感到老师、父母喜欢他、尊重他，态度温和，孩子的感觉很好，往往就活泼愉快，积极热情，自信心强。相反，如果老师、父母对孩子训斥多，粗暴，态度冷淡，孩子就会情绪低沉，对周围的事物缺乏主动性和自信心。

作为父母，怎样才算是尊重自己的孩子呢？美国密苏里大学一位专门研究儿童早期教育的教授列举了33种尊重孩子和28种不尊重孩子的表现和行为，供您参考。

（1）尊重孩子的表现与行为：

·认真听取孩子想要告诉自己的事情。

·再忙也要抽出时间和孩子在一起。

·与孩子一同玩乐。

·和孩子一起画画着色。

·赏识孩子的才能。

·放手让孩子自己去解决他们间的争吵。

·喜欢听孩子最爱唱的歌。

·对孩子做的事情表现出兴趣。

·与孩子进行目光交流。

·鼓励孩子要有自己的看法和观点。

·允许孩子做出自己的选择。

·尽量为孩子安排一个能与父母或某一方相协调的时间表。

·允许孩子有自己的隐私。

·通过语言或行动对孩子与众不同的出色表现做出反应。

·称呼孩子的名字。

·知道该如何去表达"不"。

·鼓励孩子有独立性。

·回答孩子提出的各种问题。

·让孩子把话说完而不将其打断。

·尊重孩子选择朋友和活动的权利。

·允许孩子犯错误。

·意识到孩子有其个性。

·与孩子打交道有灵活性。

·允许孩子有不同甚至反对的意见。

·爱惜孩子的东西。

·给孩子转变过渡的时间。

·倾听孩子的何题，并认识到该问题会给孩子的心理造成怎样的压力。

·与孩子平等交谈。

·让每一个孩子都有交流发言的机会。

·征求孩子对某个问题的解决办法。

·尊重孩子的观点和看法。

·没有忘记玩耍娱乐对每一个孩子都是必不可少的。

·不浪费孩子的时间。

（2）不尊重孩子的表现与行为：

·不重视孩子的看法和观点。

·不理会孩子认为急需要引起自己注意的问题。

·过多占用孩子的时间。

·把孩子单独撇下来不管。

·没有停下手中的活去专门倾听孩子要对自己说的事。

·用不耐烦的口吻回答女子的提问。

·使用与婴儿说话的腔调与幼儿交谈。

·自己心里有事，借骂孩子来出气。

·打断孩子间的交谈。

·为赶时间而中断孩子正在进行的活动。

·忘了履行自己许过的诺言。

·代替孩子回答客人提出的种种问题。

·虽花了时间和孩子在一起玩，但却没有投入感情。

·举止显得很不耐烦。

· 挖苦嘲笑孩子。

· 对孩子大声嚷嚷。

· 采用体罚方式使孩子陷于一种难受的处境。

· 对孩子寄于过高的期望。

· 常催促孩子。

· 没有处理好自己的感情问题，没有爱惜自己的身体。

· 辱骂孩子是"笨蛋"。

· 当孩子的需要与自己的时间安排产生了冲突时，显得很恼火。

· 老是看到孩子的缺点。

· 忽略了孩子的情感。

· 偷偷地走近一个正在做着错事的孩子身旁。

· 冷落孩子。

· 不给孩子机会解释他的朋友为什么受伤，是怎样受伤的，或者事故发生的经过。

· 阻止孩子做他们真心喜欢做的事情。

3. 站在孩子角度看问题

在西方，尊重孩子不仅仅是因为他们年龄小，需要爱护、关心和培养，而是在于他们从出生起就是一个独立的个体，有自己独立的意愿和个性。无论父母还是老师都没有特权去支配或限制他们的行为。特别是孩子，在以后的成长中的大多数情况下师长不能代替他们对客观进行选择，所以要让孩子感到自己是自己的主人。

父母带孩子外出做客，主人若拿出食物给孩子，西方人则最忌讳提早代替孩子回答"他不吃"、"也不要"之类的话，也不会在孩子表示出想吃的时候对孩子呵斥。他们认为，孩子想要什么或是想看什么，本身并没有错，因为孩子有这个需要，任何人都没有理由来指责，只能根据情况适时适当地做出解释和说明，以做引导。西方人反对父母在人前教子，更不允许当着人面斥责孩子"不争气"、"笨蛋"、"没出息"，因为这会深深伤害孩子的自尊心，父母这样做是一种犯罪。

伟大教育家洛克说过："父母不宣扬子女的过错，则子女对自己的名誉就越看重，因而会更小心地维护别人对自己的好评。若父母当众宣布他们过失，使他们无地自容，他们越觉得自己的名誉已受到打击，维护自己名誉的心思也就越淡薄。"有人认为西方父母对孩子的尊重是否太过分了，但事实证明，受到父母良好尊重的孩子同父母大多非常合作，他们待人友善，懂礼貌，同大人谈话没有一点局促感，自我独立意识强。儿童心理学家认为，这些都是孩子们受到应有尊重的良好反应。

当父母和孩子的看法不一致时，一定要先耐心地听孩子的看法，再平和地表达自己的看法吗？认真对待孩子提出的看法，其本质是尊重孩子。

安妮塔的儿子渐渐长到 7 岁了，可安妮塔发现儿子的脾气也渐渐大了起来。比如，儿子跟父亲在一起玩儿时，或者正自己玩儿时父亲"参与"了，他经常会嚷嚷着抗议起来，然后就开始对他父亲说：我非要如何如何；我就要如何如何；我是妈妈的宝贝，不是你的宝贝……

安妮塔的父亲认为这是安妮塔娇惯的结果。"真是我惯的吗？如何才能不惯呢？如何让他不发脾气呢？"安妮塔心里也很是着急。但是，后来一个周六发生的一件事却让安妮塔从另一个角度开始思考问题。那天上午，他们到户外郊游，儿子玩得很开心，回来的路上睡了一觉，到家洗完澡就高高兴兴地摆出几辆玩具汽车，嘟嘟嚷嚷地自己玩起来。平时安妮塔上班、下班之后他一定要缠着她跟他玩儿，今天不一样，可能是上午在一起已经满足了他的需要，这会儿他就愿意自己玩儿了。安妮塔洗完澡觉得有点冷，就拿了个外套走到儿子身后，一边说"穿上这个吧"，一边拿过正在埋头玩耍的儿子的胳膊往袖子里塞，想赶紧让他穿上接着玩儿，没想到，这个举动捅了马蜂窝。儿子一甩胳膊说道："我不穿！我就不穿！"停了一下，拿起一辆公共汽车，举起来说："我摔了它"，说完，使劲地摔在地上，又拿起一辆遥控车，说："我不要了，我摔了它！"说完，又使劲地摔在地上，接着是一辆轿车，当第四辆车落地之后，安妮塔把他搂到了怀里，说："你生气了，是不是因为妈妈给你穿衣服了？"他说："是。""那么，宝贝，妈妈知道了，妈妈以后不再强迫你了。"听了妈妈的话，儿子立刻高兴起来，继续玩自己的汽车。安妮塔想着当时的情形，突然明白了：儿子脾气大了，很大一部分原因是因为儿子长大了，他越来越有自己的主意了。

您是否和安妮塔一样，有着同样的感受——孩子渐渐长大，脾气却越来越大。

您是否在某一天，和往日一样，一边吃饭，一边习惯性地把您认为好吃的菜往女儿的饭碗里夹。没想到女儿忽然说："妈妈，你不要再给我夹菜了，我和你的口味不一样，你就让我自己来吧！"

如果是，请您试着想想您对自己的孩子是否给予了足够的尊重。因为，孩子的长大不是问题的关键，问题的关键在于您与孩子的交往方式已经不适合您的孩子了。您忽略了一个简单而重要的道理：不管多大的孩子，都是独立的人，父母与孩子应该平等相处，互相尊重。

也许有的父母会说："我们一切都迁就他，把他当成家里的中心，我们对孩子太尊重了！"这种"太尊重"很难让人接受，它是对尊重的误解。尊重孩子应该让他们意识到自己是家庭的一个成员，每一个成员之间是平等的；尊重孩子，首先要把孩子看作一个独立的人，有着自己的意愿和人生道路．在他们成年之前，父母可以引导他们，帮助他们辨别是非，培养他们独立思考，学会选择自己的人生目标。

美国幼儿园有份给爸爸妈妈的备忘录，幼儿一入园，老师就给每个父母发了一张备忘录，以孩子的口气提醒父母对待孩子时应该注意的事项。实际上是让为人父母者站在孩子的角度去看问题，要想知道孩子眼中的世界是个什么样子，首先要蹲下来从孩子的高度去看世界。

·别溺爱我。我很清楚地知道，我并不应该得到每一样我所要求的东西，我哭闹不休其实只是在试探你。

·别害怕对我保持公正的态度，这样反倒让我有安全感。

·别给我养成坏习惯，在年幼的此刻，我得依靠你来判断和培养。

·别让我觉得自己比实际的我还渺小，它只会让我假装一副超出我实际年龄的傻样。

·可能的话，尽量不要在人前指出纠正我的错误，我会感到很没面子，进而和你作对，你私下的提醒，效果会更好。

·别让我觉得犯了错就是犯了罪，它会削弱我对人生的希望。

·当我说"我恨你"的时候别往心里去。我恨的绝对不是你，我恨得是你加在我身上的那些压力。

·别过度保护我，怕我无法接受某些"后果"。很多时候，我需要经由痛苦的经历来学习。

·别太在意我的小病痛。有时候，我只是想得到你的注意而已。

·别对我唠叨不休，否则我会装聋作哑。

·别在匆忙中对我允诺。请记住，当你不能信守诺言时，我会难过，也会看轻你以后的许诺。

·我现在还不能把事情解释的很清楚，虽然有时候我看起来挺聪明的。

·别太指望我的诚实，我很容易因为害怕而撒谎。

·请别在管教原则上前后不连贯、不持续。这样会让我疑惑，进而失去对你的信任。

·当我问你问题的时候，请别敷衍我或者拒绝我。否则我终将会停止对你发问，而转向它处寻求答案。

·我害怕的时候，不要觉得我很傻、很可笑。如果你试着去了解，便会发现我当时有多恐怖。

·别对我讲或暗示你永远都正确、无懈可击。当我发现你并非如此的时候，对我将是一个多么大的打击。

·别认为向我道歉是没有尊严的事。一个诚实的道歉，会让我和你更接近，更尊重你，感觉更温暖。

·别忘记我最爱亲自尝试，而不是被你告知结果。

·别忘了我很快就会长大，对你来说和我一起成长是很不容易的事儿，但请你尝试一下吧。

二、透过鼓励、赞美灌输价值观

孩子具有很强的自尊心。孩子就能敏锐地感触到别人对自己的抚爱、鼓励、嘲笑、讽刺及轻视。于是常常以甜笑、撒娇、发怒、任性、固执、不听大人的摆弄来反映他们内心的感受。

孩子同时还能特别敏锐地感受到极小的不公平，并过分敏锐地领会到使用体罚手段所包含的侮辱性意义。孩子对体罚经常进行"反抗"，采取的方式是不听话、任性和违拗。

而受赞美的孩子，会感到倍受尊重，进而能激起他们内在的自我价值和尊严感。每个孩子都该得到这种感觉，这是我们为人父母者的责任。

赞美，不需要刻意去赢得，孩子也不一定需要为了博得赞美而做某些行为。父母只要多留意观察孩子细微的进步，在该鼓励的地方加以鼓励，孩子就会越来越成熟。

如果说责罚是为了帮助孩子纠正错误和缺点，那么激励便是保持和发扬孩子优点的好办法了。正如爱因斯坦所说："最重要的教育方法总是鼓励学生去实际行动。"

1903 年，居里夫妇在提炼化学元素的过程中，取得了举世瞩目的成就，并因此获得了英国伦敦皇家学会的最高荣誉——戴维奖章。这是一枚刻有居里夫妇两人名字的金质奖章，极为珍贵。但是居里夫妇把它作为一份特殊的礼物赠给了年仅 6 岁的女儿。女儿长大后，一直珍藏着这份非同寻常的礼物，并把它作为激励自己为科学事业而献身的一股动力。后来，居里夫人的女儿获得了诺贝尔物理学奖金。

某一杂志曾经连载过世界名流回忆幼年时期的文章，从中看出，这些成功者都有一个共同点，就是在他们小的时候，经常被大人称赞说："你很聪明！""你将来一定能成为一个有出息的人！"

著名的美国将军麦克阿瑟童年时就受着非常严格的家教和非常

热情的来自母亲的激励。因他父亲常年在军中，所有的学习及人格观念的养成，便都来自母亲。这位母亲每晚照顾孩子上床时，都会在麦克阿瑟耳边说："你将来长大要做个大人物。"有时会强调："要像你爸爸或是劳勃将军。"其实，麦克阿瑟的父亲跟劳勃将军在战场上互相对抗。这一点，母亲不在乎，她告诉麦克阿瑟，只要为了自己的国家打漂亮的仗，就够了。

麦克阿瑟念军校时，母亲为了督促他上进，特地搬到学校附近的旅舍居住，这样，她晚上就可以望见儿子房中的灯光，而儿子在她的激励下自然勤奋异常。

由此可见，父母的激励对孩子是多么重要。

1. 孩子有进步，就该受到鼓励

德国一个家庭野餐，几个青少年一起打羽毛球，双方你来我往，战况激烈，笑声不断。12 岁的里思特把球拍交给 5 岁的妹妹，并抱她坐在肩膀上一起应战。和大孩子一起打球，妹妹高兴得尖叫，有时候也能还击几球呢。

这群孩子一起回来喝汽水时，里思特的妈妈小声对他说："你是一个很会照顾妹妹的好哥哥。"里思特耸耸肩，加入其他同伴，但脸上带着一抹隐藏不了的羞涩微笑。他明白妈妈赞美他对妹妹好，这种感觉将永远珍藏在他心底，成为难忘的回忆。

即使是在孩子最糟的日子里，我们仍可找出他们值得赞赏的言行来，特别是那些令人受惠的疑问句。

在一个美国家庭中，4 岁大的弗瑞德和 1 岁多的弟弟约瑟在卧室里玩，忽然一阵混乱的哭声和尖叫取代了先前的平静。妈妈跑到卧室门口问："发生了什么事？"

"约瑟抢走了我的卡车！"弗瑞德泪流满面地回答，手里紧握着一辆金属拖车，这次妈妈决定快速处理"谁先动手，谁先拿走谁的玩具"这些老问题。所以妈妈问："你不希望约瑟和你一起玩卡车？"

"对，他太小了，"弗瑞德强调，"他会受伤。"语气温和了一些。

妈妈觉得弗瑞德说到了问题重点。那卡车是金属材质，比较适合给大孩子玩。"很高兴你关心弟弟。"妈妈说，"你还有其他玩具可以和弟弟一起玩吗？"

弗瑞德瞄了房间一眼，看到一辆木制卡车。他把金属卡车交给妈妈，谨慎地转移目光："我想，弟弟会喜欢玩这个。"然后把车交给弟弟。

约瑟笑了，开始玩起这辆车。弗瑞德也带着骄傲的心情，再度回到玩具堆里。虽然刚刚有点冲突，可是他表现了大哥哥应有的风范。

弗瑞德声称关心弟弟的安全，可能是不愿意弟弟碰他的玩具，也可能不是。不过这都没关系，重要的是他表现出了做哥哥的风范，充任了问题的解决者，并防范了弟弟发生危险。这对他是一次正面的经验。妈妈相信他已尽力做到最好了，弟弟也这么觉得。我们应酿造一种环境与气氛，让孩子知道我们相信和期待，他们能做得比自己期待的还好。

工作做好了得到赞美是很自然的事，同样，孩子只要有一点点的进步，也该受到鼓励和赞美。不过，要求一个3岁的孩子在任何时候都对她邻居刚出生的宝宝好，就有点难了。所以当她心情不错，和那宝宝坐在车上，轻轻拍着宝宝的手或逗他发笑时，你可以抓住机会，对她说："看他被你逗得好开心哪！"妈妈的注意，令孩子感到开心，更觉得骄傲。

我们也可以透过鼓励，帮助孩子达到目的。有许多可行的方法，有时在他们被打败前先伸出援手，有时就此旁观让他们自行解决问题。不管怎样，几句关心的话，轻拍他的背，或适时的建议等，都会让孩子倍觉温馨。

当孩子遇到挫折感到灰心时，我们应针对他们曾计划完成的事，或所遇到的困难提供建议，而不是一味地指责他们的失败。

5岁的纳桑正在用积木盖城堡，虽然他用尽心力堆砌，城堡仍一下子就垮了，他的眼泪扑簌簌地掉下来。此时，爸爸即时鼓励他："我看到你刚才盖了一栋好高的城堡，几乎和你一样高。要不要我帮忙一起盖一栋更高的?"在他们一起盖积木时,爸爸趁机教了他许多技巧,使城堡更为坚固。纳桑很高兴自己受到重视,更高兴学会了盖城堡的方法,相信以后他的积木会盖得更好。

简单的赞美不如加点鼓励。14岁的苏西正在撰写一份有关英国礼拜堂巫术审判的历史报告。爸爸很高兴见到女儿用心地收集各方资料,可是为了这份报告,女儿已被整整折腾了两天。

"看你,收集太多资料了。"爸爸对女儿说。

苏西回答:"是啊,真不晓得该怎么将它们综合起来。"

"这些资料中,哪些是你最需要的?"爸爸问,"你何不先集中于所需要的,时间够的话,再回头来补充其他的?"

苏西抬头,以充满兴趣的眼神看着爸爸,"这3本书的内容最为适合,"她说话的语气中轻松带点兴奋,"其他的就先搁一旁吧。"

爸爸恰到好处地给予苏西一些帮助,因为他注意到女儿在时间把握上出了问题。这类帮助远比一句漠不关心的"做得好"有用得多。

2. 多留意到孩子的优点

5岁的杰克琳为爸妈铺床,想给他们一个惊喜。她跑过来拉过去,费了好大的劲儿才把床单铺好。妈妈和爸爸谢谢她:"做得真好!你帮了我们很大的忙!"杰克琳高高兴兴地离开去玩后,爸爸走到床边,用手拉拉床角。

"别动这张床啦!"妈妈微笑着提醒,"女儿的行为需要我们多加赞赏,别动它吧!"

"你说的对!"爸爸同意。他发觉赏识女儿的行为,比实际上她所做的更为重要。

你曾经贴备忘条在闹钟、镜子或门上吗?你发现你也和其他人一样,贴了却不曾再看它们一眼吗?同样的,有时候我们会停止去了解孩子。我们想尽办法追求无数的欲望,却忘了孩子的存在。送他们去上学,为他们做晚餐,监督他们的行动,却疏于和他们聊聊心里的话。

　　"赏识"的意思是"重新、再一次认识"。孩子成长、改变的很快，好像前几天才刚刚出生，一转眼就变成青少年了，孩子已经和我们的肩膀一样高了，而我们竟是如此之忙，忙得错过他们这段成长期。我们好想回到他们小的时候，重新认识他们。

　　赏识孩子并不难，只要用点心，就能多留意到孩子的优点。我们的留意，让孩子感到舒服、有精力，并能鼓舞他们。

　　一个秋天的午后，4岁的艾莎拉着妈妈的袖子走在公园里。走着走着，她问："我可以去那边玩吗？我想去捡掉下来的叶子。"

　　"可是亲爱的，叶子很湿，会把你的衣服也弄湿，而且我觉得你已经捡得够多了。"

　　"我没有那一种嘛！加上那一种，我的收集本就多一种了。"艾莎很坚持。

　　妈妈低下头，惊讶地看着女儿。她晓得艾莎在捡树叶，却不知道她是为了放进收集本中。小女儿的想法似乎已不在她的想象范围内了。她停下来，夸奖艾莎手里的树叶，也看着女儿跑去捡老橡树的树叶。回家途中，妈妈教女儿认识树叶的名称，以及每片叶子的颜色和形状。

　　如果我们花时间了解孩子在想什么，听他们说些什么，看他们做了什么，并了解他们的感受。那么，当他们努力学习并完成目标时，我们会比较容易尊重他们的奋斗和成功。同时，它有助于我们决定，何时该让他们自己去奋斗，何时该伸出援手帮助他们。

　　孩子们缺少的不是"爱"，而是发现。安妮只有5岁，但是父亲经常对她提出严格的要求和批评，安妮觉得非常丧气，所以每次爸爸对她讲有什么事情做得不对，或应该做得更好时她总是拉长了脸，心里想反正自己是个笨蛋，蠢得要命，从来没有做对过任何事情。她会站在那里，低下头，眼睛盯着她的双脚，沮丧极了，看起来像是世界上最失败的孩子。

　　不久，母亲来到了她的身边。母亲可和父亲迥然不同，她总是对安妮露出笑容说："你很乖！"

　　有了妈妈的鼓励，安妮判若两人，小学三年级时，就学会了生火煮饭；四年级学会煎蛋、炒菜，就连读书，也总是不让爸爸、妈妈操心。安妮最在意的是有没有得到赞美，如果有，她会尽全力让爸爸、妈妈高兴。

其实，小时候的一次表扬，很可能改变一个人的成长轨迹。让我们不再吝惜赞美之词，肯定孩子的长处，放大孩子的优点，树立孩子的自信，让肯定和赏识成为开发孩子创造力、加速孩子成长的催化剂，使孩子在肯定和赏识中变得越来越好。

父母善于放大孩子的优点，就能有效促进孩子认识到自己的潜力，不断发展各种能力，成为生活中的成功者。孩子树立了自信心，对自己有了正确的认识，就不会终日怀疑自己，怀疑自己的能力与价值。

父母善于放大孩子的优点，就是让孩子确信他的幸福掌握在自己手里、成功是自己努力的结果，给孩子机会让他们自行选择、决定，使之看到正确结果，这才是培养和锻炼孩子成长成才的正确方法。

善于放大孩子的优点有一种无穷的力量。它催人奋进，能开阔失败者前进的空间，不断激励胜利者昂扬的斗志。它往往在给人信心的同时也就会催生一个人才，创造一个奇迹。

3. 过多夸奖，反成负担

美国哥伦比亚大学的一项研究表明，那些过多地被夸奖智力聪明的孩子可能会回避新的挑战。

在这项研究中，研究者让幼儿园的孩子们解决一些非语言性的难题。然后，对一半的孩子这样说："你们答对了8道题，你们很聪明。"对另外一半的孩子则换了一种说法："你们答对了8道题，你们确实付出了很大的努力了。"紧接着，给这些孩子两种任务让他们自己选择：一种是他们在完成的时候可能出一些差错，但是最终能够从中学到一些非常重要的新的东西；另一种是他们有把握能够做得非常好的。结果是三分之二的被夸奖聪明的孩子选择容易完成的那种任务，因为他们不想冒出任何差错的风险；与此相比，被夸奖付出努力的那些孩子中的90%选择了具有挑战性的能够学到新事物的那种任务。

在哥伦比亚大学的另一项实验中，盖兹和匹斯兰德两位教授，针对"奖惩在学习上的效果"做了一项心理实验。

他们两人经由随机取样，在某校挑选了一些学生进行测验。他们先把这些学生分成 A、B、C 三组，然后举行考试。隔了三天之后，再举行同样的考试。不同的是，在第二次考试之前，先对 A 组学生加以奖励，称赞他们考得很好；而给予 B 组惩罚，责怪他们没有考好；至于 C 组学生，则不给予奖励，也不给予惩罚。实验结果发现，受到奖励的 A 组，第二次考试的成绩最好，其次是受到惩罚的 B 组，没有受到奖惩的 C 组反而考得最糟。

这两项心理实验让我们知道，惩罚同样能让孩子进步。而不恰当的夸奖也能使孩子退步。

总是夸奖孩子的一个缺陷是：随着时间的推移，孩子会开始把好的结果与脑子聪明画等号，如果他把事情做的很好他就只认为是他聪明罢了。一旦他受到了挫折，他将很可能为此断定"我并不聪明"，随后他也失去了学习的兴趣。

那么，怎样夸奖才会达到激励孩子的目的呢？最好的做法是，了解孩子做事情的过程，把孩子的良苦用心和艰难努力都看在眼里，然后再夸奖孩子。

（1）精神鼓励为主

父母在鼓励孩子好好学习、参加劳动和社会实践等活动时，还是要以精神鼓励为主，要让孩子懂得学习好、积极参加劳动、社会实践和科技活动是应该的，是自己应有的责任。同时，给予一定的鼓励性评价或表扬，切忌以物质奖励加以刺激，否则会诱发孩子对外加报酬的过分要求，进而攀比。如是这样，其负面效应不可小视。诚然，这并不排斥必要的物质奖励。需要指出的是，有些父母把为孩子购买衣服、鞋子、学习用品等为奖励内容，这种做法未必妥当。因为为孩子购衣添物，这是做父母的应有责任和义务。难道孩子不尽如人意，父母就可以不给孩子解决基本生活和学习用品了吗？这样做，反而会造成孩子反感、漠视父母的奖励。

（2）父母要努力探索奖励技巧

据说，20 世纪初在美国有一位姑娘，毕业后当了一名女教师。她长得很美，走到哪里，那里的人就会为她眼睛一亮。好的学生，特别是男学生，更希望得到她的喜爱和重视。女教师十分喜欢班上一个名叫罗斯的小男孩，因为他学习成绩突出，而且很守纪律。老师便安排他在毕业典礼上致辞，并亲吻他，祝愿他走向成功之路。可是，这一吻却引起了一位比罗斯低一年级的小同学的妒忌，他觉得自己也应该让老师吻一下。他便对老师说："我也要得到你的一个吻。"老师很惊讶，问他为什么。小男孩说："我觉得自己不比罗斯差。"女教师听了，微微地笑着，摸摸他的头说："可是，罗斯的成绩很好，而且很守纪律。"女教师接着说："如果你能和罗斯一样出色，我也会奖你一个吻。"小男孩说："那咱们一言为定。"小男孩为了得到老师的那个吻，发奋学习，不多时，他的成绩提高很快，而且全面发展。全校都知道这个小男孩很出色。他真的得到了那个美丽的女教师的一个吻。这个小男孩就是后来的美国总统亨利·杜鲁门。更富有传奇色彩的是，当年那个叫罗斯的小男孩长大后也进了白宫，成了杜鲁门的助手，负责总统的文字出版工作。

这则故事对父母有着莫大启示：女教师伟大的一吻，激励两个小孩成为杰出人才，其激发力远远胜过物质上的重赏。重要的是，她懂得孩子的心理需要，巧妙地运用了奖励技巧。所以，如何奖励，值得探索，其中大有奥妙。

三、"严"中有"爱"，"爱"中有"严"

很多父母以为，孩子开始上学就表示孩子已经懂事了，事实上，许多低年级的孩子，心智成长仍然停留在幼儿阶段，因此对于年龄小的孩子，鼓励的次数要多，而且要将鼓励的原因和具体的行为告诉他们。例如当你发现孩子今天表现得不错时，不能只是说"嗯，你今天表现得不错""很好"而是要清楚地告诉他"你今天没有和哥哥抢东西，又能自动把玩具收好，妈妈很高兴！"或是告诉他"你今天没有把衣服弄脏，而且又很快把习题写完，很好哦！"这种清楚而具体的奖励方式，才能使孩子了解什么是良好的行为、什么行为是父母所期望的。

此外，要特别提醒父母的是，低年级的孩子通常没有很清楚的是非概念，他们会一再重复曾经被挨骂或被夸奖的事情，而且他们都认为自己是好孩子、是对的。因此，父母对于孩子的良好行为，必须当场给予鼓励，而且不断地重复，使孩子产生"这样做才是好孩子"的意识，进而才能渐渐地朝着这些行为去发展。

对于这种缺点较多的孩子，父母除了经常提醒他的优点外，还可以为他制造"获得鼓励的机会"，也就是除了根据事实给予鼓励外，附带地给予孩子其他方面的建议，使他产生某种自觉，而朝好的方面去发展。例如孩子不爱整洁，常把周遭的东西弄得乱七八糟，可是却对美劳很感兴趣时，父母除了夸赞他的美劳外，还可鼓励孩子：何不设计一个漂亮的百宝箱，既可以放许多东西，还可以美化书桌！这种利用孩子的兴趣（或优点），鼓励孩子去改变其他缺点的方式，会比正面的责骂更为有效，同时孩子不断地获得父母的鼓励，也较容易对自己产生信心。

1. 把热爱和严格要求结合起来

不少父母认为，既然是管教，就必须采取训导的方式，于是批评、指责、规劝整日不断。父母刻板、乏味、重复的说教模式，根本不给孩子思考和理解的时间，也不让孩子表达自己的意见。这种管教方式不但收不到正面的教育效果，还必然会带来一系列的消极后果。时间一长，孩子的逆反心理表现得越来越强烈，并可能在心理上形成这样的三步曲："不满——麻木——反抗"，虽然多数的反抗是以沉默的方式出现的。

父母应该明白，每一个人都希望别人尊敬自己，孩子在家中也必然有这种心情，父母只有尊重子女，以人为本，所说的话孩子才会听，管教才可能奏效。有时父母没把事情搞清，就训斥孩子，并以势压人不让孩子说话。其实，许多情况下，孩子往往没有错。父母在向孩子表达自己的意见和看法时，应当在乎气的气氛中，以交谈的方式来进行。只有两代人感情上的沟通，才能达到管教的目的，才能实现把孩子培养成为有用之材的愿望。

在西方父母看来，对孩子使用惩罚前，自己应先回答以下10个问题：

①这个惩罚能改变孩子目前的不良行为举止吗？

②对孩子实施惩罚时，我在生气吗？我是在报复吗？

③这个惩罚使我的孩子感到羞辱或窘迫吗？

④我不生气时，还会不会对孩子实施惩罚？

⑤我是不是先尝试过肯定性的补救措施？

⑥我的这个惩罚能不能教会孩子掌握良好行为方式的技巧？

⑦这个惩罚可以减少以后实施惩罚的必要性吗？

⑧这个惩罚是计划的一部分吗？

⑨我是不是出于冲动在对孩子实施惩罚？

⑩我对孩子的惩罚是始终一致的吗？

西方父母之所以这样做，是因为在他们看来，惩罚孩子可能会带来以下10个负面效应，所以要特别慎重。

①把孩子的注意力引向不良行为举止。

②给孩子制造不愉快的感觉，比如愤怒。

③导致孩子的失败感。

④对孩子的自尊有负面的影响。

⑤削弱孩子的自信。

⑥不能教会孩子信任，而是教会孩子恐惧。

⑦可能导致孩子绝望。

⑧可能会使家庭成员之间的关系疏远。

⑨使孩子没有勇气和父母交谈。

⑩会使孩子对其他人更苛刻。

鉴于以上原因，西方父母在教育孩子时很少使用惩罚。但是，仅有爱是不能培养和教育出优秀的孩子来的，只有把热爱和严格要求结合起来才能促进孩子茁壮成长。西方人认为，做父母的不应该受盲目的爱所支配，要"严"中有"爱"，"爱"中有"严"。严格要求并不意味着对孩子态度严厉、动辄打骂训斥，而是要做到以合情合理为前提。

西方心理学家撰文提出训子十戒，希望对中国父母有参考作用：

（1）称赞与挑剔

父母为了鼓励子女，事无大小都大加赞赏，有时反而会弄巧成拙。心理治疗师詹姆斯·温德尔说："惯于受父母称赞的孩子，做事往往不是为了让自己满意，而是为了博得别人的赞赏。"这类孩子即使做日常家务也期望别人盛赞，没人赞赏似乎就难以把事情做好。

过分挑剔也有害无益。温德尔说："光是指责孩子怎样不对，也许只会导致孩子不断犯错。"赞赏和管教的比例应为3：1。比例过高，赞赏就显得虚伪夸大；比例太低，则显得挑剔过甚了。总之，称赞孩子要实事求是。一般来说，一句"谢谢！"也够了。

（2）把孩子当小大人看待

孩子并不总是大人想象中的那么顽皮和淘气，他们也有的自觉、自治的一面。适当放放权，他们完全有能力管好自己。别总把孩子当孩子，有时候，家长把孩子当大人看，孩子就会成为小大人。

（3）情绪失控

几个孩子大的在争吵、小的在嘀咕，你突然大声尖叫，一时止住了孩子吵闹，但你自己也失去了控制。恢复冷静之后，你就弯下身来直视着孩子，以严肃的口吻告诉他应该怎样做。怒气其实可以避免。要是孩子容易在傍晚时分闹脾气，可以为他安排安静的活动，准备一些有益健康的茶点。

（4）教育手法一成不变

孩子7岁了，你也许发觉墙角罚站的办法已难以奏效，可是因专家说过管教方式不可朝令夕改，你不敢贸然改变对策。

但不可朝令夕改也不等于一成不变。温德尔说："以往有效的办法不一定永远有效。"家庭与婚姻问题专家说，管教孩子要因时制宜，灵活运用各种技巧。如：隔离、撤销权利（如限制看电视）、置之不理。

（5）不分大小轻重

有些办法对性情温和的孩子适用，对性情暴躁的孩子则未必。

（6）处罚过犹不及

孩子犯了错而你不加管教，就难以让他从错误中吸取教训。温德尔说："只要能够公平，不苛刻，处罚孩子并无不妥。"

（7）以心理医生自居

施米特医生说："有的父亲不愿喋喋不休教训孩子，以免影响相处的乐趣，因此孩子怎样闹都由他。但即使是难得一次的郊游，孩子也要守规矩，例如不得揪头发、损坏玩具、乱丢食物等。"父母语气坚定才能使孩子听话。

（8）滥用奖励

温德尔说："用奖励方式制止孩子顽皮，无异于贿赂。这样做也等于暗示父母定下的规矩是多余的。"

孩子做对了再给予奖励，才是正确做法。应该帮助孩子体会到：有了好表现，也可从中得到满足感。

（9）父母意见分歧

父母如果对于管教子女意见分歧，被孩子听见，定会有无所适从之感。

管教孩子，父母必须齐心。若意见不同，应该私下协调，对于大原则彼此意见应一致。父母任何一方对某一规矩坚持的时候，另一方不妨让步。父母也可以分管不同的范围。

（10）认定错在子女，应对事不对人

避免用"总是"和"向来不"之类的字眼。要孩子改正，就要明确表示。

孩子一旦遇到什么难题，应该先听他的意见。专家认为，"你要是能够体谅他，他就能平心静气，客观地分析自己的处境"。孩子只要知道你是在为他着想，就能循规蹈矩了。

2. 训斥孩子的方法必须正确

训斥又叫叱责、责骂，确实是管教孩子的一种方法。但是怎样责骂却大有学问。因为简单、粗暴的叱责，不但不能使孩子心服，感受到父母对他们的关怀，反而易引起孩子的反抗。这种叛逆心理一旦形成，就会造成父母和子女间的隔阂和冲突。

在生活中我们也常常会发现一种情况，那就是大人责骂孩子时，孩子根本就不理会。他既不顶嘴也不反抗，但就是不听，你骂你的，他做他的，日积月累，结果孩子越变越坏。如此种种，是不是说，父母就不要责骂或叱责孩子了呢？当然不是。因为孩子毕竟是孩子，他不懂事，难免闯祸做错事，需要大人的教导，也需要叱责。否则，孩子就会在错误的道路上越滑越远。

美国著名儿童心理学家曾对父母的责骂是否对孩子成长有所影响进行过研究，他把父母责骂孩子的不良态度分为下列几种，并且举出了一些会使孩子变坏的责骂方式：

难听的字眼——蠢货、骗子、不中用的东西。

侮辱——你简直是个饭桶！垃圾！废物！

非难——叫你不要做，你还是要做，真是不可救药！

压制——不要强词夺理，我不会听你的狡辩！

强迫——我说不行就不行！

威胁——你再不学好，妈就不理你了！你就给我滚出去！

央求——我求你不要再这样做了，行吧？

贿赂——只要你听话，我就给你买一辆自行车。

挖苦——洗碗，你就打烂碗；真能干，将来还要成大事哩！

这种恶言恶语，强迫、威胁，甚至挖苦，都是一个年轻母亲在气急了的时候，恨铁不成钢的情况下，训斥子女时常采用的方法。但是，他们通常也是最不能为孩子，尤其是有些反抗性或自尊心强的孩子所接受的。他们不但不能把孩子教好，反而只会把事情弄僵，在不知不觉中给予孩子不良的影响。

恐怕每个当父母的都训斥过孩子，而每个孩子也都受过父母训斥。能不能训斥孩子，这是个值得探讨的理论问题；至于怎样的训斥最有效，则是每个父母都想知道，也应该知道的实际问题。训斥孩子可以归纳出三条原则：

首先，要肯定孩子们的人格。作父母的一般常认为孩子小，尚未成人，谈不上什么人格。这是极端错误的。孩子是有其自身的人格和自尊心的。只有承认且尊重他的人格时，叱责和责备才会为孩子所接受。否则，孩子不会乖乖地听父母的话。

其次，必须让孩子明白自己为什么挨骂，错在哪里？如果孩子明白了自己的错误，而且有所醒悟，就可不必再追究。因为父母斥责的目的也就是要让孩子知道、认识自己的过失。否则一味地责备只会伤害孩子的自尊心，而引起相反的效果。

此外，告诫孩子不要重犯。与此同时，父母还可以把自己的想法和正确的做法告诉孩子，由孩子自己决定一些原则，具体的做法还可因人、因地而异。

父母训斥孩子的做法可以是：

（1）做危险事狠狠训斥

年幼的孩子不懂事，又充满着好奇心，常会干一些会危及生命的蠢事。如去拧煤气开关、碰电源插头、在马路上乱跑、玩剪子、玩火，等等。逢到这种情况，必须严加训斥，必要时可以打那不知好歹的手，使孩子牢牢记住以后不能再做这种危险的事。对年龄大一点的儿童可以作些简单明了的解释。

（2）做了坏事立时训斥

孩子做了不该做的事，父母一旦发现，应当场训斥，这对年幼的他尤为必要。不要隔半天一天再加训斥，孩子可能已将事情淡忘，弄不清为什么训斥他。

（3）做到有节制地训斥

有的父母对孩子的训斥简直成了家常便饭，动辄就训斥，想到了就训斥，甚至一件事没完没了地训斥。这种做法不仅会使孩子对训斥感到疲沓，还可能出现反感情绪。明智的做法是训斥直截了当、明确利索，绝不要无休止地唠叨。

（4）头脑冷静理智地训斥

训戒孩子时，应力持冷静沉着，切忌情绪冲动，尤忌借训斥以泄愤。有的父母看到孩子淘气，说不了两句话，就头脑热起来，大喊大叫，感情十分冲动。这时的训斥不是说粗话脏话，就是动手打，其实训斥只是教育的一种手段，让孩子分辨是非，认识错误才是目的。借孩子的错误来发泄个人的不满更不足取。

（5）不要饭前、睡前训斥

年幼的孩子有两个时间逃离不了父母的惩罚。一是吃饭时，一是睡觉时。一般上班的父母也只有在这两个时间才能与孩子在一起。这两个时间对孩子来说原本是最开心的时间。父母把这种时间作为训斥孩子的好时机对孩子的身心发展极为不利。据研究，经常在饭前、睡觉前受惩罚的孩子，一般食欲不振，睡眠不良，总是每天带着恐慌和不安来到饭桌和床边。

（6）在肯定基础上训斥

前苏联心理学家雅科布松有个实验。如果一个孩子分玩具，给自己分得最多。一种方式是让孩子自己对照标准批评自己，另一种方式是别的孩子批评他，第三种方式是肯定他是个好孩子，只是要他自己说出这一件事没做对。结果第三种方式取得的效果最好。父母在训斥孩子时也应注意不能全盘否定孩子，应首先让他感到自己还是个好孩子，改掉这一错误行为就会更好。

（7）先蹲下来再作训斥

有的孩子，被父母责骂，养成不听从甚至反抗的习惯。通常是：你站着，疾言厉色地讲他、骂他，而他则站在另一边，抬起头来看你的脸，听你在骂他，或者他玩他的，不当你一回事。这时候父母见他无动于衷，有时会被激怒了。这其中就有一种反抗心理在作祟。一方面，孩子已习惯你这样事无大小，出口必骂；另一方面，他不满意你这样"居高临下"，不平等地和他说话。他干脆敷衍你，或者是大哭一场，或者只当作耳边风。这时候，你就应该改变态度了。首先，你得蹲下来，然后向他招手，唤他过来，走到你跟前。这种郑重其事的姿势，把你的头部"摆"得和他的一样高，具有"平等"的意味，当你教训他时，他就会句句入耳了。

3. 绝不可以对其滥加体罚

当孩子犯了错误，父母绝不可以对其滥加体罚，正确的方式是孩子自己为犯的错承担责任，以此让他们认识到错误，自己进行行为管理。

在美国，父母不准体罚孩子，如果父母体罚孩子则有可能丧失对孩子的监护权。但是，并非所有的父母都不打孩子。在教育中，适当的惩戒是必要的，然而，在惩戒之前，有一个原则必须遵从，那就是——惩戒的同时必须保留孩子的尊严。

美国《芝加哥快报》的编辑总监道格拉斯与妻子芭芭拉在女儿琼妮4岁时离婚了，孩子由他抚养。他和女儿多次探讨什么是人的最宝贵的品质。琼妮5岁时，一天她把幼稚园里的拼图游戏板偷偷带回家。道格拉斯发现孩子撒谎后，就让她把玩具送回到幼稚园，并当面向老师道歉。回家后，让她选择惩罚内容：一是一个星期内不能吃冰淇淋；二是取消周日下午在中央公园的滑草游戏和野餐；三是在屁股上狠揍两巴掌。最后，女儿决定接受第三种惩罚。

于是，道格拉斯给前妻芭芭拉打电话，请她回来当见证人。此事过后一个星期，道格拉斯因为工作一直忙到凌晨3点。早晨8点闹钟响时，他没起来，过了半个小时，女儿穿戴整齐地来到他的床前，说再不起床就赶不上幼稚园的班车了。结果，他们迟到了。园长微笑地问琼妮为什么迟到。道格拉斯找了个借口。琼妮却大叫是爸爸贪睡。道格拉斯很尴尬，向园长做了解释后又对女儿道歉。女儿说："我接受你的道歉，但是你因为撒谎也必须接受惩罚。你现在有两个惩罚方式可以选择：一是取消本周末与辛蒂小姐的约会（辛蒂小姐是道格拉斯刚认识的女友）；二是接受'肉刑'。"道格拉斯说，芭芭拉出差去了，没人当见证人。这时，幼稚园园长出面了，说她愿意出任本次"肉刑"的见证人。最后，道格拉斯向他的女儿——一个年仅5岁的小孩撅起了屁股……

惩罚应该是平等的，是建立在对孩子尊重的基础上的。倘若要让孩子认同什么是错的，当父母自己犯了同样的错误时，也不应该对自己姑息。

世界各国对待体罚的态度有较大分歧，大体分三类。第一类国家完全禁止体罚，其中包括奥地利、芬兰、德国、挪威、瑞典、丹麦、冰岛、乌克兰和罗马尼亚。

第二类国家也禁止体罚学生，但要求恢复体罚的呼声越来越强烈。如日本、英国，其中英国甚至在完全禁体罚后又重开禁。

第三类国家允许体罚，这些国家包括新加坡、澳大利亚、韩国、美国。其中，美国有21个州在法律上保护教育工作者对学生进行体罚的合法性。

在美国，如果小孩子真犯了错，对孩子处罚的方式有多种多样。常采用的是关禁闭。这对小孩来说是非常严厉的。禁闭期间，不能看电视、打游戏、出去玩，除吃饭外，必须待在自己房里。

其次是罚他做家务，或者是干点别的事情。譬如，弟弟偶尔朝他姐姐发脾气，父母则仅让弟弟向姐姐道歉，或是让他独自待一会儿。如果弟弟屡犯，为了让他吸取教训，父母会让姐姐选择让她的弟弟帮她做事，比如帮她打扫房间。这样做能让姐姐觉得自己不是只能在那受气。同时，这样也能让弟弟好好思考自己的行为。这样的事发生过几次之后，弟弟自然就不再朝姐姐发脾气了。

当孩子差不多能阅读、写字的时候，如果做错了事，父母一般会叫他们坐下来抄写百科全书或与道德、纪律、规矩等相关的书籍，需要抄多少页则由他们的过失大小决定。等抄写好了，孩子们还要告诉父母自己学到了什么。

慎用体罚，能用其他方式解决问题的，尽量用其他方式。任何一种惩罚方式都不能滥用，否则就不灵了，体罚是如此。更为严重的是，滥用或不正确的体罚会使孩子很快学会攻击性行为，认为只有暴力才能解决问题。

（1）体罚要明理

体罚是为了让孩子明白什么该做，什么不该做，而不是父母盛怒之下泄愤的方式。父母在体罚孩子时，自己千万不能生气，必须心平气和，脸上是严肃的，心里是慈爱的，把体罚作为一种教育方式。在体罚过程中让孩子知道应该怎么做就可以了。如果你自己处于暴怒的状态，那么你就没有资格教育孩子，首先需要教育的是你自己。

（2）体罚的年龄要适度

每个孩子的发展程度各不相同，就一般而言，1岁半以内的婴儿非常脆弱，是绝对不可进行体罚的，1岁半到三岁是比较危险的年龄，既喜欢探索，又不懂危险，讲道理他又不懂。例如，孩子去摸电源插座等危险的东西，你说"不可以"或转移他的注意力，他仍继续伸手去摸。这时就不得不敲疼他的手，给他个教训。一点疼痛的滋味会给他留下深刻的印象，他就记住了。3、4岁以后渐渐懂得道理了就应尽量减少体罚，到了6、7岁就应该完全停止。因为孩子到了6岁以后，独立自主的意识有了较好的发展，自尊心较强，这时的体罚容易伤害自尊心和影响人格的健康发展。

（3）体罚的工具要恰当

不要直接用手打孩子。人的手是用来抚摸孩子，表达爱意的。你可以借助竹片或木条等体罚工具，但手势的轻重一定要控制好。教育的目的达到了，孩子记住不犯了，就适可而止。

4. 用临时隔离终止不良行为

有时孩子会令父母很生气。他们懒惰、犯错误，或干出一些糊涂、淘气和缺少礼貌的事，但是做父母的不加思索粗暴地处理，通常起不到具有实质性的效果，有时，甚至会适得其反。孩子确需管教，但怎样才能使他们具备良好的礼仪呢？怎样培养出性情活泼而又举止端庄的孩子呢？

让我们来看看美国的妈妈们是如何对待犯了错的孩子的，美国的妈妈们对犯了错的孩子通常的惩罚是"回自己屋子去"。据说，这种"隔离法"还挺管用，调皮的孩子出来后至少会"老实"一些，最后慢慢形成好的礼仪习惯。

"隔离法"的主要对象是出现不良行为的孩子。这种方法其实很简单，就是暂时终止孩子的活动。这种方法的主要优点是：能够较短时间内有效地终止孩子的某些不良行为，而且父母简单易学，可以随时方便地进行运用。有一点非常重要：这种方法能够让父母很好地控制自己的情绪，成为孩子理性行动的榜样。对孩子来说，这种方法既不会对孩子的身体造成任何伤害，也不会伤害孩子的感情。

让我们先来看下面的例子：一个小孩，只有三岁，一天，他用积木砸他的小客人。

妈妈看到后说："孩子，你不能这样做！你要再这样，我马上对你实行隔离。"

孩子嬉笑着继续扔积木。妈妈走过去，语气坚定地说："因为你用积木砸了小朋友，所以现在我要开始对你实行隔离！"

母亲不再多说什么，抱起他走向屋中间的一张高靠背椅，把他放在上面，并把他手中拿着的积木取下，然后取一个定时器，定好三分钟时间，放在孩子看得见但是手够不着的地方。

孩子自然是满脸不高兴，从椅子上跳下来。妈妈坚定但不粗暴地把他重新抱上椅子，并站在身后监视着他，并把孩子的手交叉摆在其胸前，说："只有你不再跳下椅子，我才会松开你的手。"

孩子企图挣扎了几下，发现无法挣脱，就安静下来，开始掉眼泪。妈妈装作什么都没看见，转身回到自己的房间里做自己的事。

等到定时器一响，妈妈走过去问："你知道为什么妈妈要对你隔离吗？"

孩子不吭声，妈妈说："你这样做是不对的，会把别人打痛的。如果你以后还这样做，妈妈还会对你隔离。不过妈妈希望你下次不这样了。"

孩子跳下椅子走了。这位母亲所使用的方法就是"临时隔离"。这种方法的要点如下：

（1）必须有前提

孩子用积木砸小朋友这个行为，是妈妈对孩子施用"临时隔离法"的前提条件。如果没有这个前提条件，妈妈就不可能对孩子采用这种方法。

按照一般情况，这个行为在孩子的身上是经常出现的。父母在采用这种方法前，应该对孩子的这种攻击性行为进行统计。如果这种行为出现的频率较高，就必须采取必要的措施了。

资料表明，这个孩子经常发生这种行为，所以妈妈把其确定为目标行为。据介绍，妈妈在日历上记录孩子的攻击行为时，孩子好奇地问妈妈在于什么，妈妈告诉了他，记录你的这种不良行为。孩子知道妈妈在注意他自己的行为时，就开始有意识克制自己这种行为，他的攻击性行为开始减少了。

（2）控制好自己的情绪

在实施隔离法时，父母始终很好地控制住自己的情绪，不能因为孩子反抗而大打出手。

父母实施这种方法时，不要发火，也不要吼叫，只需要简短地说明隔离的理由就可以了。有人建议用不超过十个字的话来说明隔离理由，冷静地终止孩子的攻击性行为。而且这位孩子的妈妈是在孩子的行为发生 10 秒钟内实行隔离的，这符合隔离法的及时性原则。

（3）选择合适的隔离地点

实施临时隔离必须选择了合适的地点作为隔离区。

父母要根据孩子年龄的大小，充分考虑安全因素，把隔离地点选在父母完全能够控制的范围之内。如这位父母把地点选择在靠背椅上，就是因为孩子的年龄比较小。

对年龄大一些的孩子，可以选择在卫生间、储藏室、走廊等作为隔离地点。选择地点，总的原则是让孩子感到无聊、单调、枯燥，但又安全的地点，不能让孩子感到恐惧。并且要保证隔离期终止之前的一切游戏和活动。如果家里正在开着电视或录音机，也必须关掉，不能让孩子在被隔离的时候偷着看电视和听音乐。

（4）恰当的时间

隔离时间的长短，一般是"1 岁 1 分钟"。

这位孩子只有 3 岁，所以时间设定为 3 分钟。要让孩子知道，是定时器而不是妈妈决定孩子什么时候停止隔离。所以有铃声而可移动的定时器是隔离法必备的工具。妈妈把定时器放在了孩子够不着的地方，是防止孩子把定时器作为玩具。

（5）父母要若即若离

在隔离期间，父母应该做自己的事而不是一直在旁边看着孩子。

如果父母一直盯着孩子，孩子就觉得自己虽然受到了惩罚，但是同时也引起了父母的注意。虽然这种注意是负面的注意，但是对于孩子来说也会非常在意。事实证明，有的孩子为了得到这种注意而有意干坏事。父母的过分关注常常会降低惩罚效果。

（6）说明原因

隔离结束时，父母要简短地向孩子说明被隔离的原因。

孩子的年龄很小，所以要加深孩子的印象。隔离结束，父母向孩子说明原因可以加深孩子对隔离原因的印象。因为有些孩子年龄太小，常常会忘记被隔离的原因。

孩子受到隔离，一般不会有太好的情绪，所以，父母不要太在意孩子的情绪。孩子被隔离，一般都不会有很好的情绪。

"临时隔离法"可以适用于 2 ~ 12 岁的孩子。这种方法看起来简单，但是常常很有效。因为，在孩子看来，离开伙伴、停止活动，是一种最不能容忍的惩罚。被隔离过的孩子都不愿意再次被隔离。在他们看来，那种滋味是不好受的。

第 七 章

锻炼孩子自主、独立的人格

西方人认为孩子应该自立，很早就培养孩子生活自理能力。因此从 1 岁开始培养婴幼儿自我服务的技能，包括穿衣服、系鞋带、扣纽扣、开拉链、刷牙、洗脸、梳头、吃饭、上厕所等，西方幼儿教育工作者在长期观察和研究的基础上提出 18 至 24 个月大的婴儿能够学会自己用杯子喝水，能够捡起玩具；2~3 岁的婴儿能学会控制大小便，会用叉和勺吃饭，能够比较熟练地穿脱衣服，开合拉链；3~4 岁的幼儿能学会扣纽扣系鞋带，吃饭、洗脸、刷牙等几乎不用成人帮助，5~6 岁幼儿能学会自己洗碗，能够整齐地保管自己的东西，独立性大大增强。

在西方，孩子从小睡小床，稍大后单独一间，从没听说过孩子与父母睡在一起。在孩子日常事务的处理上，父母只帮助孩子做一些在当时的年龄上还无法做到的事情，凡是孩子自己力所能及的事都尽量由孩子自己去完成，自小培养孩子对自己负责任的潜意识。

一、培养他们独立生存的能力

竞争充满着西方整个社会乃至每一个家庭。人人凭本事吃饭，没有人身依附。所以，西方父母虽然都很爱孩子，但为了让孩子长大后能够适应激烈竞争的社会并成为强者，几乎每一位父母都不溺爱儿女，从幼儿起就培养他们独立生存的能力。

　　在西方，无论在哪里，都可看到蹒跚学步的孩子。如果孩子跌倒了，父母一般不会主动跑上前去，弯腰伸手扶起孩子，而只是叫一声"起来"，小孩看到没有大人扶，就只好自己站起来，除非摔得个头破血流。无论在公园里，还是在街头抑或是飞机的过道上，都可以看到小孩在前面摇摇晃晃地走，父母在后跟着跑的惊险镜头。

　　吃饭、行走、睡觉，当孩子初临这人生几件事的时候，西方人随意而顽强地锻炼孩子自主、独立、坚强的性格，敢于让孩子面对困难。

　　很多父母都认为必须从小培养孩子的独立性，但是，对于究竟如何培养孩子的独立性，许多父母又感觉无从着手。

　　我们来看看美国人是如何来教育孩子的吧：

　　在美国，很多孩子从婴儿时期就独居一室，无父母陪护。孩子长到三四岁，有了害怕的心理，父母就给买一种很小很暗的灯，彻夜亮着，以驱逐孩子对黑夜的恐怖。晚上睡觉前父母到孩子房间给孩子一个吻，说句"孩子，我爱你！晚安！做个好梦！"就回自己的卧室了。孩子就抱个布狗熊、布娃娃之类的玩具安然入梦。

　　父母常常让孩子直接面对困难，让孩子经受锻炼。还不到周岁的孩子，父母们就开始让他们自己抓饭吃（因不会用餐具，就用手抓），即使吃得满脸、满身，也要让他们自己吃。所以美国孩子一般到周岁时，已能自己吃得很像样了。

　　在美国，祖孙几代同堂的"大家庭"是罕见的，成年子女厮守在父母身边的极少。孩子中学毕业，就凭自己半工半读求学，如孩子所挣钱不足以交学费，父母可以资助，但以后孩子要偿还。子女从不希望继承父母遗产。成家后，不管多么困难，也不会请父母照料自己的孩子。同样，父母不管多喜欢子孙辈，也不会承担抚养第三代的责任。美国的父母，从小就重视儿童独立精神和独立能力的培养，因此美国儿童都具有较强的独立意识，认为依赖别人是无能的表现，以独立为光荣。

　　一个4岁的美国儿童在弯腰费力地系皮鞋带，一个大孩子看见后想去帮助他，却遭到拒绝。孩子问："你知道我多大了吗？""不知道，但我想你还小。""我已经不小了；我都四岁了。"意思是他已经长大了，系鞋带这类事不需要别人帮助。这孩子身上体现的自主意识在美国是很普遍的。

美国人注重培养孩子的平等意识。走进美国家庭，你会看到各式各样的玩具和儿童读物放在孩子能拿到的地方，墙上门上贴满了孩子们的美术作品。父母很少强求孩子的言行，甚至不强求孩子称呼他们爸妈，孩子们像伙伴似的直呼长辈的名字是很自然的事。父母与孩子说话永远是蹲下来的，他们认为，孩子虽小，但也是独立的人，所以应蹲下来。他们在日常生活中给孩子充分提供参与和表现的机会，无论结果怎样，总是给予认可和赞许。

美国人注重培养孩子的动手能力。美国父母看见孩子在墙上乱画，用嘴咬玩具，拿剪刀和笔在书本、衣服等物品上乱剪乱画，他们会笑嘻嘻的，很高兴孩子学会了某种技能，而不是痛惜某件东西被孩子损坏了，然后他们耐心地告诉孩子一些操作上的技巧和知识。在美国，孩子7~8个月就可坐在特制的桌子前自己抓饭吃，父母不担心孩子弄脏了衣服。

美国人注重培养孩子的创造能力。美国小学在课堂上对孩子从不进行大量的知识灌输，而是想方设法把孩子的眼光引向校园外那个无边无际的知识海洋，他们没有让孩子们死记硬背大量的公式和定理，而是煞费苦心地告诉孩子们怎样去思考问题。他们从不用考试把学生分三六九等，而是竭尽全力肯定孩子的一切努力，去赞扬孩子们自己思考的一切结论。

1. 积极支持孩子自立

孩子渴望自立，这是好事。一个聪明的父母，明智的做法应是：子女越自立，对父母的依赖性越少，这是高兴的事，就该鼓励。关键是在紧要的地方替孩子把握好大方向，而不能放任自流。父母应该尽量满足和培养孩子的自立意识，而不可处处挡在他们前面，替他们出主意、作主张。如果这样，子女只能听话、服从，而他们就不能独立自主地做他们想做的事了。这样的结果只会造成子女对父母严重的依赖心理，既不利于子女的健康成长，也会使子女日益对父母不满和对立。

西方儿童心理学研究发现：让孩子长期处于过分呵护的情况下，其独立性及智力的发展会日渐迟缓。当子女面临生活、学习重大问题来征求父母意见时，你就得鼓励他们：

"你自己是怎样考虑的？"

"首先你应该拿出主张。"

"你自己选择吧！"

"你所做的事，我相信会令我满意的！"

不过，这并不表示父母就可以放任不管。因为在子女生活中，遇到有关子女成长幸福的关键问题父母就应有明确的意见和主张，但不是强加于他们，替他们决定，而是在鼓励子女自主自立的前提下，让他们自觉接受父母的意见。

一般来说，能够主宰自己命运的人就是快乐的。但是在现实生活中，一些父母不征求孩子的意见就武断地替孩子拿主意，这样一来，孩子就容易产生一种自己"无能为力"的感觉。任人摆布，心中就不会高兴。应该明白，在重大事情上，父母是应该为孩子策划和作主的，但是有些小事情不妨就让孩子自己决定吧。

父母如果能从小就培养孩子自己的事情自己做，自己的东西自己管，自己的生活自己安排的自我管理习惯，就能够很好地增强孩子行动的独立性、目的性和计划性，这对于孩子今后生活的幸福和成功无疑是具有很大的好处的。

父母可以从以下方面着手教育孩子：

（1）自己穿衣服

很多观察资料显示，要让自己的孩子自己在三、四岁之前完全学会穿衣服和脱衣服是不太可能的，但是孩子自己穿衣服，自己叠被子，学会自我管理，这种意识必须从小就开始培养。

研究证明，两岁左右的孩子就已经有了自己穿衣服和脱衣服的独立意识。这时虽然花费的时间比较长，也可能穿得不合父母的意，但是，父母还是应该不厌其烦地鼓励孩子慢慢地实践。当然，父母不可撒手不管，应该及时教孩子正确的穿衣服和脱衣服方法。

如果父母为了省事，不让孩子动手，孩子一旦形成了依赖的习惯，他就不会自己动手去做自己应该做的事情了。

除了鼓励孩子自己穿衣服、脱衣服之外，父母还应该通过言传身教让孩子不断地形成冷了会添衣服，热了会脱衣服的习惯。同时，还应该教会孩子自己叠自己的小棉被，洗自己的小手绢，小袜子等等。让孩子懂得，自己的事情自己做，这才是一个好孩子。

（2）自己整理玩具物品

培养孩子自我管理的能力，自己整理自己的玩具是非常重要的一种好方法。父母可以提供以下条件：

·父母应该为孩子准备一个地方，让孩子专门用来放置自己的玩具和物品，让孩子知道这些玩具和物品各有各的"家"，每次用完之后，都应该将这些东西送回它们自己的"家"去。

·要让孩子明白，收拾自己的玩具和物品是自己的事，自己的事情要自己做，父母偶尔帮帮忙，只是帮忙，应该获得孩子的感谢。

·父母要尽可能地用游戏等方式去吸引孩子参与收拾整理自己的玩具和物品等，并且坚持不懈地不断强化，最后使孩子形成习惯。

（3）让孩子自己洗漱

父母教孩子初次洗手、洗脸时，可以适当地给孩子一些帮助，比如帮他们挽起袖子或是帮助他们把没有洗干净的地方重新洗一洗。在教孩子刷牙时，可以让孩子和自己一起刷牙，让孩子有一个模仿的对象，这样学起来会既快又好。

（4）让孩子做力所能及的家务

1岁半——从地上拣起小东西；取报纸；拿拖鞋。帮助父母把塑料杯子、碟子收好。

2岁半——折叠围巾；把定量的食品放进不同碗里；用小扫帚扫地；收拾好小扫帚和小垃圾箱；整理杂志、沙发垫。

3岁——刷牙、洗脸、穿衣、脱衣；擦掉家具上的灰尘；倒空小垃圾箱；把小件衣物放进洗衣机；叠自己的衣服；起床时叠好被子。

（5）自己所做事情自己要负责

对一个孩子来说，这对于自我意识还没有形成的小孩子来说确实勉为其难。但是这种意识要在点滴的生活小事中及早播种，及早萌芽，这样就可以让孩子自然而然形成一种良好的习惯。

主要方式有以下几种：

·例如，父母每次抱孩子出门玩，可以让孩子想想要带什么东西，通过几次提醒，孩子便会主动想起要戴好帽子或穿好外套等。

·孩子学会表达会思考以后，可以让孩子试着安排一下今天一天的日程，准备做些什么等。父母可以帮助孩子分析这样做的好处和不足之处以及可能性等。

·如果出去之后，孩子发现自己要带的玩具或物品忘记带了，而生气或发脾气，父母不要自揽责任，包办代替，而要让孩子知道自己想做的事自己应该安排好，并且养成负责到底的习惯。

·父母要经常给孩子提这样醒，自己的事情要自己做，自己做的事情自己要负责。时间长了，孩子就会逐渐地形成这种"负责"的习惯了。

2. 与孩子保持适当的距离

美国教育家罗伯特博士曾经提出现代幼儿教育的十大目标，其中第一条便是"独立性"。独立性的培养是时代的要求，一个缺乏独立性的儿童是无法适应现代化社会需要的。独立自主对一个人的发展具有非常重要的意义，具备这种良好品质的人有较强的责任心，能独立、勇敢地面对问题并解决。因此他们一般具有较强的社会适应能力和心理承受能力。在学前期，培养幼儿形成独立自主的个性品质显得尤为重要。

今天的幼儿长大后将面对的是：社会变化更加急剧，科技发展更加迅猛。他们需要具备独立思考、判断、解决问题的能力，否则将难以生存和发展。国际21世纪教育委员会面对瞬息万变的未来世界，向联合国教科文组织提交的报告中提出了教育的"四大支柱"，即学会认识、学会做事、学会共同生活、学会生存，而其中任何一个"学会"都离不开主体的独立性。西方父母将培养孩子独立性视为面向未来、培养新一代的主要目标之一。

我们常可以看到外国影片上，小孩子向父母道过晚安后，独自一个人回到房间去睡。不管白天怎么宠孩子，跟孩子多么要好，晚上一定是孩子自己一个人睡，因为晚上是"大人的时间"，大人和孩子的生活方式必须要区分清楚。

西方社会对何时应该断然地分别亲子关系，与孩子拉开距离，有着非常深刻的认识。从小他们就训练孩子自己一个人睡，也就是想要让他们习惯大人与孩子生活习惯的差异。虽说并非所有的西方教养方式都适合中国，但是从小就让孩子一个人睡，真是培养孩子独立性、训练孩子的心态的好方法。因为"二十四小时全天候接触"对孩子的精神成长来说，绝不是一件好事，它会影响孩子精神上的独立。

例如，当孩子拿起杯子歪歪倒倒地走过来，一下把水泼在沙发上，你是否把孩子赶到一边，心疼地去收拾残局呢？孩子早上起来自己穿衣服，却总是把袖子穿反，把裤子拧成一团，你是否因为他耽误了时间而大声禁止他，并动手代劳呢？你是否每天让孩子自己洗脸、洗脚、洗袜子、整理床铺呢？

如果你气急败坏地禁止孩子自己动手，或者你干脆去为他服务，那么你就错了。要知道，独立生活能力不是天生的，而要从小加以培养，首先就要培养他们逐步养成自己照顾自己的好习惯。其实，没有一个孩子不喜欢自己做事，"做"是他们锻炼的机会。孩子一学会走就有帮助妈妈的愿望。2岁的孩子就会帮大人拿东西、跑跑腿，3岁的孩子自立愿望非常强烈，什么事都想去干，但是他们还小，独立活动能力还很差，常常会把事办糟。这时，父母就应鼓励他们试一试，"你自己去倒水！"孩子把水泼在沙发上了，你不要责怪他，因为保护孩子的心灵远比保护你的沙发重要。这对他们来说，只是犯了个小小的"可爱"的错误。这样的失误，他们长大后自然就会避免了。

再例如，当孩子初学走路时，对周围环境中所有的东西都充满极大的兴趣，经常不知深浅地去接触种种可能对他造成伤害的东西，如火炉、暖壶、刀具等等。父母怕孩子受伤，根本不让孩子接触这类东西，结果孩子长到了五六岁也不知道如何回避这些东西，动辄便被火炉或开水烫伤了，或被刀割伤了。

如果在他最初探索周围环境时，在保证安全前提下，让孩子对各种东西的属性和功能有一定的了解，如了解火或开水会把人烧痛或烫伤；刀很锋利，易把人割伤。有了一定经验，孩子就会自觉地回避那些可能造成伤害的东西，而不必让父母担惊受怕，过分保护了。

有些父母在孩子自己动手做事时，总是提醒道："别这样，别那样，不许做错了。"以为这般叮嘱就能使孩子避免挫折或失败。结果往往恰恰相反，这样做不但不能鼓励孩子，反而给孩子增加了心理压力。有时孩子听到可能失败的暗示性话语，心情一紧张，就更易失败；而且因为过于担心挫折和失败，孩子会产生如果不做事情就不会失败的心态，这样反而失去了尝试做事情的兴趣。长此以往，孩子对一切事情都缺乏勇气去做。

这种对挫折或失败的恐惧，对孩子的成长极为有害。有些孩子好奇心极强，喜欢探索或尝试成人所做的事情，但因其能力所不及，时常会失败。有些父母发现后就会斥责孩子："我没说错吧，你就是不听！""你厉害，你有本事，怎么弄坏了！"打击了孩子强烈的求知欲和探究心理。遇到这种情况，父母必须因势利导，在鼓励孩子的基础上，让其学会去做更困难更复杂的事情。

这样，既满足孩子的好奇心，又培养了他们百折不挠的精神。

3. 父母要学会"离开子女"

在西方，家庭教育是以培养孩子富有开拓精神、能够成为一个自食其力的人为出发点的。因此，从孩子小时候起，父母就开始让他们认识劳动的价值，让孩子自己动手修理、装配摩托车，到外边参加劳动。即使是富家子弟，也要自谋生路。独立，可以说是西方儿童的一大特色。

在西方，孩子从呱呱坠地之日起，他们就被当作一个独立的人看待。父母从不勉强孩子做什么，而是按照孩子的年龄特点，引导他们去做应该做的事情。

在西方，常常会看到这样的情境：不满一周岁的孩子，当他们能自己捧奶瓶喝奶时，父母就鼓励他们自己捧着喝。喝完了，父母还向孩子道谢，并加以赞许。

可能有父母会问，孩子还小，很多事情都不可能独立去做，怎样培养孩子的独立性呢？

其实，培养孩子的独立意识，首先指的是心理上的独立。

所谓"独立"，不仅指行为上的独立，而且指心理上的独立。对孩子来说，首先是心理的独立。这是因为每个孩子与家庭之间都必须经历过一个心理上的难舍难分的"断奶期"。

西方人认为，分室而居对孩子独立性的形成影响很大。分室而居，就是在孩子还没有选择能力的时候，父母替孩子选择一个有利于孩子独立性培养的环境。

美国的亨利克先生和他的妻子克瑞思蒂以及儿子萨米，住在一栋有三间睡房的小平房里。别看萨米才是个三个月大的婴儿，但已独占了一间睡房。萨米出生没几天，就"独立"地睡到自己的房间里了。

曾经有位父母问前苏联教育家马卡连柯："我的孩子现在无法无天，谁都管不了，这到底是为什么？"

马卡连柯反问："你给孩子经常叠被吗？"

父母："是的，经常叠。"

马卡连柯又问："你给孩子经常擦皮鞋吗？"

父母："不错，经常擦。"

马卡连柯说："原因就在这里。"

西方一位教育家风趣地说："做母亲的最好只有一只手。"他说："做父母的应当明了自己的责任，你们的责任是帮助小孩子生活，是帮助小孩自立，是帮助小孩做人。"

比如，孩子学着踩缝纫机，你不必担心他会搞坏，在旁边监护着，只要教他方法，让他练习，自然就会学会了。你可以教孩子自己整理书架、书桌，自己布置房间，有条件就让他单独睡觉。你还可以教孩子管理经济费用，把零用钱存起来。总之，凡是孩子自己能办的事都要让他自己去尝试，让孩子出马，自己退在后面。孩子学会了自己照顾自己，具备了自理能力，他就摆脱了成人的照顾，向自主迈出了一大步。

蒙特梭利说得好，要让孩子"懂得自己照料自己，他不用帮助就知道怎样穿鞋子，怎样穿衣服，怎样脱衣服，在他的欢乐中，映照出人类的尊严，因为人类的尊严是从一个人的独立自主的情操中产生的。"

为了让孩子独立成人，父母首先要有独立能力。"只有父母在幼儿期'离开子女'，才能培养出孩子的独立能力。"这大概是为人父母者需要牢记的。

二、让孩子学会自己解决问题

如果小鸡总是在母鸡的翅膀下成长，就永远也不可能自己去觅食；如果小鹰总是在老鹰的呵护下长大，则永远也不能翱翔天空。同样的道理，孩子总是生活在父母的怀抱里，无法形成独立生活的能力和独立的人格，无法做到自理自治，就很难去独自面对生活中的各种挫折，也难以适应日益复杂的社会，就更谈不上建功立业了。

在教育孩子时，父母大可不必大包大揽，对孩子总是放心不下，而是要大胆地撒开双手，放手让孩子去做他们能做和应做的事，培养孩子独立的生活能力。

西方心理学家斯特芬尼·桑顿提出，孩子是否能成功地解决问题，更多地取决于他们的经验而非聪明程度。不溺爱孩子，不娇惯孩子，是父母大都明白的教子常理，但这个道理如何积极有效地去做到呢？在不同于东方教育方式的美国家庭中似乎可找到一个明智的答案。

在美国家庭中，父母一般都很爱孩子，很尊重孩子，但从幼儿开始就大胆放手让他们养成独立自主的生活能力。父母常常让孩子直接面对困难，让孩子经受锻炼。有一对美国夫妇有一个两岁半的儿子和一个五岁的女儿，两岁半儿子上厕所都由他自己处理，尽管大人事后要检查，但十分注意让孩子自己去做该做的一切。每到开饭时间，五岁的女儿就像主人一样，主动摆好一家人的餐具，然后端端正正，坐到自己的位置上，等待开饭。美国的习惯，不会自己吃饭的孩子，自立能力差的孩子，要被小朋友看不起。如果有人称他"妈妈的小宝贝"，孩子会感到羞耻。

吃饭、行走、睡觉，当孩子初临这人生几件事的时候，西方人随意而顽强地锻炼孩子自主、独立、坚强的性格，敢于让孩子面对困难。父母的鼓励和支持可以帮助孩子去学会战胜困难的本领，而不是直接为他解决困难。

他们的观念是：母亲的责任不是让孩子依附于她，而是使孩子独立于她。孩子到 18 岁时，都要离开家庭独立生活了。

1. 放手让孩子去做他们能做的事

一位父亲带着 5 岁大的儿子在公园玩，不一会儿，儿子拿了一辆做工精致的玩具小汽车回来，父亲大吃一惊，儿子很自豪地说那是他用纸飞机跟朋友交换来的。他不敢相信，疑心儿子说谎，因为两者的价值差 40 倍。于是，他带着儿于去找那个"小慈善家"。不远处，一个美国的小孩子正兴高采烈地玩纸飞机，年轻的母亲坐在身边。交谈中得知这两个孩子的交易是在母亲的眼皮底下进行的。

他问这位母亲为何不干预，她说："小汽车是属于孩子的，应由他做主，他决定交换就让他交换。"这位父亲大感不解地又问道："这不是明摆着吃大亏的买卖吗？"然而这位母亲却坦然地说："不要紧，既然你孩子喜欢，小汽车就归你儿子了。过一会儿，我会领着儿子上玩具店，让他知道这辆小汽车值多少钱，能买多少架纸飞机，这样，他就不会第二次做这种蠢事了。"

上述事例中的这位母亲十分聪明，也十分懂得教子之道，孩子在自己的眼皮底下做着一桩愚蠢的交易，但母亲却并没有干预、阻止这桩交易，而是把发现问题、总结教训的机会留给了孩子，让孩子自动自发地去比较、思考和吸取教训，这显然比父母直接干预、直接教训孩子的效果要好。

有人说中国孩子是抱大的，美国孩子是爬大的，这种说法是有道理的。在美国，无论在哪里，都可看到蹒跚学步的孩子，当孩子跌倒时，父母一般不会主动跑上前扶起孩子，而会要求孩子自己站起来。

在美国，父母们就会给孩子灌输一种思想：不要给别人添麻烦。全家人外出旅行，不论多么小的孩子，都无一例外地背上一个小背包，而他们毫无怨言，因为他们知道自己的东西，应该自己背。美国孩子听到父母说的最多的一句话是："自己照顾好自己。"

孩子勤工俭学在美国非常普遍。孩子们靠在饭店端盘子、洗碗，在商店售货，在加油站打工，做家庭教师，陪护老人等，为自己挣学费。对此，美国父母是这样看的，让孩子自己挣钱，可以让孩子知道挣钱的艰辛，同时更可以培养孩子的独立能力。

上大学后，孩子就可以申请信用卡，支付账单，这是学会理财的第一步。如果不及时付账单，个人信誉就会受到影响，并会影响到今后的就业问题。在临近大学毕业时，汽车销售商就会到学校推销汽车。孩子租车后，开始自己租公寓，打零工，不过这时孩子还没有固定工作，买贵重东西还必须有人担保，这种体制可以让孩子尽早地适应社会独立的生活。

美国父母还会教给孩子从小认识和使用各种工具。父母会经常指着工具箱对孩子说："你应该学会使用这些工具，这样如果有什么东西坏了，你就可以自己动手去修理。"同时父母还会进一步教给孩子不同工具的用途、性能以及使用方法，并让孩子掌握操作要领，鼓励孩子在日常生活中使用它们，家里的东西无论哪里出了毛病，父母都会鼓励孩子大胆尝试自己修理。

孩子们自己的事要自己做，我们要给予他们这个自由。我们父母应该怎么做呢？

（1）做一个观察者

几年前的一个晚上，伊贝尔太太为才12个月大的玛丽莲备洗澡水，并且，作为这一平凡日常生活的一部分，伊贝尔太太又从篮子里取出玩具放进澡盆。但就在这时，跟在她后面的女儿弯着腰拣起一个玩具，高兴地将它们一个个扔进水里。她微笑着，那微笑中充满了孩童的自信。她没有说一句话，可那表情分明在告诉伊贝尔太太，"妈妈，我从此能胜任这项工作。"伊贝尔太太接收到了这一清晰、响亮的信息。

孩子在通向自立的路上前进了一步，父母为此感到惊奇。你的拥抱、你的微笑都会告诉她你对她的关心。而且最好是提前让她知道。

当孩子准备尝试一些新东西时，要时刻注意他们。比如，如果伊贝尔太太已经作了很细致的观察，如果她已经开始思考重要的开端，她可能已经意识到玛丽莲可以把她自己的玩具放进浴缸，并且在做这件事之前已有了几星期的酝酿期——如果是这样，女儿就会有更大的兴趣去迈向自信，做妈妈的也会随时期待她的下一步。

（2）提供机会

当孩子在自己做一件事时，父母应时常密切关注他的下一步，给他以在独立中成长的机会。当孩子下次试图干某事——给自己倒牛奶——而父母认为他做不到时，想想这件事。有时，孩子不会做事的惟一原因是他根本没有机会去试一试。

牢记这一点，孩子与我们大人一样，也渴望成功。有时这样指点一下是很有帮助的：试试用另一只手托着壶底……倒在中间的那个玻璃杯里……当杯子满了时，赶快停下！然而，我们跑过去将壶拿掉将于事无补——这只是告诉孩子我们大人才是知道怎么做的人。

当孩子要求自己做某事时，给他们一个机会。当父母准备外出时，提前15分钟作准备。给孩子时间，让他们以自己知道的方式去作准备，让他知道你是尊重他的。这些投资在孩子身上的时间并没让父母得到什么，但会在以后的日子得到加倍的偿还。

（3）鼓励孩子

孩子第一次成功地干一件事时，不要过分苛求。要想鼓励他做得更好，就要像对待朋友一样，以同等的和蔼与体贴来对待孩子。

有一句古老的格言说："给一个人一条鱼，他可以吃一天但教一个人怎样钓鱼，他永远有吃的。"作为父母的最大满足就是，看见孩子日渐独立地去干他自己力所能及的一些事。当你需要多一点耐心允许孩子"自己做"时，记住正因为你在他早期鼓励他，你的孩子才不是一个无望地指望妈妈来帮他完成他们任何计划的人！

2. 增加孩子应付危险的能力

英国小学三年级的托尼很喜欢游泳。放暑假了，托尼偷着跟一帮小子在一条大河里游泳玩。

他的爸爸知道后，非常担心，但她明白儿子喜欢游泳是好事，不想挫伤托尼的积极性。想了一夜之后，她决定来个"现身说法，情景教育"。

第二天一大早托尼爸爸就叫起托尼，对他说："今天爸爸跟你一起去护城河游泳好不？"托尼噌的一声从床上跳起来，拍手叫好。他们在家里穿好了泳裤，搭着肩来到护城河边。托尼没做什么热身动作就啪嗒啪嗒溅着水花跑进河里去了，爸爸也跟着下了水。

游了大概十几分钟，河面上起风了，凉飕飕的。托尼爸爸一个猛子扎到水里，溅起一阵水花，接着又冒出头来，做痛苦状拍打着水面，嘴里叫道："儿子，儿子，爸爸脚抽筋了！"在水浅处游得兴起的托尼一听到爸爸的呼声，慌了手脚，想来拉又游不快。爸爸后来装作歪歪扭扭地上了岸。托尼连声问："爸爸你怎么了？"

托尼爸爸龇牙咧嘴地说："爸没做热身，脚抽筋了，快帮我把脚尖往上扳！"托尼用尽吃奶的力气扳他的脚，托尼爸爸忍着痛，嘴上说："这里的水太冰了，听说以前经常有人淹死，看来是真的。"托尼打了个寒战，没再说话。

第二天，托尼待在家哪儿也没去。隔了几天，托尼爸爸在附近找了个暑期游泳班，托尼又有放心游泳的去处了。每天他游泳回来，托尼爸爸还有意问他一些安全知识。"要做热身，不能乱跳水，天热喝点冷饮降下体温再下水……"看托尼答得有板有眼，托尼爸爸放心多了。

生活中不安全的因素其实无处不在。假如一有危险的可能就不让孩子去接触，多少有些因噎废食，关键是要让他意识到危险在哪里，应对的方法是什么。

父母爱孩子总是无微不至：看见孩子拿了小刀削铅笔，就怕孩子削了手指，于是马上抢了过来，替孩子削。孩子拿针缝一下脱落了的扣子，母亲也会怕女儿刺了手指，而要抢过来代劳。这种行为实际上是害了孩子。一方面，削铅笔、钉扣子不一定会削破手或刺破手，这是夸大了事物的危险性。另一方面，更重要的是剥夺了孩子自己体验危险，并蕴育出避免危险的智慧的可能性和机会，更不要说使孩子失去了学习劳动的机会。

从某种意义上来说，危险是到处存在的。人要生存下去，就要学会避免或战胜它。人类的历史也就是由同无数的冒险斗争并战胜危险的历史。

因此，西方父母认为，正确的方法是，帮助和教育孩子正视危险，避免危险，从而克服危险，如果真有什么或遇到什么危险的话。譬如父母认为用刀子削铅笔会有削了手指的危险，就可以向孩子说明这种危险，并提醒他使用刀子时应当怎样用力。

孩子小时候喜欢爬树，而且爬得很高。邻居们从窗子里看到十分惊讶，并好意地告诉他的父母爬树的危险。确实，爬树时，如果从树上掉下来，是很危险的，希望父母禁止。然而，父母又怎么能禁止得了呢？因为他爬树是在外面爬，父母根本不知道，而且父母又不是时时在他身边，何必禁止呢？

父母最容易又最有效的方法只能提醒孩子爬树是一种很危险的游戏，要防止树枝突然断落，这样就会有跌落的危险。听了父母的提醒，孩子并没有放在心上，放学后，照样爬树玩。他认为爬上树顶，远眺校园和自家的屋子是一种乐趣。可是他也从来没有掉下来。

这是为什么呢？

其实道理也很简单。这是因为孩子在爬树时，他首先就要判断自己有没有能力爬；其次他在决心爬时，他会要考虑牢固的踏脚点，衡量树技能否支撑自己的身体。经过这些分析他才会开始行动。因而一般也就很少摔下来了。只是这些都应该由孩子自己来判断和选择，大人最好不要在旁指手划脚，更不要盲目的鼓励或叫好；那样会造成孩子的心理负担和压力，反而容易出事。

因而，在遇到孩子爬树或从事某些有危险性的活动时，大人可以提醒、指出其危险性，但不要强迫地禁止。关键是让孩子学会克服困难的本领。

3. 教给孩子自我保护的方法

不少父母对于孩子过于关爱，但孩子总有一天是要离开父母的，特别是随着社会生活和人际关系的日趋复杂，孩子必须自己去面对整个纷繁复杂大千世界，所以我们必须注意提高孩子的自我保护能力。只有孩子具备了足够的自我保护能力。父母才能最终放心安心。

美国的施图贝尔是一名儿童问题专家，正在为《黄金时段》节目开展一项试验。他把一个微型摄像机装在眼镜上，记录下说服孩子给陌生人开门究竟有多容易。

上月在加利福尼亚，施图贝尔在一个炎热的下午敲响了独自在家的14岁女孩斯蒂芬妮·沃尔什家的房门。"喂"，他对她说，"你家邻居在门前出售旧货，我刚买了一些卧室用的家具，需要给我太太打电话，让她把车开过来，但你家邻居的电话线断了。我能用一下你家的电话吗？很快就用完。"

斯蒂芬妮的父母警告过她不要让陌生人进来，因此她拿来一部无绳电话，在门廊上递给施图贝尔。但他说听不清，她就让他进到房子里来，自己转身走过门厅，他随着她走了进来。

斯蒂芬妮的母亲吉尔就在附近的一辆车上监听他们的谈话。她吓坏了。

大多数遭绑架的学龄儿童是在家里或附近被带走的。施图贝尔也认为，斯蒂芬妮让自己处于危险之中。他对她的母亲说："我知道当时只有我和这个漂亮的小女孩在你家里。我要做的就是一脚把门踢上。"

在试验中，施图贝尔测试了3名中学年龄段的孩子。只有一个孩子没问是谁就把门打开了，有4个孩子让他径直进到房子里，一个让他进到后院，还有一个让他呆在门廊里，只有一个孩子根本没开门。

孩子具备必要的自我保护能力，这是孩子的健康人格所必需的，其主要方法是：

（1）不要跟陌生人走

孩子是天真而纯洁的，他们还不了解社会中除了美好的人与事之外，还有丑恶的一面。然而，让一个去孩子辨别复杂现象中的真伪，也是不可能的。为了孩子的安全，父母要教他们最基本的常识和自我保护的方法。

教孩子不和陌生人走，首先要向孩子说明这样做的原因。告诉孩子，社会上有人骗小孩，去买卖，被这些人骗走后，再也找不到父母，回不了家，还会挨打、挨骂。

教育孩子不和陌生人接近，不要吃陌生人给的东西，并且要养成这种习惯。这种教育要经常进行。父母可以抓住社会上这方面的事例反复讲给孩子听，使孩子有深刻的印象。

（2）让孩子知道怎样回家

父母带孩子外出：逛商场、去公园等，有时会出现孩子走失现象。为避免这种事情发生，父母要要照顾好孩子，不要让孩子离开身边，即使在人少的开阔地方，也不可让孩子超出自己的视野。与此同时，父母还要教育孩子时时不要离开大人，能主动地跟随大人，并让孩子记住大人身上的突出标志。

为了预防万一，父母很有必要教会孩子知道走失后怎么办。

父母可以给孩子出题，让孩子解答。比如，父母可以让孩子回答，如果在商场找不到妈妈了怎么办，如果在大街上找不到爸爸了怎么办。帮助孩子明确在遇到困难的时候，应该找什么人，不能去找什么人。

教孩子记住回家的路，这是比较重要的。父母带孩子出门的时候，要有意识地让孩子记住自己家附近的路名、路上的主要标志等。还可以到了回家的时候，或到了熟悉的地方时让孩子带路。

父母可以把父母的姓名和家庭地址写在纸条上，放在孩子的衣袋中。但是要让孩子知道，这纸条只能给警察等信得过的人看，不要乱找人。

（3）不给陌生人开门

孩子都很好动，更喜欢帮助父母做事。无论是电话铃响还是有敲门声，孩子常常都会抢在父母的前面去处理。这是好事，但是其中却藏有隐患，这就是孩子喜欢给人开门。盗贼常常骗小孩开门，然后入室行窃，这种事情屡有发生。

为了提高孩子的自我保护的意识和能力，父母要告诉孩子不能给陌生人开门，并教会孩子听到敲门声该怎么办。例如，先问："你找谁。"再问："你是谁。"最后说："请你等一等，我去喊爸爸或妈妈开门。"除自家人外，都不要孩子自己去开门，要让孩子知道：家中没有大人时，绝对不给陌生人开门。

（4）常用药品拿出来教孩子辨认

在美国，家庭中通常都存有一定数量的药品备急，美国父母会把一些常用药品拿出来教孩子辨认，使其逐渐了解药品名称、用途及用法，这样既让孩子增长了知识，又降低了发生危险的可能性。另外在带孩子去医院看病的时候，还顺便教孩子认识医院，以便解除孩子对医生的恐惧感，学会配合治病，或在发生意外时能自己到医院求助。

孩子需要探索的东西很多，为人父母者，当然是从最身边的事物开始，一步一步地教会他认识这个世界。

三、用劳动增强孩子的独立能力

儿童心理学家卡鲁斯·卡娅曾说过："你想有一个健康勇敢的孩子吗？那么，就让他先从劳动开始做起。"富兰克林曾说：懒惰像生锈一样，比操劳更能消耗身体。经常用的钥匙，总是亮闪闪的。

　　家庭的生活教育是一切教育的根，就是说，教育，需要从家事做起。做家事能培养孩子身手灵巧、主动勤奋和挫折容忍力。做家事的孩子，大多品学兼优，未来的发展潜能也比较好。其实做家事就是学习的成长，做家事会使人对家庭产生适宜的期望，不至于因要求过多或不足而造成自己和家人的痛苦。做家事要观察、要思考、要体验、要领悟，通过做家事，使孩子对家庭有认同作用，可培养他们统合性的人格和社会生活的适应能力。另外，从做家事中，孩子也会学到做事的各种技巧，对于现实生活的适应能力也会有很大的帮助。因此，做家事需要由小时候培养，给予教导、训练与辅导。或许有些父母不知道如何跨出教孩子做家事的第一步，也不知道如何开始，或用什么方法引导孩子做家事。

　　我们要用渐进式的方法，逐步培养孩子参与劳动。

　　第一，让孩子初步接受——活活泼泼的孩子，也是健康的表现，让他喜欢做一个人见人爱的好孩子。

　　第二，自动反应——既然整洁那么好，就再教会他们保持的方法，具体的指导后，让孩子试试看。

　　第三，发现价值——爱干净，又喜欢整理环境清洁，受长辈赞美，见父母亲常高兴，于是他发现自己的行为常可获得鼓励，感到有价值。

　　第四，组织价值——爱清洁的习惯养成了，孩子能仪容端正，另外他更注重礼让，遵守秩序，实践生活教育的要求，发展出完整的人格。

　　第五，价值的品格形成——"整洁就是纪律"，长期在整洁环境中的人，久而久之，必然会培养出一分理性及爱美的情操。因为内心藏有秩序的整洁，便成为品格的一部分。

　　而在对孩子进行具体指导时，要注意这样几点：

　　·充分了解孩子的能力能做些什么、做到什么程度，千万不要给孩子超乎他能力范围的工作。

　　·从每日家事中找出孩子可以胜任的部分工作，例如洗衣服的时候，让孩子洗自己的手帕、袜子或是请孩子帮忙收衣服；洗碗时，让孩子把洗好的碗放进烘碗机；煮饭时，让孩子帮忙拿碗盘或冰箱里的菜；打扫时，让孩子帮忙擦桌椅、柜子，或收拾角落的玩具等。

·给孩子清楚的指令，以及做事的技巧和方法，可以减少孩子的挫折，也有助于孩子了解他可以帮忙的内容及范围；给孩子清楚的指令及方法，在指导孩子做家事的过程中是相当重要的一环，也唯有做到这一点，孩子才能在做家事中获益更多。

·多方鼓励，可以激发孩子做得更好，下回更愿意帮忙，也可以增加他不少信心。

·以开放的态度看待孩子做家事。

1. 养成劳动习惯能够终身受益

美国纽约儿童家教中心曾对 400 名少年从 14 岁开始跟踪调查他们的生活工作情况，直到他们 47 岁为止。结果发现，那些在孩童期间，便已参与家务工作，或者在青少年期间从事各类零星工作的人，在到达成年期时，各方面的表现都相当成功。在职业方面，大多数获得较好成绩；在生活上，对家庭、婚姻及人际关系方面的处理，都有较佳的表现，而且生活也较愉快。而那些小时候在家庭内外都未承担任何工作的人，却较易出现心理及精神上不健全的问题，在工作或事业方面的表现也较差，甚至在日常生活中易出现某些不良行为。因此，儿童在任何年龄期间，假如能够获得参与各类工作的机会，在身心方面都会获得益处。事实上，儿童和成人一样，都希望能够从劳动中去体现自我的重要性。他们会从各种工作中，发现自我价值，不论是琐碎的家庭事务，还是成年人认为无足轻重的工作。如若能给他们参与的机会，将会使他们日后的性格成长发展过程更完美，生活更快乐，也更富创造性。父母对子女过分溺爱，让他们过分养尊处优，对孩子健康成长不一定有利。

历史上许多有卓越成就的人都是自小就受到积极行动、行胜于言的教育，常常自觉地通过各种劳动来锻炼自己的动手能力和行动能力。

美国第 39 任总统卡特，童年起就帮助家里干农活，5 岁到普斯镇上卖煮花生，9 岁时已成为一个机灵的小商贩，上中学时又利用业余时间同他的堂兄合伙在镇上卖牛肉饼和冰淇淋。

美国第 40 任总统里根，幼年时代家境并不富裕，为节省家庭开支，14 岁那年他开始到附近一家建筑公司打零工，靠去餐馆洗盘子、当清洁工、担任学校的游泳教练和水上救生员等，以半工半读的方式完成了大学学业。

美国第 41 任总统布什在其自传《展望未来》中写道："我父亲老普雷科特·布什是个成功的实业家，他是布朗兄弟—哈里曼银行的合伙股东，财源茂盛，我们的家庭过着舒适而不奢华的生活……他们的孩子们（我的哥哥普雷斯，弟弟约翰·巴克，妹妹南希）从小就懂得生活不是一个开不完的支票簿，我们想要什么都得自己去挣。我们小小年纪便知道，如果生了病或发生了确实严重的事情，父母会来帮助，但是一旦离开了家，我们就得自立，不论是在生意上还是在日后所从事的别的事情。"

而 46 岁就在大选中获胜的前总统克林顿，出生三个月就丧父，完全靠自立走向成功。

从连续几届美国总统的青少年时代中，我们可以看到他们从小就有一个用劳动锻炼自己能力的童年。这并非偶然，在西方国家的青少年教育与成长的过程中，劳动的教育和锻炼被视为最不可缺少的人生内容，劳动和自立被认为是最神圣和最光荣的事。所以，一个年轻人到了 18 岁依然要完全依赖父母，会被看作是件耻辱的事，也常常等同于没有出息。因此，大多数年轻人都能拥有自立意识和相关的能力，并顺利地走入社会。

在美国，家庭教育是以培养孩子富有开拓精神，能够成为一个自食其力的人为出发点的。父母从孩子很小的时候就采取种种方法，让他们认识到劳动的价值，比如让孩子自己动手装配自行车、修理小家电、做简易的木工活、粉刷房间、打扫卫生、整理花园或庭院、参加义务劳动等。即使是非常富有的父母，也十分注重对孩子进行自谋生路的能力教育。

很多美国父母每周都会贴出所要做的家务劳动的内容，然后将其中的某一项交给孩子们去做，并指定完成任务的期限。做完后，父母会及时检查孩子的完成情况，并向做家务的孩子道谢。称赞是对孩子最好的一种鼓励方式。父母还要经常告诉孩子，对他们的帮助是多么的感激，这种真诚的感谢会令孩子更积极地成为做家务的好帮手，并使孩子从劳动中得到快乐和成就感。同时，很多明智的父母还会列出自己应该做的事情，他们不希望让孩子们认为父母只在吩咐他们做家务。作为父母，他们希望告诉孩子：父母做的比他们多。

在美国，不管家里经济状况如何，孩子在 12 岁以后都会帮助父母给庭院剪草，给别人送报，以换取些零花钱。一些家庭还要求孩子外出当杂工，如夏天替人推收割机、秋天帮人扫落叶、冬天帮人家铲积雪等。美国父母常说：一味地溺爱孩子，是最糟糕的事，只要有利于培养孩子谋生的能力，让他们吃再多的苦也值得。

2. 注重实践锻炼

西方家教认为，对孩子进行劳动教育，不能只限于口头，而应该通过劳动实践来进行。如果父母在平常没有让孩子参加具体的劳动，那么，孩子是不太可能爱好劳动的。

父母一定要注重让孩子参加劳动实践，不要心疼孩子。可以让孩子学着收拾饭桌、洗碗，而不要担心孩子可能会把碗打碎。与孩子的劳动精神相比，打碎一只碗又算得了什么呢？诸如洗衣服、拖地、倒垃圾、购买日常生活用品、修理一些旧东西、整理房间等家务劳动都可以要求孩子去做。父母最好每天安排一定量的劳动让孩子做，一般来说，小学生每天 20～40 分钟，中学生每天 30～50 分钟为宜，具体可根据孩子的功课情况来调节。当然劳动的内容应根据孩子的实际情况决定，从简单到复杂逐渐过渡，切不可刚开始就让孩子去做难度比较大的劳动，这样孩子只会更加不爱劳动。

西方家庭一般都有两个以上的孩子，父母对孩子的勤勉教育是从家务劳动开始的，具体安排如下：

为 3 至 4 岁孩子安排的劳动有：

·把自己的脏衣物放到洗衣房；

- 帮助父母收拾房间和玩具；
- 协助父母把干净的衣物放好。

为 4 至 5 岁孩子安排的劳动有：

- 给家里的植物浇水；
- 协助大人摆放和整理饭桌；
- 洗碗；
- 喂宠物。

为 6 至 8 岁孩子安排的劳动有：

- 取报纸；
- 整理自己的房间；
- 摆放和整理饭桌。

为 9 至 10 岁孩子安排的劳动有：

- 擦洗家具；
- 完成做饭的部分准备工作；
- 洗衣服；
- 擦地板；
- 协助清理院子。

在安排孩子劳动实践时，父母应注意搭配孩子的自我服务劳动和家务劳动，让孩子所做的家务按星期轮流替换。让孩子懂得，作为家庭的一个成员，他不仅要做到自己的事情自己干，而且应该帮助父母做一些力所能及的事情。父母可以这样对孩子说："把这个交给你，相信你一定会做得很好的。"父母还应该注意，当学校、社区安排公益劳动时，应带领孩子参加，让孩子体验集体劳动的乐趣。

当孩子已经掌握一定的家务技能时，可以试着让他做一周的主人，比如由他决定做什么饭菜、负责采购等，当然父母也应接受他的支配。这样孩子才能真正体会父母平日的辛苦，对家庭生活有更深刻的体会，从而更加热爱劳动。

培养孩子爱劳动的习惯，需要父母进行一定的强化，但是父母必须注意不要单纯地把孩子当作劳动力来使唤，不要把劳动当作惩罚孩子的手段，也不要过分用物质或金钱来强化孩子的劳动，而是应该通过表扬、鼓励等方法来强化；在孩子劳动的过程中多做具体的指导，多鼓励、尊重孩子的劳动果实，这样会让孩子从劳动中获得快乐，从而有效强化孩子爱劳动的习惯。

让孩子做家务，毕竟会占用他玩的时间，孩子往往会觉得不太情愿。为了让孩子更加乐于做家务劳动，父母要注意以下几个原则：

·不要在孩子正兴高采烈或聚精会神地做某件事时让孩子做家务；

·不要一次性给孩子太多的活，超出孩子的能力范围；

·不要经常用恐吓或者惩罚的手段强迫孩子做家务；

·不要只用金钱来引诱孩子做家务，而忽略了孩子有责任有义务做家务；

·不要允许孩子在做家务活的时候拖拖拉拉，养成不好的习惯。

当孩子不愿意劳动时，父母绝不能姑息迁就，一定要想办法让孩子参加劳动。如果孩子不愿听父母的话，就是不愿干活，怎么办呢？这就需要父母发挥自己的智慧了。

美国有一位叫格蕾·施昌特的妈妈，她养育了四个 8~14 岁的孩子。这些孩子终日只知道看电视、玩游戏，就是不肯帮妈妈干活，甚至连做功课也提不起劲，每天需要爸爸妈妈不断地呵斥才会勉强去做。终于有一天，这位妈妈决定治治这些孩子。

那天，孩子们发现，妈妈在门前竖了一个牌子，上面写着："妈妈罢工。"孩子们觉得很奇怪，于是去问妈妈怎么回事。妈妈说："我每天要工作，还要给你们做饭、洗衣服，但是，你们并不觉得妈妈做的这些事很重要，从不肯帮助妈妈来做，甚至自己的功课都要妈妈来催，妈妈觉得很累。从今天开始，妈妈要罢工了，我不再为你们做家务活了，你们自己的衣服自己洗，自己要吃什么都自己去做吧！"

妈妈说到做到，真的不再为孩子们做家务。这时，孩子们才发现，劳动是多么的重要。格蕾·施昌特说："孩子们终于明白，他们除了看电视外，还有很多事情要做。他们开始懂得用脑子想事情，开始看书、做作业和做家务活。"

我们并不提倡父母学习这位妈妈的方法，但是，父母应该明白，孩子们必须劳动，不管他愿不愿意，一个不会劳动的人，会不断自我萎缩直到失去自我，这样的孩子是不会幸福的。

3. 不要为孩子代劳

有一个犹太商人有两个儿子。父亲宠爱大儿子，他想把自己的全部财产都留给他。小儿子听说自己什么也得不到，就离开家到耶路撒冷去谋生了。他在那里增长了知识，学会了许多手艺。而大儿子一直依赖父亲生活，什么也不学，因为他认为父亲留给他的财产足够他花一辈子。父亲去世后，大儿子什么都不会干，最后把自己所有的财产都花光了；而小儿子却在外面学会了挣钱的本事，变得富裕起来。

人的一生有无数级台阶——学习、工作和生活。父母如何教育孩子面对和攀登这些人生的台阶呢？是牵着手、搀扶着上，还是抱着上？不同的父母会有不同的答案。显而易见，如果父母一直牵着、搀扶着孩子，就会使孩子产生依赖性，常常把父母当成拐棍而难以独立。如果父母抱着孩子上台阶，那么，孩子就会成为被抱大的一代，不经风雨，不见世面，将来难以立足于社会。

如果总是依赖别人，那么你的一生将始终与贫穷和低声下气为伴。——犹太人常常这样教育孩子。

西方父母的做法是：再富也不能富孩子。让孩子吃点苦，有"台阶"让他们自己爬。只有这样，孩子才能"一鼓作气"，攀上光辉的顶点。犹太教育家切尼说："我决不为我的孩子做任何他自己能做的事情。"

西方人认为，只有精明和勤奋的人才能有所建树。因此他们把培养孩子热爱劳动作为孩子全面发展的一种重要手段，并当作早期幼儿教育的重要组成部分。他们利用幼儿期这个人类身心发展的重要阶段，对他们进行早期劳动教育，让他们在轻松愉快、多种多样的劳动中获得全面发展。他们让孩子自己的事情自己做，增强他们动手做事克服困难的信心和能力，培养他们的独立意识。

一个西方父母这样讲道："我有七个孩子，家里条件很优越，但为了给孩子更多机会学习各种劳动技能，每年我都要在夏季带孩子们到山里去住一段时间，让他们过山里人的生活：喂牛、砍柴、挖水渠、给牛建围栏、给马洗澡。我每天要给他们布置劳动任务，每个人分配不同的工作，让大一点的孩子挖水渠、建牛栏，让小一点的孩子照顾比他更小的弟弟妹妹。这样做的目的是让他们在自己工作的范围内去发现问题，去解决问题，学会并懂得如何战胜困难。孩子们从山里回来，多了许多生活经验，认识了很多植物，他们比其他孩子知道得要多，还会把山里劳动学会的技巧和解决问题的方法用到学习中去。最重要的一点就是孩子不怕吃苦了。我的七个孩子目前都已读完大学工作了，从他们的成长看，我认为他们在山里的生活经历对他们有着积极的影响。"

在西方家庭中，每个孩子都要从事力所能及的劳动。通常，一个学龄儿童所做的事包括：收拾玩具整理房间，倒垃圾，给家中的宠物喂食等等。这些都是孩子可以做到的。

干家务劳动可以说是对孩子最经济、最有效、最实用的一种生活训练。父母若要对孩子实施有效的生活训练，可以从家务劳动开始。那么，父母应该如何让孩子做家务呢？

下面提出的几个方法可供父母们参考。

（1）制定工作计划表

孩子上学后，他们可以做的日常工作包括：整理自己房间内务、打扫清洁、收拾碗筷、倒垃圾、给家庭宠物喂食、洗衣服、做饭等。但是怎么合理安排这些工作呢？父母可以和孩子共同制定一个工作计划表，内容是不同的时间他要完成不同的家务，而且他必须按计划完成。完成后可以给予适当奖励。这个表相当详细和精确，包括完成任务的具体内容和时间等。

（2）父母同孩子一起做家务

同孩子一起工作能够促进彼此间进一步的了解，在交往中学习如何建立亲子间更加牢固的情感纽带。一起工作的情况下对孩子要特别有耐心。工作的目标不仅仅是成功地完成这些任务，更重要的是要培养和孩子之间长期良好的伙伴关系。如果在给了孩子足够的尝试机会之后，他们仍然无法解决，那么不妨巧妙地结束这一切，等待一段时间，试着一起做做其他的家务。父母安排给孩子的的家务，应该是孩子有能力完成的。

（3）尽量让孩子自己去完成

让孩子做家务，原则上是"孩子的事，让他自己完成"，父母则给予必要的配合和指导，对于一些有难度的家务，父母可以根据自己孩子的兴趣、脾气、能力，设计一些有针对性的方法，逐步让孩子掌握劳动技能，认真干好家务。对于没有劳动要求的孩子，父母可以慢慢地培养，有意识地叫他去做一些家务活，比如帮助妈妈摘摘菜、扫扫地等。在做的过程中要一边教一边鼓励。对于教孩子干活一定要有耐性，千万不要苛求，切忌打击孩子的积极性。也许孩子不慎弄脏了墙壁或其他东西，甚至打碎了用具，不要马上批评，而是要帮助孩子纠正劳动中不够正确的动作，教会他如何做得更好。如果父母不注意培养孩子劳动过程中的积极进取的精神，他就会再也不干家务劳动了。

另外，父母还要注意不要让家务劳动成为儿童生活中的负担，重要的在于让他养成习惯，形成劳动的观念。

下　篇

西方育儿的素质教育

第 八 章

理财素质要从少儿开始

西方家长认为，在现代生活中，理财能力是孩子将来在生活和事业上必须具备的最重要的能力之一，这种能力的培养应该从少儿阶段就开始进行，抓得愈早，效果愈佳，否则将会非常被动。对此，西方的家庭有充分的认识，而且也被儿童教育的实践所证实。

从理财能力的角度看，处于少儿时期的孩子呈现出如下几个突出的特征：一是不具备固定的收入，二是不具备成熟的金钱和经济方面的意识，三是不具备熟练的理财能力，四是具有少年儿童所特有的强烈的消费要求和欲望。这几个方面的特征导致少儿在理财方面极易出现种种错误，这些错误直接关系到他们本身的成长，关系到他们的发展和前途。因而，理财素质教育便应从尽早克服这些错误抓起。

与我们所说的"再穷不能穷孩子"不一样，西方人崇尚"再富不能富孩子"，富翁们意识到让孩子拥有一种天生的金钱优越感对他们的成长有百害而无一利。他们通常只给孩子很少的零用钱，并鼓励孩子自己去打工挣钱，从而让孩子明白：金钱的获得并不是轻而易举的；有价值的财富要靠自身的努力去积累，积累财富的过程或许比财富本身更有价值。

西方家长认为，要让孩子远离金钱优越感。父母可以带孩子去自己的工作场所走一走，向他们讲讲自己的创业史，使孩子逐渐明白有钱不是理所当然的，需要艰苦奋斗才能获得，未来要靠自己去创造，从而培养孩子"珍惜手中拥有的一切"这样的信念。同时，带领孩子接触社会生活，深入社会实际，让他们了解现代社会是知识竞争、能力竞争的社会，只有自身掌握知识、提高能力才可能在社会上立于不败之地。

一、钱不是长在 ATM 机里

在西方，经过父母长时间观察和研究，总结出了广泛存在于少儿身上在理财方面最容易犯的若干种错误，如下：

- 现在享用，以后付钱。
- 滥用父母的钱。
- 只把钱看成是现在就去买某种商品的一种工具。
- 没有储蓄的习惯，花掉的比储蓄的多。
- 钱在被花掉以前，已经有过好多次的购买欲望了。
- 买东西时，把身上的钱花个精光。
- 只在花钱时才有一种满足感。
- 只能节省下来一点购买小件商品的钱。
- 购物时只相信广告。
- 轻易相信别人做出的承诺。
- 不作计划。
- 不恰当地使用信用卡。
- 从不了解钱的时效价值，忽略通货膨胀。

西方教育专家们认为，可以教孩子正确地认识钱，养成良好的用钱习惯，对孩子应该从早期就开始进行关于钱的教育。以便让他们知道：对金钱不能贪，不能怕，更不能成为它的奴隶，而应该合理地使用它，养成良好的用钱习惯。

尼尔·戈弗雷是美国银行家，曾著有《金钱不是长在树上》一书。她建议与这个年龄段的小孩子玩游戏，让他们从游戏中认识硬币和钞票，并学会找零钱。她说，当孩子长大一些时，现实世界就是最好的课堂。父母可以带着孩子去商店，和孩子谈什么东西值多少钱。

如果一去商店，孩子就为不能买玩具而发脾气，怎么办呢？英国教育专家珍妮特·博得纳尔建议在离家之前先和孩子达成协议：对他说只能买一样东西。这等于给孩子出了个难题，他可能得花一路的时间来决定买什么。英国教育专家帕特里夏·埃斯特斯说："适当地拒绝孩子很重要，即使你完全是可以答应满足他的。必须让孩子知道，不是想要什么就能得到什么。"

在此方面，美国人的成就非常突出，可以说已积累了一整套成功的经验。他们的教育方式方法清晰地依据了少儿的生理和心理的自然发展，体现出生动取材、由浅入深、循序渐进的鲜明特点。

他们对孩子的具体目标要求与训练项目是：

·3 岁能够辨认硬币和纸币。

·4 岁认识每枚硬币是多少美分，认识到他们无法把商品买光，因此必须做出选择。

·5 岁时知道基本硬币的等价物，知道钱是怎么来的。

·6 岁能够数数目不大的钱，能够数大量硬币。

·7 岁能看价格标签。

·8 岁知道可以通过做额外工作赚钱，知道把钱存在储蓄账户里。

·9 岁时能够制定简单的一周开销计划，购物时知道比较价格。

·10 岁时懂得每周节约一点钱，以便大笔开销时使用。

·11 岁时知道从电视广告中发现事实。

·12 岁时能够制定并执行两周开支计划，懂得正确使用银行业务中的术语。

·12 岁以后至高中毕业阶段，则鼓励孩子去做一些购买股票、债券等投资活动和业余时间从事打工或商务的赚钱实验工作，从而为以后的社会人生作好充分的准备。

西方家庭认为，这种因势利导、切合实际的理财教育，会使孩子们获益匪浅。美国有句话叫"钱不是长在 ATM 机里。"就是告诫大家天下没有免费的午餐。

1. 理财先从零花钱开始

通常情况下，中国孩子的习惯是零花钱没了就要，而美国父母对孩子的零花钱则是定额一次性支付，让他逐渐知道量入为出，合理安排支出；父母也会给孩子一些理财的机会——购买商品，让他们认识到钱的价值和懂得货比三家；不时对他们令人欣喜的表现给一点小奖励，以期让孩子学会节俭花钱。这些行为，从短期看，能让孩子们懂得节制，长远看是培养他们的理财能力和习惯，而一个良好的理财习惯会使孩子终身受益。

你的孩子经常会渴望买些东西，你要根据他或她的实际需要，来决定是否满足他或她，而不能一味地迁就他或她。人们常说，太容易得到的东西，就不知道它的珍贵。如果你对孩子有求必应，那么他或她也不可能知道金钱的来之不易。乔怡很小的时候就懂得这一点。

事实上，乔怡的父母一边教乔怡认识数字，一边就不断地用钱币来帮助他温习所学的数字。美国的货币（美元）有纸币和硬币两种，年龄小时，父母主要教他认识硬币，然后再逐渐认识数额大的纸币，并教他在使用中辨认各种货币的币值是多少，所以乔怡识得数字时也就会分辨钱币。然后，他父母把学习加减法同买商品使用货币结合起来，让他知道各种货币之间如何才能做到等值。

认识钱币以后，乔怡的父母就开始带他去银行。乔怡还清晰地记得父母第一次带自己去银行的事。那次，乔怡父母以乔怡的名义开了一个存款账户，他们先存了100元钱在账户里，然后从ATM机里将钱取了出来，告诉乔怡说："钱可不是长在ATM机里哦。"好奇的乔怡问："那钱从哪里来的呢？""当然是我们辛苦工作的结果了，我们先存了钱，我们的卡里才有钱，我们才能取到钱啊！"乔怡的父母耐心地解析道："我们刚存了一百块，又取了一百块，如果我们买东西花了这一百，我们还有多少钱啊？"乔怡一眨眼就知道了："当然是零了。"从此，乔怡就懂得了只有不断地赚钱才会有钱花，而且钱不是永远花不完的。

乔怡开始有自己的零花钱时，父母就开始培养他的储蓄观念，例如，他喜欢吃冰淇淋，如果买一杯要花50美分的话，父母就告诉他："你想吃可以，但是今天只能给你25美分，等到明天再给你25美分，你才能买来吃。"这就致使他萌发了储蓄观念。于是父母开始督促乔怡有计划地使用自己的零花钱，告诉孩子不要一次花光，花一个部分，其余的就存在自己的户头上。在一般情况下，父母会协助他拟订一个消费计划并正确执行。乔怡的父母除了供给他最基本的生活必需品外，有些消费让他用自己的积蓄去开支。例如，他想买网球拍、自行车或去旅游，父母就指导他用全部或一部分储蓄来实现。这样就使他认识到储蓄的意义，体会到用自己的存款来买自己想要的东西时的愉快和兴奋，而且也培养他学会有计划地管理金钱的能力。如果乔怡一时要用钱而借了别人的钱，父母就一定会催促他及时还钱，并且在以后的日子督促他要更加节约，弥补多花的钱，让他养成良好习惯。

事实上也是如此：他们的孩子一般都具有很强的独立性和经济意识，在经济事务上的管理和操作能力也很强，这为他们培养造就大批的优秀经济管理人才提供了雄厚的人力资源基础。

父母给孩子发零花钱时，总是先考虑到孩子可用它来买些什么。不同年龄段的孩子有不同的需求，但一张有代表性的"购物单"可以包括点心、礼物、玩具、衣服及娱乐场所的门票。

所以，当孩子对你说"我想要……"时，你注视着他或她，并且问道："你认为你买得起吗？"这么一说，你就没有什么压力了；具体决定都由他或她来做好了。

适当的发给孩子一些零用钱，他就会用这有限的钱来计划哪些东西值得买，而哪些东西不值得花钱买。他心中就会有数，这么长时间下去，孩子就会对自己的小金库发生浓厚的兴趣。

西方家庭认为，给孩子零花钱必须要达到两个目的：一是从小就要让孩子学会财务预算；二是从小就要让孩子了解劳动与报酬之间的内在联系，并在他们心中打下深深的烙印。因而，他们一般不会不正规地、无计划地给孩子们钱，而是定期发给孩子一份必须用于特定基本需求预算上的固定数量的"基金"，另加一些可由他或她自由花费的零用钱。这一部分零花钱只是孩子作为家庭的一个成员分到的家庭收入的份额。与此同时，期望并鼓励孩子能承担一些做家庭杂务的责任。而额外的家庭杂务，比如需雇人的杂务由孩子们来完成时，父母就会付给孩子一笔额外的"收入"。这笔额外的收人不仅会使孩子们了解到劳动与报酬的关系，而且还会增加他们劳动的乐趣。

此外，当孩子们有什么事做得让父母高兴或失望时，西方家庭一般不会通过增加零花钱或减少零花钱来对孩子进行奖励或惩罚，而多半采取其他适当的方式来鼓励和教育孩子。

更为重要的是，为了牢固地树立孩子们的财务责任感及价值观，父母们还就孩子如何使用零花钱制定了一些准则，我们来看一下美国家庭普遍遵循的准则：

·不管父母对孩子说些什么，父母自己的理财方式是最具有说服力的。

·定期、准时发给孩子零花钱，从不用孩子提醒。定期性是教孩子们学习花钱规则的关键所在。

·尽可能少地预付孩子零花钱，让他们学会收支平衡的原则。

·零花钱的数额基于家庭收入境况、孩子年龄和乐意接受的程度来决定，以及期望他们用来做什么。

·包括一部分让孩子自由支配的数额，以便让他们学会如何在花钱时作出正确的选择。

·对孩子的花钱行为进行一些必要的约束，以便使其消费习惯符合家庭的规定及家庭价值观。

·从不用零花钱去"购买"孩子们对父母的爱，也不用它来代替父母用于教育孩子所必需的精力和时间。

2. 让孩子对金钱有正确的认识

英国心理学家曾经对 100 名 3～8 岁的儿童进行调查，调查的主题是："钱是从哪里来的？"

在调查结果中，有四类答案。

第一类答案是：钱是从爸爸的口袋里掏出来的；

第二类答案是：钱是银行给的；

第三类答案是：钱是售货员给的。

只有 1/5 的儿童会说，钱是工作赚来的。

这个调查结果让很多父母非常惊讶，他们简直不敢相信，竟有那么多的孩子不知道金钱的来源。于是，很多父母都开始加强对孩子的财商教育，希望通过适时的理财教育，让孩子对金钱有正确的认识。

了解一定的理财知识，是每一个人都需要的。如果每次孩子要求父母买东西时，都是见到父母通过刷卡及自动提款机提款，那么他们就不懂得钱是父母通过辛苦工作赚来的。如果父母不及时对他们进行理财知识教育，他们的观点就很难改变，对于理财知识，他们也就只能是一片空白。

如果一直不让孩子接触金钱，他们对于金钱的概念不会无师自通，当他们走入社会之后，还要花大力气去补上这一课。孩子的理财意识要从小培养。理财能力是孩子将来在生活和事业上必须具备的最重要能力之一，这种能力的培养应该从幼儿阶段就开始进行，抓得愈早，效果愈佳，否则将会非常被动。如果能及早播种，孩子的财富意识就会早早萌芽。

现代心理学的研究表明，儿童在 3 岁左右独立自我意识便开始萌芽，产生"我自己来"、"我会做"、"我能做"的自我意识与表现欲望。到 7～8 岁时儿童会具有初步的推理和综合分析能力，12～13 岁时这种能力得到增强并可达到指导自己进入独立决策和行动的程度。所以西方人认为：少儿理财教育一般都应从孩子 3 岁左右时开始进行，并认为这种教育与其他教育一样，对少儿来讲都是自然、适时和科学的。

很显然，要使孩子真正具备上述的种种善于理财的品质和素质，并转化为一种在将来的事业中可以发挥巨大作用的经营管理能力，只有通过在孩子与钱财发生关系的所有环节上，都采用有吸引力的、循循善诱的、激励性的和必要的实践性教育，使孩子在不同的方面和不同的时期都生活在一种具有强烈理财意识的氛围之中，经过长时间的熏陶和训练才有可能。

在这方面，由于美国的工作开始得较早，迄今已使理财教育成为整个少儿素质教育的有机组成部分，并寻找到了一整套行之有效的方法，积累了相当宝贵的经验。这些经验包括6个方面，即如何让孩子学会花钱、赚钱、存钱、与人分享钱财、借钱和使钱增值。

我们就来看看美国父母是如何让孩子学会花钱的。在美国，让孩子学会合理地花钱的方法有很多，下面是一些较常用的方法。

（1）制定和执行预算

制定预算的目的是要让孩子懂得，花钱是要负责任的。在自己的收入范围内要保证自己始终有足够的钱，应尽量避免那种因买太多想买的东西而无法付款的尴尬，方法就是做一个预算表，它是管好钱、有计划用钱的基础，这是避免孩子乱花钱的安全阀。

由于孩子小，可以每周制定一次预算，列表时，按下述5个步骤进行：

步骤一：列出每周从各种渠道能获得的可靠收入。

步骤二：列出每周必须要花的钱。

步骤三：列出想要但还没到手的东西的清单。

步骤四：现在列出想攒钱购买的东西。

步骤五：从收入中扣除必需花费的，剩下的就是可以花或可以攒的钱了，这就是孩子的每周预算。

（2）了解商品和讲价钱

大多数人都不愿挥霍金钱。但是在实际生活中，那些可能会为价值75美分的超级市场的赠物券争来争去的消费者，却因为自己不善于同人讨价还价而不明智地把成千上万美元多付给卖方。西方家长认为，在对孩子的理财训练中，训练购物的眼光和技巧是十分重要的。要让孩子学会在购物时务必了解商品和讲价钱，而且越早越好。

一般而言，聪明的消费者在购买前往往要检验许多方面的情况：

①商品的价格。

②产品的质量。

③购买商品将花多长时间。

④产品的耐用性如何。

⑤所买的商品多长时间使用一次。

⑥购买商品的必要性如何。

⑦这次具体的购买活动的花费。

⑧是否现在就需要这种商品。

⑨是否现在就能支付得起这种商品的花费。

⑩可能会牵扯到哪些相关的花费（诸如维修、保险或者必需的零配件）等等。

教育孩子掌握这些手段和方法，在购物时成为一名精明的顾客，只有这样才能买到物有所值的商品。

（3）不要轻信别人的承诺

西方家长认为，要教育孩子，在购物时千万不要被别人的承诺所左右。必须要在这种承诺得到证实后才可做出自己的决定。

（4）识别广告

广告常有如下一些手段来捕获顾客：

①赶时髦。鼓励人们跟上消费潮流，不要落伍。

②名人示范和保证。请一个公众最钦佩也最有名的人士向顾客推荐某种产品。

③无所不能的暗示。广告人使用精彩的想象、音乐和离奇的镜头画面创造出令人入迷的场景。

④情绪感染法。广告用充满诱惑的想象给予观众强烈的情绪感染。

⑤引入歧途的宣称。广告有时会声称一些根本不可能的事，但它事实上又根本什么都没有说。

⑥我们是最好的。这些广告试图让你相信它的产品比其他牌子要好，但又不提供严格的证据。

因此，要告诉孩子，广告中存在虚假成分是公认的事实。这种虚假对成人有害，对孩子更加危险。因而要让孩子认识到，商品广告是一种能影响你去购买你并不真正需要或力所不能及的东西的手段。大多数厂商依赖广告的原因并不是由于广告传递了产品的信息，而是广告能说服顾客购买产品。

（5）学会买大件商品

买食物之类的家用品是一回事，买大件商品又是一回事。因为大件商品买错了，会花很多冤枉钱，因此，要教育孩子尽可能地了解商品并在不同牌子之间作比较：

①和有这种东西的亲朋谈一谈，看他们是否满意？花了多少钱？避免重蹈覆辙。

②在图书馆查阅产品的相关资料。

③货比三家。

④注意保修单。

许多从商店买来的东西都附有保修单。保修服务有以下两种：

全面保修：它意味着该产品的每一个部分都在保修之列；

部分保修：规定了保修部分，如果其他部分损坏，厂商无义务必须修或换它们。

因而，在买之前应教孩子先问清楚将要享受的是哪一种保修服务，还要留意离家最近的服务中心在哪里，否则为维修方便起见，也可以换一家牌子。

3. 孩子必须养成的理财品质

西方人注重少儿理财教育绝不是偶然的。西方发达国家各国的历史虽长短不同，但崇尚商业和经济的精神几乎是完全一致的，并早已成为这些国家和民族的传统。这种务实和精明的传统渗透到每一个家庭，每一个社会细胞，因而，注重少儿理财素质的教育就成了一种全社会的习惯。这种习惯对培养自己的下一代成为优秀的经济人才产生了不可估量的积极影响。

但是，西方家庭不仅注重教育孩子养成正确的理财观念，养成良好的理财习惯，更注重基础品质的培养。在他们看来，不管如何重要，理财教育在对孩子的培养中都只能被看成是一种工具和手段。教育的目的并不仅仅是让孩子学会经商或攒钱，而是要让他成长为一个能干的、健全的、真正的人。在这一点上，基础品质的培养显得尤为重要。

因为，在钱财问题上最能显示出一个人是什么样子的一个人。因而，就经济领域而言，对个人的品质要求也许就更高。

品质一：在金钱面前的诚实

一般而言，在美国家庭中，教育孩子学会诚实的品格，父母会对孩子进行如下三个层次的指导：

①给孩子讲述一些能够阐明诚实品格非常有用的现实中或其他方面的书籍中的故事，在孩子的头脑中加深诚实的概念及不诚实的后果；

②认真审视自己的诚实标准，例如在商业道德及申报纳税方面，对孩子留下了什么印象？是否在孩子面前讲过一些无伤大雅的谎话？让孩子看到自己诚实地承认自己的失败，无论在生活的哪方面；

③通过日常的培养，帮助孩子使诚实的品格个性化。特别是到了上学年龄，就开始鼓励孩子用自己内心的道德标准来判定某一行为的是非。激励孩子在面对生活中真正艰难的选择时，做到诚实、守信、积极进取。

品质二：在金钱面前的自尊

西方家庭中父母在从事子女的理财教育时，普遍认识到了这一点。他们极其注重在金钱方面为孩子树立自尊的榜样。孩子们通过儿时的种种经历和这种榜样的学习就基本上能树立自尊。

自尊来源于三个方面：

①归属的安全感。美国父母比较注重给予孩子在家庭中稳固的重要地位的感觉，善于倾听孩子的心声，在各种情形之下所遇到的问题，都倾向于征求一个孩子对解决这些问题的意见。

②对成功的满足感。每个孩子都需要在某件事上获得成功。经常提出给孩子一些增强自信心的机会，允许孩子选择他自己为成功而奋斗的领域，避免不断地替孩子做决定。

③感受到自身价值的喜悦。当一个孩子发现自身的价值时，他或她就会感到无比喜悦，有种发自内心的幸福感。发现孩子的独特点，经常给与真诚的赞扬，有助于他或她保持自尊。

有的父母认为，献给孩子的厚礼是大笔的零花钱，而西方父母认为，这一笔厚礼只能是自尊。

品质之三：认识每件东西的价值

理财教育的根本目的是要让孩子学会节俭和让财富得到增长，而不是无谓的浪费和对有价值东西的破坏与损耗。因此，对一个家庭而言；事情的中心环节就是如何持家，以及如何教育孩子认识每件东西的价值，因而爱惜保护它。在美国，父母们常采用如下这些原则贯彻到孩子生活中去：

· 把孩子必须去照看的物品的数量加以限制，设法去轮换孩子身边的玩具，把一些玩具存放一段时间，以便再给他们时能激起他们的"新鲜"感；

· 让孩子从事一些力所能及的劳动，从而使之得到自己所想要的东西；

· 和孩子一道讨论一下地球上的自然资源，以及塑料、金属、木材及纸张从何而来，认识到它们非常有限；

· 如果孩子因滥用或疏忽大意而让物品折断或毁坏，就让孩子用劳动所得费用赔偿修理费用或更换旧物品；

· 在家中制订一些使用他人物品的规章制度，来教会孩子学习爱惜别人的物品；

· 尊重孩子的感情，人总是比东西重要的；

· 最重要的是，尽管全家人要珍惜财物，却不要贪图财物：财物可以给我们的生活提供支持，但它却不能创造一种真正有意义的生活。

品质之四：简朴

对价值观非常看重的美国父母，他们都打算把简朴这种重要的作风教给自己的孩子。以下列出一些他们在培养孩子简朴作风方面通常采用的方法：

· 满足感是简朴的根本所在。"觉得足够就是足够了"的态度肯定会对简朴品质的养成起到巩固基础的作用；

· 与孩子谈论简朴如何给人带来自由，而不是束缚。把谈话的重点放在美、友谊与周围的简单玩具之上，让人的价值高于物质的价值；

·在家庭中应用朴素、诚实的话语去鼓励家人养成简朴的作风，做到有话直说，不拐弯抹角，言不由衷；

·一旦发给孩子的零花钱应花掉多少、应储存多少被确定下来之后，要和孩子一起商量一下如何去使用打算花掉的那一笔钱，让孩子注重简朴这一原则；

·全家人常在一起讨论预算支出，并定出一个不会去逾越的支出限额；

·和家人一道抵制一些颇有诱惑力的广告宣传。如在孩子非常投入地观看电视购物节目时，不妨说些"你觉得它在骗谁呢?"之类的话；

·提倡使用家庭自制纪念品，而非商业纪念品。

简朴的作风难培养，关键是要让孩子"在所有的事情中，忠爱简朴"。

4. 再富也不能富孩子，培养孩子理财技能

为什么犹太人有这么多经商天才呢? 答案很简单，因为犹太人的幼儿教育进行得非常好，尤其是刻意在经商潜质方面进行潜移默化的培养。

当犹太人的孩子到了三岁时，他们就会被带到类似私塾的地方，教导他们学习希伯来语。等到他们会读之后，就开始拿着有希伯来文的书本来教育他们如何写字。

接下来他们会让孩子背诵祈祷文，他们不要求他去了解文章的意思，只是教他去读书，而且以背诵为主要目的。这是加强记忆力以及教会孩子掌握记忆方法的主要手段。犹太人认为这个时候如果没有建立记忆的基础的话，那么往后就没有办法学到其他的知识。更不要说记住商业往来的信息和账目。

到了五岁，他们就开始背诵圣经、摩西律法。

到七岁前他们必须背诵摩西五书当中的"创世纪、出埃及记、利未记、民族记、沈命记"，他们配合着旋律，反复地朗诵几百遍。

到了七岁则学习旧约圣经剩下的部分，以及犹太教法典。

犹太教徒早上的礼拜祈祷书大约有 150 页，每天早上都必须朗读，随着朗读的进行，每一个人都渐渐能够背诵。

到了十岁，他们开始学习财务方面的知识，同时学习掌握大量日用商品的各种属性。

不可思议的是，一旦脑部这种大容量的记忆系统完成之后，接下来就很容易吸收各式各样的知识，似乎成为高技能的计算机式头脑。这为以后学习书本上的经商知识或者从实践中学习经商经验，提供了一个良好的基础。

犹太人非常重视孩子的早期教育，再富也不能富孩子，他们除了鼓励孩子学习科学文化知识外，尤其注重对孩子财富观念的培养。犹太人中巨贾富商人才辈出，除了他们自身的努力和勤奋外，与他们早期接受的财富教育是分不开的。

西方家长认为，从小培养孩子的理财技能其实与孩子上学掌握科学文化知识一样重要。树立正确的金钱价值观，培养正确的投资理财能力对孩子是很好的锻炼，而且也是今后孩子生存必备的技能之一。教子理财是一门生活科学，一般分三个时期：幼儿期、童年期、青少年期。以下是不同时期培养孩子理财意识和技能的几种方法，供您参考。

（1）幼儿期（3~5 岁）

此阶段是孩子理财的启蒙期，有意识地传授一些简单的知识。

·在日常生活中，有意识地教孩子辨认硬币和纸币，并知道钱是怎样来的。

·买些储蓄玩具教孩子存钱，通过这种方式可以使孩子懂得，钱可以越存越多，理解储蓄的意义。

·父母带孩子到商店购物，一般购小商品，最好领着孩子付钱取货。平时与孩子做些钱币换物的游戏，以培养孩子"以钱换物"的理财概念。

·经常带孩子逛逛银行不失为一种好的理财教育方法，能使孩子从小受到潜移默化的教育。

（2）童年期（6~11 岁）

孩子进入童年期后，对外交往多花费也逐渐增加，应改变方法，以指导孩子用好零花钱，学会自主理财的本领。

·不放任自流，指导孩子制定用钱计划。根据孩子用钱的总数，指导孩子合理消费，合理支配钱财。让孩子消费有个计划的观念，将其引上理财的轨道。

·监督孩子执行用钱计划，记好收支流水账。计划制定后，能否严格执行，是对孩子理财教育能否达到预期目标的关键。因此，要指导孩子学会记用钱收支流水账，每用一笔钱，都要记清时间、用途、用量，使孩子自然而然地产生量入为出的想法，自觉控制自己的计划外支出，在不知不觉中让孩子懂得理财的窍门。

·帮助孩子到银行开户储蓄，培养以财生财意识。将孩子的零用钱存入银行，并将活期存折交给孩子自己保管，用钱自己到银行去取，家里的支出流水账还同样记载，这样做，有利于养成孩子节约意识，看到自己储蓄的钱一天天多起来，便产生了积累财富的欲望。

·启发孩子理财用钱思维，锻炼孩子科学理财习惯。孩子在用钱时，开导他哪些钱应该花，哪些钱可以省，然后再根据这样的理性思维去制定用钱计划，使孩子悟出科学理财的道理。

（3）青少年期（12～18 岁）

在这一阶段，孩子独立意识和生活能力加强，能更多地接触和处理消费问题，理财教育可以在技巧上再提高些，同时，还要培养孩子良好的消费习惯，懂得进行价格比较购物消费。能够制定两周以上的消费计划。

·让孩子懂得优先消费。预算是任何财务计划的核心，它可以使孩子懂得哪些东西需要优先消费。一个有效的办法是设法让孩子明白，预算所带来的结果可以使之前的一切努力得到回报。如把家庭每月的收入和支出列出一个简表，然后在白板和电冰箱上贴张图，画出孩子节约资金后想去购买的物品，这么做可以提醒孩子向目标努力。

·给孩子更多自主权。随着孩子越来越大，父母应在消费和储蓄方面给孩子更多的控制权。比如，允许孩子在不过分的情况下，做一些糟糕的决定，甚至超支，把由这些行为带来的后果展示给孩子看，告诉孩子再严重些会有什么情况发生以及怎样才能避免等。

·让孩子参与家庭未来规划。父母可以与孩子谈未来，如为上大学而进行的储蓄、为度假而进行的预算等，让孩子把自己的储蓄和消费决定一一记录下来，同时记下孩子在金钱管理上的想法。

·让孩子了解金钱如何为人服务。指导孩子理解并听懂一些金融术语，如获得购房贷款、教育储蓄的一些步骤等。让孩子参与一些简单的财务活动：把收据保管在家中某个角落、帮着监督家庭储蓄等。

·让孩子了解信用卡。目前，建立个人信用卡已经渐成趋势，父母应告诉孩子哪些卡是"有多少花多少"，哪些卡是可以"透支消费"，若不能按时偿付，信用评估会受到什么影响，遇到什么麻烦等。这样，就能让孩子明白，在财务活动中只有在小事上严守信用、大事上才能取信于人的道理。

二、教会孩子有计划地用钱

在当代社会，对儿童进行金钱教育是不可忽视的，一位经济学家说："孩子不能在金钱无菌室里培养。"在西方，很多父母们认为让孩子接触钱、了解钱并学会如何合理使用钱，有利于从小培养孩子的经济意识和理财能力，以适应未来经济生活的需要，因此金钱教育就成了西方家庭教育的重要内容之一。

教孩子学会正确的花钱方法是记账。定期发给孩子零花钱，孩子就会计划用钱。让孩子每次花钱买东西都要一笔不漏地认真记录下来，然后一月一次或一周一次定期总结分析，和孩子一起坐下来一笔一笔仔细研究。哪一笔花得合适，哪一笔不尽人意，还有没有浪费现象和吝啬的地方？孩子就从实践中逐渐学到理财购物的技巧，以后就更能合情合理地有计划性地使用有限的零花钱了。

下面是一个美国9岁孩子的小账本：

某月某日。好开心啊！妈妈给我10美元，这是本周的零用钱。

某月某日。今天糟糕极了！前天妈妈给我的一支铅笔，让我不小心弄断了，没办法，只好再买一支新铅笔，这花去了我 5 美分。真令我心疼！

某月某日。中午太渴，我买了一杯可乐，花了 10 美分。下午，罗里向我借了 50 美分，说好下周还给我，因为他把这周的零花钱花光了。

某月某日。妈妈给了我这周的零花钱。老规矩，还是 10 美元，罗里和菲比也拿到了相应的钱。罗里拿到钱后，立即还了我 50 美分。

某月某日。我看上了商场里的一辆漂亮的山地自行车，但我的钱不够，还差 80 美元，我央请妈妈买下来，但妈妈却只答应先替我垫上不够的钱。终于，我把这辆特酷的车弄回了家，但从此以后，我每周的零花钱得被扣下一半即 5 美元，直到扣满 80 美元为止。

某月某日。每周的零花钱被扣掉一半，我的经济顿时发生了危机。今天是周末，我不得不去割草。这个工作真的很辛苦，蚊子在我的胳膊肘儿上还咬了好几个大包哩！但事后，人家付给我 70 美分！

某月某日。我和同学罗斯去买零食，她买了一个大汉堡，而我因为口袋紧张，只买了一个小汉堡。

某月某日。今天是妈妈给我们发零花钱的日子。我央求妈妈多给我一些钱，但她不同意，依旧扣了我 5 美元，当然，我拿到手的仍然是可怜的 5 美元。

某月某日。克里斯狄姑妈来了，竟然不用我替她做什么，只是很亲热地亲吻了她并帮她把雨伞放好，我就得到了 20 美元！真的好开心！

某月某日。真是个轻松的好差使，帮助爷爷整理书籍，他居然付给我 75 美分！

某月某日。我把我闲置的玩具出售了一部分，得到 3 美元！我发现我真的很聪明！！！

这个才 9 岁的孩子，竟然有着如此理智的消费！竟然能如此认真地去记录他生活中的每一美分！这该需要多大的耐心和毅力啊！

然而，这样的小账本在美国确实非常普遍。

美国巨富洛克菲勒是世界上第一个拥有 10 亿美元财产的大富翁，可谓"腰缠万贯"，但其子女的零用钱却少得可怜。他给每个孩子建立了一个小"账本"，上面印有"7～8 岁每周 30 美分；11～12 岁每周 1 美元；12 岁以上每周 3 美元"的字样。钱是每周发放一次，要求子女们把每笔开支用途都在"账本"上写清楚，待下次领钱时交父亲检查。如果账目清楚，用途正当者下周增发 5 美分，反之则减。从而使孩子们从小学会了精打细算和当家理财的本领。

在美国，对孩子的理财教育从 3 岁就已经开始；在英国，政府决定在小学就开始设置理财教育课，并随着年龄的增长设计不同的理财教育内容，让孩子从小就正确地对待金钱和使用金钱，并学会初步的理财知识和技能。

1. 钱是挣来的，不是别人给予的

美国儿童文学《雷梦拉与爸爸》曾获得纽伯瑞经典儿童文学奖。这本书讲述了这样一个故事：

每个月爸爸发薪水的日子，是雷梦拉最高兴的一天，因为这天爸爸总会买些礼物送给雷梦拉和姐姐，甚至会带全家上"汉堡大王"吃一餐。

这天，又到了爸爸发薪水的日子，雷梦拉盼望爸爸能带大家到"汉堡大王"去吃味美多料的汉堡。但是，爸爸回来时，却只给了一包嘎嘣熊，便要雷梦拉和姐姐回房去。雷梦拉和姐姐在房里分糖果时，隐隐约约听到爸妈的谈话——爸爸失业了！

从此，雷梦拉的家里起了很大的变化。

雷梦拉的妈妈为了维持生活，不得不到医院去找了一份工作，每天早出晚归的。雷梦拉的爸爸每天忙着找工作，但是屡遭失败，因此爸爸的脾气变得越来越坏。雷梦拉的姐姐也变得越来越不高兴了。

雷梦拉担心地看着家里的每个人，家里的经济越来越拮据，家中的气氛也越来越糟。

雷梦拉心想：只要自己有一百万，就能解决目前的问题。

她听说电视童星拍一次广告，就能赚到很多钱，于是她拼命学着童星的模样，希望能被星探发掘；她努力帮助父母减轻家务负担；她不再向父母要求圣诞礼物（只在心里列出清单），而是希望爸爸早日找到工作；她努力做个好孩子，想尽办法希望博父母一笑……

虽然这些小小的努力并没有达到雷梦拉所希望的效果，但我们从中可以看到，孩子其实是非常愿意与父母一起去战胜困难的。相反的，如果父母对孩子避讳谈家庭的经济问题，反倒容易使错误的、盲目攀比的金钱观乘虚而入，占领孩子不太成熟的大脑，使孩子以为父母的钱来得容易，花钱自然就大手大脚。

大部分孩子在年幼的时候对金钱没有什么概念，但是，当父母从钱包里掏出一张张钞票换成好吃的、好玩的、好穿的东西的时候，孩子们便不自觉地把"钱"看成了一个可以用来换取自己喜欢吃的零食和喜欢玩的玩具的神奇的东西。

西方儿童心理学家指出：孩子对金钱的兴趣可以说是与生俱来的，早期的金钱教育对儿童树立起正确积极的金钱观，形成良好的理财习惯与技巧有着不可估量的潜在作用。如果这时候的父母能够抓住机会让孩子正确认识金钱和金钱的价值，对于孩子的成长是相当重要的。

0~3岁的孩子主要靠感觉来认知身边的事物，他们只有真实地看到物品，才能感知到这个物品的存在。因此，这个年龄段的孩子喜欢用手抓，用脚踢，或者用其他一些身体动作来认知这个世界。尽管此时孩子对金钱还没有什么认知，父母却可以迈出培养孩子金钱观的第一步了。这第一步就是让孩子认识什么是钱，让孩子认识各种硬币和纸币。

有些父母可能会认为，让孩子认识钱不是很容易吗？只要告诉孩子钱的面额不就行了。事实上，让孩子认识钱的面额只是理财训练的基础，更重要的是，父母应该让孩子掌握钱的实际价值和用途，让他们知道钱的重要性，懂得钱不是万能的，但是没有钱是万万不能的道理。

　　西方的父母们充分地认识到了这一点，他们往往会在孩子很小的时候就让孩子去触摸金钱，在直接的感官接触中加强对金钱的认识。他们总是拿出：四枚一分、五分、一角的钱币让孩子用手去触摸，通过这种方式使孩子对金钱形成一个感性的认识。等孩子熟悉了这些钱币，父母便会用一些物品来告知孩子钱的交换价值。如拿1颗价格1角的糖放在桌面上，然后拿出1角的硬币，告诉孩子，用1角钱可以换来1颗这样的糖。这样，孩子在认识钱的同时，也认识到了钱的价值和用途。他会想，原来钱是可以用来换东西的，那么我就不能轻易地挥霍，要用来交换自己真正想要的东西。

　　刚开始让孩子认识钱的时候，父母们可让孩子先认识分和角，等孩子熟悉分和角后，接着让孩子认识元。

　　在日常生活中，父母可以经常和孩子玩一些购物的游戏。例如可以将家中的日常用品，如毛巾、牛奶、牙刷、饼干等贴上标签，用来表示它们的价格。当然，这些价格要与物品实际价格相符，以免误导孩子。然后，父母就可以与孩子轮流扮演"售货员"和"顾客"了。

　　父母在对孩子进行金钱观的教育时要善于抓住时机，孩子主动提问的时候，正是教育他的好机会。父母应该尽量用孩子能够理解的语言向孩子解释各种问题。比如，当孩子问你："妈妈，我们家是不是有很多钱？"父母可以这样回答："我们家的钱是爸爸妈妈工作得来的，如果爸爸妈妈不去工作，就会没钱给你买东西。以后你长大了，也应该努力工作。"明智的父母应该认认真真地告诉孩子，钱是父母通过辛苦的劳动赚来的，是父母的血汗钱。如果父母不去劳动就没有经济来源，也就无法获得生活必需品，因此，每个人长大后都要通过劳动去获得金钱。小孩子在还不能自己挣钱的时候，一定要珍惜爸爸妈妈赚来的钱，不能浪费。

　　在美国，每年的4月23日为"带子女上班日"，这个节日已经推行了6年。许多公司都会事先准备好各种物品和设施，并安排相关的人员组织当天的活动。因为这一天，很多公司的办公室里会迎来许多活泼可爱的小朋友，他们可以在办公室随便嬉闹，还可以享受到免费的早餐和午餐，参加父母的企业为他们组织的活动，随便参观企业的各个地方，不仅可以了解父母们的工作环境，而且可以增长知识和见闻。

"孩子们需要知道，钱是挣来的，不是别人给予的。我见过不少人，他们认为所就职的公司欠他们一份薪水，而不是感到自己有尽力干好工作的义务。"一位妈妈如是说。当然，父母要清楚地知道，金钱教育的关键是不仅让孩子知道金钱可以换取很多有用的东西，从而学会珍惜、不浪费，更要让孩子懂得应该用自己的劳动去获得金钱。

2. 培养好孩子成为精明的消费者

孩子是重要的消费者。他们的钱来自零用钱、亲戚给的钱和工作的薪资。根据美国德州 A&M 大学市场学教授詹姆士·麦克尼尔对孩子消费习性的研究指出，他们每年共花费 11.5 亿美元在衣服上，26 亿美金在玩具和脚踏车等游乐项目上，32 亿美金在食物与饮料上，7.97 亿美元在看电影和看运动比赛上，以及 6.2 亿元美金在租录影带上——以上只是列举几个主要项目而已。

所有这些花费，尚未计算孩子所影响父母的消费习惯，例如：要买哪种早餐麦片或登山背包？家人要如何共度假期？还有在家中用的电脑选择哪个品牌？

由于孩子拥有如此的消费影响力，因此最好能在他们购买第一个溜溜球的时候，就培养好孩子成为精明的消费者。

一家商店的橱窗上贴着一张新上市游戏卡带"只要 60 元"的海报。8 岁大的安东尼跳上跳下地："噢，我要这个卡带。提米有这个，而且很好玩。就算买了，我也只不过有三个卡带而已。别的小朋友都比我多。拜托啦，妈——好吧，拜托啦。"

你如何回应？你可以：

·和孩子争论到他生气或哭出来。

·讨救兵："我厌倦了你老是吵着要东西，等着看我告诉你爸爸。"

·以承诺在他生日时送这个卡带来搪塞，以免起争执。

·开始长篇大论地说 10 分钟"钱不是长在树上的"道理。

·顺从他的意思，省得和他争论。

上述的选择没有一个是适当的。第一种，争论到孩子发火或大哭的结果是，孩子会抱怨、哭泣，并且以为这样做就可以得到他想要的东西。第二种，向父亲求救会使孩子认为你不是一个能够做决定的人，而且他也不会指望能和你讨论重要事项。第三种，延缓决定或许是个不错的战术，但是不可以向孩子承诺你并不是真心要送他的东西。第四种，开始高谈阔论地大谈金钱，其功效就和多年前你的父母对你说教的效果差不多。第五种，向孩子屈服以省得争吵，就等于为孩子铺了一条让他胃口愈来愈大、而且知道你迟早会屈服的道路。

在决定买或不买这个卡带之前，你应当先审视下列因素：

·你买得起吗？

·这个游戏是否是你希望孩子拥有的？

·别的小孩有什么东西是否很重要，会影响你的决定吗？

·你的孩子是否要求过多或者要求合理——不论是数量或价钱？

·这个要求是"想要"还是"需要"？

你可以在开车、走在街上、或是和孩子一起翻阅杂志时，玩"想要它——需要它"的游戏。

"看见那个宝宝了吗？她是需要人照顾呢？还是想要有人照顾？"

"你认为刷牙需要用牙膏呢？还是因为喜欢牙膏的味道才用？"

孩子愈大，他们的世界也愈广阔，"需要"与"想要"的概念随之扩展，也愈能明白每个人的"所需"不同。还要教会孩子做选择。因为所得可用的钱有限，所以孩子很早就开始为了钱做选择。即使在还没有自己的钱之前，他们就已经被要求在冷冻优格和酥脆咸饼干之间择一作点心。他们不知道自己的决定会有这样的后果：今天选了冷冻优格，就不能吃酥脆咸饼干，这是决定选择冷冻优格之必然结果。

帮助孩子成为更明智的消费者。在孩子把所存的钱拿去买东西之前，先教导他们如何聪明地花钱是有意义的。讨论如何以最好的价钱买到最好的商品。他们去过许多家商店比价了吗？他们查阅过有关资料以了解他们要买的东西是否接受过测试，以及其性能、价格、可信度和耐用性如何？他们是否询问过已经买了这样东西的人们是否推荐这样商品？如果不，为什么？

讨论他们在买东西时应当扪心自问的特定问题。不同款式的特色为何？你需要特色最多的那一款吗？这个东西制造得好不好？操作容不容易？修理容不容易？

教孩子明智地选择如何花钱，要经由经验慢慢发展而成，以及复杂且抽象的理解力。小孩子得花上一段时间才能明白，如果今天花光了所有的钱买看来不错的东西，明天他就没钱可买看来也不错的东西了。

3. 将多余的钱及时地储存起来

给孩子零用钱，让他们了解哪些东西值多少，如何培养储蓄的好习惯，如何为目标而储蓄……等，这些常常是改变孩子对事物价值观的第一步。当孩子懂得为自己的钱负责时，很快就会知道这星期省下想买糖果的钱，以后就可以买特别一点的东西，例如流行的溜冰鞋、电动玩具、娃娃或一辆脚踏车，而这也是可以证明自己已经独立，有权做更大的决定了。当孩子想拥有某个玩具或电动游戏片，而爸妈却不答应买给他时，这时他可以采取另一个方法得到，那就是利用自己平常存下的零用钱。

英国的12岁的山姆为了春天可以玩滑板，已经存了好几个月的零用钱了。他的父母觉得，滑板不是必需品，所以告诉山姆可以用自己存的钱去买。山姆勉强的接受这是"想要"而非"必要"的说法。但是到了4月，他还是少了20元，他开始生气。

"冬天时，你自己没存够钱，现在怎么可能有钱买你想要的东西？"爸爸问他。

"可是冬天除草，太早了呀！"山姆失望地回答。

"没错，但是你可以帮忙洗车。你看，那辆车整个冬天都脏兮兮的。"爸爸说。

山姆眼睛为之一亮:"啊!美好的春天终于来了。"山姆派几名"小兵"到左右邻居去调查,总共有6辆车待洗。

山姆的爸爸提供山姆达成心愿的方法,并且帮助他一步一步克服困难。借由爸爸的经验,山姆学习到存钱和赚钱的诀窍。不过更重要的是,他学到了"未达目的,绝不放弃"的真谛。

孩子越大,就越能够通过工作赚取外快,所以储蓄也会越多。在孩子有"多余的钱",例如以割草坪或遛狗赚来的钱时,我们应该鼓励他们至少存下部分的钱,而不要全数花在买录音带、食物和看电影上。因为年纪大到可以赚钱的孩子,会开始了解手边有多余的现金可用的重要性,所以大多会存钱。那些被引诱而花钱像赚钱一样快的人,常常会感到理想幻灭。他们要等到需要或想要"多余的钱"时,才会发现自己"破产"了。

储蓄是一种最基本的理财方式。如果孩子没有一点储蓄的概念,那么,很难想象孩子在成年后能够有节制地使用金钱。西方家长认为,教孩子学会储蓄是相当重要的。那么,怎样引导孩子来储蓄呢?

(1)学会使用储蓄罐

在孩子年幼的时候,父母就可以为孩子准备一个储蓄罐,教孩子把零钱装进储蓄罐。

美国作家戈弗雷在他的《钱不是长在树上的》畅销书中指出,孩子在储蓄时应该把自己的零花钱放在三个罐子里。第一个罐子里的钱用于日常开销,购买在超级市场或商店里看到的"必需品";第二个罐子里的钱用于短期储蓄,用于购买"芭比娃娃"等较贵重的物品;第三个罐子里的钱则长期存在银行里。

当孩子有几角、几元或者几十元的时候,引导孩子把零钱放进储蓄罐里,并养成习惯,久而久之,当有一天孩子发现钱罐里原来有数目不少的钱时,他会觉得很惊喜,这时告诉他,他的存款可以帮他实现一个大心愿,这样更容易帮孩子建立起储蓄抗风险的理财观念。

(2)引导孩子把一部分零花钱储蓄起来

父母在给孩子零花钱的时候,可以教导孩子拿出零花钱的一部分用于储蓄。当然，这时候的孩子往往小会听从父母的建议，他们会觉得钱就是用来花的。在这种情况下，父母不用硬性要求孩子去储蓄，这样反而会加强孩子的逆反心理，导致亲子关系的紧张。

一个较好的办法是，当孩子要求父母购买某件他想要而不是必需的物品时，父母可以对他说："你现在有自己的零花钱了，我们只为你购买你必需的物品，像这样不是必须购买的物品，你应该用自己的零花钱去购买。如果你现在的零花钱不够，你就应该从今天起把零花钱存下来，等攒够了再去购买。"

在这种情况下教导孩子学会储蓄，孩子往往会比较有目标，而这个目标就会成为孩子主动去储蓄的强大动力。

当然，如果孩子需要的物品可以通过一周的储蓄而得到，父母就应该鼓励孩子自己储蓄。如果孩子需要的物品需要通过两周以上时间的储蓄才能得到，孩子往往会产生挫折感，有时候甚至放弃储蓄。这时，父母可以对孩子说："这样吧，你自己储蓄一半的费用，其他一半的费用我可以替你支付。"

（3）学会银行储蓄

"节俭和储蓄是美德"，这种传统的价值观在新加坡的父母和孩子中始终牢固不变。从银行存款额看，早在1992年，新加坡全国中小学生参加储蓄的百分比就超过了53%，平均每名学生大约有1144新元存款。新加坡的学生如此会存钱，在于社会与家庭、学校的合力引导。教育部、邮政储蓄和银行每年都开展全国性的校际储蓄运动。在这种环境下，许多孩子都成了储蓄迷，他们为了防止自己花钱大手大脚，连提款卡也不申请。

当孩子年长一些的时候，父母就可以为孩子开设一个银行储蓄账户了，父母可以引导孩子把多余下来的零花钱都存进银行。

三、让孩子学会使钱增值

经过前面几个阶段的学习和训练之后，孩子们肯定会深刻体会到：钱是可以为人所用的东西。但除此之外，钱还有另一种为人所用的方式，这就是投资。投资是指人用钱去参与那些被认为是能获取利润的事业或去购买那些被认为是可以增值的东西。如果投资获得了丰厚的回报，投资人的财富就会极大增长。在美国。这被认为是管理钱财的最重要的方式。因而，学习投资活动是少儿理财素质教育的最重要的内容之一。

少儿不具备进行大笔投资的条件和能力，但可在父母指导下学习下列几种投资活动：

（1）成为收藏家

收藏某些可能增值的东西可以成为获得利润的途径，有些东西买进来再卖出去，就可能有可观的收益。孩子现在可能已收藏了一些东西，如：棒球或其他运动的门票、邮票、漫画书、硬币、玩偶、旧唱片等等。

但这还仅仅是收集，他还应该知道什么东西有价值，什么东西有升值的可能。以下是一些收藏的诀窍：

①成为内行：对所收藏东西的一切相关信息都要掌握，明白收藏品的价值。

②到不被人注意的地方搜寻，如跳蚤市场和废品店等，价格会低得像废品。

③做记录：为自己的收藏品做一个目录和简要说明，记载买进价格等。

④妥善保存自己的收藏品。

⑤热爱自己的收藏品。

（2）购买储备券

在美国，买储备券时银行只收储备券面值一半的钱，当储备券到期时，孩子可以按金额兑现它。因此，当孩子的父母或叔叔买储备券给他的，实际上是借钱给政府，由孩子将来收取本金和利息。

（3）玩股票

买股票和炒股票从严格意义上说是大人的事情，在美国，不少家庭则鼓励孩子也积极参与，父母们将这看成是引导孩子们熟悉经济和培养理财能力的好途径。

购买股票和炒股票之前，孩子们应该知道：

首先，什么是股票？商业的增长需要金钱。为了弄到钱，一些商业机构出售股份——即他们公司的每一单位资产的所有权。这些股份即股票。

其次，孩子也可以像其他人一样买股票。此外，买卖股票要花钱，他还得为每一笔具体的买卖付钱给经纪人。

当决定买股票时，孩子应寻找这样的公司：

①一个他感兴趣并生产他喜欢的产品的公司。

②赚钱的和有前景的公司。

③一个有特殊责任心的公司，如有环保意识和关怀人权的公司。

学习玩股票的一种安全方法是并不真正拥有股票。在美国，常常有一些学生由老师带队来到股市，每人手里有虚拟的一定数目的钱可以用来投资，他们从报纸上跟踪股市信息，并像真的一样打电话进行交易，最终，他们当中用想象中的钱进行虚拟交易赚得最多的人成为优胜者。这确实是个好方法。

（4）购买债券

在美国，孩子在购买债券之前，父母常要求他应该具备这样一些基本知识：

①债券是筹集资金用于建设和发展的另一种方式。政府或公司发行的债券不是政府或公司的股份而是借给它们的贷款。这种债券承诺到期连本带利归还。

②债券有一些比股票更好的地方，如大多数债券风险较低，其中，最安全的是政府债券。

有的债券是免税的，可以不通过经纪人直接买到，这会省下很多钱。

（5）随时注意自己的投资

当孩子将钱投资于股票或其他项目时，或者仅仅是为了学到更多关于投资的知识时，随时留意它们的价格变化是一个好办法。从报纸上可以了解到股票、债券和其他商业情况，如新的商业机会的文章，什么产业在增长及什么样的人在成功等，这些信息对孩子很有用。只要他随时留意，持之以恒，他的理财素质将得到很快提高。

从以上分析可以看出，美国人在培养孩子的理财素质方面，可谓煞费苦心，它贯穿在日常生活的方方面面，涉及到和金钱可能发生联系的所有环节。这也是他们能培养出那么多的天才巨商、金融巨子的原因之一。

1. 培养孩子的商业意识

西方很多国家比较富裕，家庭一般也比较富裕，但他们也不会随意地给孩子零花钱：一旦孩子能干点活的时候，父母就设法让孩子通过自己的劳动来赚零花钱了。

法国心理学家阿内·巴舒认为：应较早对孩子进行有关金钱的教育。当孩子会数数时，就应该让他们认识钞票，可以每周给少量的钱，如 5 法郎，有利于孩子慢慢学会掌握钱财。给孩子零花钱是完全必要的。关于零花钱的使用，父母应该关心，但是不要事事都管。孩子刚开始用钱的时候，很可能掌握不好，会随心所欲地购买一些小零食、小玩具，发生"财政亏空"，这只是"付学费"。父母可以适当给予提醒，但不必过于紧张。巴舒还认为，不应把给孩子的"奖金"制度化，父母必须让孩子明白，给你多发一点零花钱，不是一种"补偿"，而是父母对你的赞许。

美国家庭普遍认为：教孩子使用零花钱是让孩子学会如何预算、节约和自己做出消费决定的重要教育手段。孩子的零花钱数量与他的同伴大致相当。零花钱的使用由孩子全权负责，父母不直接干预。当孩子因使用不当而犯错时，父母不轻易帮助他们度过难关。只有如此，孩子才能学会对自己的消费行为负责。美国父母一般都鼓励孩子靠打工挣零花钱，教会孩子存钱，提供模拟成人生活开支的训练。

雷蒙自己赚的第一笔钱就是协助爸爸洗车得到的。但帮家中做些日常生活的事情，并非事事都给钱，例如，洗碗、吸尘、擦玻璃、倒垃圾等。父母不但不付钱给他，而且还要让他知道他是家庭中的平等一员——既要享权利，又要尽义务。但家里要付钱请人做的事，如割草、洗车、清理车库、油漆墙壁、修剪花园等可以付钱请他帮忙。尽义务是必须的，报酬是为了培养理财观念。有时，他将自己不需要了的东西拿出来拍卖，例如自己用不着的玩具，以获得一点收入。再大一点后，他就帮忙送报，或干一些其他活儿得到一些报酬。

14 岁那年，雷蒙在父母的指引下，用自己微不足道的存款开始投资股票：每次都是父母告诉他买哪只股票。刚开始时，雷蒙完全弄不懂哪些是可靠的投资对象、该如何研究它们，对这些东西有较大的抵触情绪。后来机缘巧合，雷蒙的父母让他参加一个关于投资的专题讲座，他突然懂得了父母为什么让他学会投资的原因：只有懂得这些理财投资工具，才能从投资中受益，才能让你将来经济自由。雷蒙开始自觉地阅读大量关于投资的书籍，浏览投资网站，并从中找到投资的窍门。另外他还经常参加一些讲座，学会了不少的知识，例如如何评价一个上市公司，好的上市公司的标准是什么等。到了 15 岁，雷蒙就成为投资小赢家了，在网络股刚开始出现的时候，雷蒙就投入了一笔钱买了这方面的股票，如雅虎等，随着这些股票的步步高涨，他的小投资给他带来了丰厚的收益。幸运的是，他为了读大学将绝大部分网络股在其下跌前套现，用其购买了不需要花太多时间和精力的基金，避免了很大的损失。

现在的雷蒙把主要精力放在自己喜欢的医科上，准备将来自己开一个诊所，业余的时间他也会研究一下投资热点，让自己的钱再生钱。有投资就有收入，雷蒙对自己的未来充满信心。

我们再来看看美国石油大王约翰·D·洛克菲勒小时候是如何日开始学习经商的。1839 年 7 月 8 日，约翰·洛克菲勒出生于纽约州哈得逊河畔的一个小镇。洛克菲勒作为长子，他从父亲那里学会了讲求实际的经商之道，又从母亲那里学到了精细、节俭、守信用、一丝不苟的长处，这对他日后的成功产生了莫大的影响。1852年全家移居俄亥俄州的克利夫兰。

父亲名叫威廉，出外经商，一去就是几个月，家中对孩子们的教育主要由母亲承担。但偶尔归家的父亲也与母亲一样望子成龙，一有空就教约翰如何写商业书信，如何准确而迅速地付款，以及如何清晰地记账。他深知社会的现实和世道的冷酷，所以他常采用一些特殊的方式教育孩子，使他们在踏入社会之前就能坚强而且精明起来。

威廉是个商业意识极强的人，他用自己的言行影响着小约翰。从小就开始给小约翰灌输商业思想。

小约翰7岁那年，有一次独自去树林里玩耍，正玩得兴致勃勃，忽然在林木深处发现了一个火鸡窝。他心中一动，想出个非常奇妙的主意。于是，他每天一大早就跑到树林子里，悄悄藏在火鸡窝附近，等火鸡暂时离开窝时，他就奔上前去，抱着一只小火鸡就跑。他把抱回家的小火鸡养在自己的房间里，细心照料喂养。他一次又一次，抱回了几只小火鸡。到了感恩节，他就把喂养大了的火鸡，卖给邻近村子里的农民，把赚到的镍币和银币，都放进了蓝色的瓷盒里，然后，他又把盒里的硬币，变成了一张张绿色的钞票。他的做法受到父亲的赞扬。

小约翰11岁那年，父亲因涉嫌对家里的女佣施暴被起诉。当法庭要传他父亲的时候，他父亲逃走了。

父亲逃走后，约翰作为家中的长子，家庭的重担，自然落到他的双肩上。他要在田里干活，有时还要挤牛奶。

同中国的家庭观念十分不同，美国是一个商业意识很强的国家，父子之间的劳务来往也都要计算报酬。约翰把帮家里干活的工资，每小时按3角7分计算，全部记在自己的本子上，准备父亲回来，再向他结账。

父亲经常在夜间潜回家中和儿子见面，有时给儿子点钱，约翰都积攒起来。有一次父亲问他：

"小约翰，你的瓷盒里大概存了不少钱了吧?"父亲望着这个满脑子生意经的儿子喜不自禁。

"我贷了50元给附近的农民。"小约翰满脸骄傲地说。

"噢，你攒了50元啊!"父亲惊讶了。

"利息7.5%，到明年就能拿到7角5分的利息。另外，我在马铃薯田里帮你的工，每小时3角7分，明天我把小本子拿给你看，其实像这样出卖劳力是很不划算的。"小约翰毫不理会父亲的惊讶，滔滔不绝地说着，一副精明的商人的神气。这一年，约翰才 12 岁。

父亲每一次深夜潜回家中，总是不厌其烦地向儿子灌输商业意识："人生只有靠自己，做生意要趁早。"

深受父亲影响的小约翰，12 岁就辍学了，投身于多彩多姿的工商业世界，后来成了石油大王。

2. 要花钱，自己去挣

国外的父母都比较重视培养孩子自力更生的能力。西方的中学生有句口号："要花钱，自己挣！"父母在孩子小的时候就让他们认识劳动的价值，让孩子自己动手修理、装配摩托车，到外边参加劳动。孩子只有在使用自己劳动所得的钱时才会比较珍惜。

哈佛大学的一些社会学家、行为学家和儿童教育专家，对美国波士顿地区 456 名少年儿童所作的长达 20 年的跟踪调查发现：爱干家务的孩子与不爱干家务的孩子相比，长大后的失业率为 1：15；犯罪率 1：10；爱干家务的孩子平均收入要高出 20% 左右，并且他们的夫妻离异率和心理疾病患病率也比较低。

美国著名喜剧演员戴维·布瑞纳中学毕业的时候，父亲送给他 1 分硬币作为礼物。父亲对他说："用这枚硬币买 1 份报纸，一字不漏地读一遍，然后翻到广告栏，自己找一份工作，到世界上去闯一闯！"

后来，戴维·布瑞纳就自己出去找工作，直到成为著名的喜剧演员。他后来在回忆往事的时候，感激地说："这枚 1 分硬币是父亲送给我的最好的礼物。"

实际上，戴维·布瑞纳的父亲送给他的是一条最宝贵的人生经验，那就是："要花钱，自己挣！"

美国波音公司创始人波音对他的子女说："旧的不去，新的不来，如果你有买新东西的欲望，你就有拼命工作的动力，扔掉旧东西反而能刺激人更多地创造财富。"

有一对英国年轻的夫妇带着自己刚上小学的女儿去逛街。在一个繁华的闹市，有一位老奶奶在卖报纸。爸爸从口袋里掏出 5 元钱让女儿去卖 10 份报纸。女儿买回报纸，父母同女儿商量：照着原价再把报纸卖出去，看看我们能不能很快卖完。

女儿在爸爸妈妈的支持下，费了不少时间才把 10 份报纸卖出去。

然后，爸爸让女儿去问问卖报的奶奶，一份报纸能赚多少钱。女儿从老奶奶那里知道，卖一份报纸只赚几分钱。

女儿认真地算了一笔账，花了这么多时间才挣几毛钱，而且费了很多辛苦和口舌。女儿说："看来挣钱太不容易了，我以后可不随便乱花钱了。"

爸爸妈妈肯定了女儿的想法，并及时表扬了她，后来这个小女孩果然不再乱花钱，还懂得节俭了。

这是一个真实的故事，这对年轻的父母对孩子采取了很有教育效果的方法，让孩子懂得劳动的艰辛，从而培养孩子不要浪费钱财的好习惯。

鼓励孩子靠自己付出劳动来获取收入，其目的只有一个，即让孩子懂得，想要有钱，得靠自己去挣，钱不会从天上掉下来。作为孩子，只有两个收入来源：一个是家里给的零花钱，一个是在外打工或提供其他服务的收入。对家庭而言，孩子打工并不具有维持生活的实际意义，但是，通过工作，孩子能收获很多东西。

首先是经验。在工作中，孩子们可以学到许多原来不懂的东西，能够帮助他在日后选择满意的事业和发展方向；

工作还能使孩子得到一种真正的自尊，在凭自己的能力挣到钱的时候会带给他一种成就感和独立感；

在对世界、社会、生活乃至于商业活动等的认识和感悟上，工作也能发挥自己的独特作用；

工作还能帮助孩子获得对在他们未来生活中必不可少的对金钱和商业活动的认识。通过工作，他可以认识到商业活动是这样运转的：他为顾客服务，提供给顾客需要的东西；顾客为他的服务按价值付钱；他拿着钱去买需要的东西。钱从一个人手里传到另一个人手里，从一个地方转到另一个地方，它是相互交换的一种工具：人们用其来交换时间、成果、产品或者服务。它是形成一个团体的因素。这表明：如果没有工作，什么事情也不会发生。

通常，父母和帮助孩子们策划和筹备工作的人可以给孩子提供如下一些主意，以供选择：

·提供服务的工作，如扫雪；修整花园或看护种植物；打扫落叶，割整草坪；打扫房间卫生；照看宠物；打字；放录音或在派对上演奏音乐；照看孩子等等。

·可以售出的产品，如冷饮和薯片；旧衣服和旧玩具；自家产的蔬菜；花和植物；自制饰物或其他工艺品；自制生日贺卡；礼物签等等。

美国父母常常教几岁的孩子学会通过正当手段去获得一些收入。如洗碗、吸尘、擦玻璃、倒垃圾等以及割草、洗车、清理车库、油漆墙壁、修剪花园等，有的小孩也会将用不着的玩具等摆在家门口出售，以获得一点收入。即使家庭经济状况很好，美国人也鼓励孩子用自己的双手劳动挣钱，让孩子自己支付保险费用或部分学习费用及其它费用。

因此，美国人从小就有经济独立意识、打工挣钱意识。美国孩子把找不到打工机会和同父母要钱看成是莫大耻辱。有的孩子甚至托父母给自己找工作，有的父母为了让孩子有自信，不惜自己出钱为孩子买受雇机会。

3. 节俭也是一种理财观

一说到英国人，向来给我们的印象是过于保守，这种作风体现在理财教育方面则表现为：英国人更提倡理性消费，鼓励精打细算，所以英国人善于在各种规定里寻找最合适的生活方式。

作为发达国家，英国人的这种精打细算不完全是为生活所迫。英国税率和物价都很高，但人们的生活水平并不低，英国人的平均工资折合人民币计算，每人每月能挣3万多元。但他们认为能省的钱不省很愚蠢。尤其是善于理财的英国女性，年轻的时候，她们积蓄钱财，省吃俭用，热衷于在各地购买房产，退休后，把多余的房产出租或出售，获得大量收入。

自然，英国人把他们这种理财观念传授给了下一代。理财教育在英国中小学的不同阶段有不同的要求：

5~7 岁的儿童要懂得钱的不同来源，并懂得钱可以用于多种目的；

7~11 岁的儿童要学习管理自己的钱，认识到储蓄对于满足未来需求的作用；

11~14 岁的学生要懂得人们的花费和储蓄受哪些因素影响，懂得如何提高个人的理财能力；

14~16 岁的学生要学习使用一些金融工具和服务，包括如何进行预算和储蓄。在英国，儿童储蓄账户越来越流行，大多数银行都为 16 岁以下的孩子开设了特别账户。有 1/3 的英国儿童将他们的零用钱和打工收入存入银行和储蓄借贷的金融机构。

很多父母都对孩子说：节俭是美德。这其实就是一种理财教育，因为节俭就是一种理财观。

现代消费市场上，琳琅满目的商品不断更新换代，它们不仅吸引着成年人的目光，对喜欢追求时尚的青少年来说，也是一种极大的诱惑。然而，生活在富裕国家比利时的孩子们，却从八九岁起就懂得了如何"精打细算"地支配自己有限的零花钱。在比利时，就会听到孩子们说"我还没有攒够钱，不能买自己喜欢的东西"、"我的钱要等到商品降价时才能用"之类的话，因为他们知道，父母在给零花钱方面是绝不会迁就他们的。在比利时父母眼中，零花钱是孩子们初学理财的工具，而不是提供单纯的物质享受条件。

翻开比利时孩子们的德育课本，你很难在里面找到专门教育孩子要节俭的话语或经典故事，因为学校和父母们更注重从生活道理上对孩子言传身教。

在比利时，通常从 8 岁开始，孩子们每周就能从父母那里得到零花钱了，但金额不多，多是几枚硬币。孩子们要想买到自己喜欢的东西，必须一点一滴地慢慢积攒。虽然每个家庭给孩子零花钱的标准不一，但父母们培养孩子节俭意识的原则是一致的，即不会给孩子额外的"补贴"，他们必须有计划地支配自己的零花钱。当然，如果孩子攒的钱还不够，而他又确实想尽快买到自己想要的东西时，可以先向父母借，然后再用以后的零花钱慢慢偿还。这种办法不仅能让孩子体验到满足消费欲后所需要付出的代价，还能帮助他们从小避免任性消费和节制消费欲。

布里吉是 5 个孩子的母亲，其中 3 个孩子用慢慢攒钱的方法买了手机，目前还有 1 个孩子正在攒钱，准备在 3~5 年后买一台电脑；还有 1 个孩子用向父母借钱的方法买下了自己喜欢的一张游戏碟，但后来 3 个月的零花钱也被陆续扣掉了。这张碟对孩子来说得之不易，他付出的是 3 个月没有零花钱的"代价"，学到的却是在消费面前应有的谨慎和思考。

对孩子来说，从小养成节俭意识既是一种美德，又是一种生活能力，这需要父母和学校的相互配合。

在比利时，学校从小学起就开设了专门课程，教孩子了解成年人的各种职业、什么是劳动报酬、如何区别各种商品及其价格的确定等。同时引导儿童理解媒体、广告和消费者之间的关系，让他们了解广告对消费者的行为影响。此外，学校还会经常告诉孩子：并非所有人的生活都是一样的，有的家庭生活富裕，有吃有喝，有的家庭非常贫穷，甚至吃不饱穿不暖，以此来告诫孩子一定要节俭。如果说学校的教育只是理论上的，那父母的消费方式和行为则对孩子起着潜移默化的作用。在这方面，父母的做法非常谨慎。通常情况下，他们花钱之前，都会先制定一个消费计划，告诉孩子哪些该花、怎么花。同样，父母在给孩子零花钱时也会建议他们存一部分，并帮他们制定一个有计划的消费"目标"。

为了让孩子们认识商品与价格、劳动与报酬的关系，比利时的中小学校每年还会办一些集市，鼓励学生将自己制作的手工艺品拿去出售，从而让他们理解劳动创造价值的理论。同样，学生们也可以在集市上买自己喜欢的东西，但每个人的消费额不能超过 2 欧元。

这样，孩子们在买东西前就会再三权衡自己最需要什么，由此学会选择并意识到自己不可能拥有所有喜欢的东西。

第 九 章

培养孩子的创造素质

一位游客来到了天堂，天堂美丽的景色把他迷住了。他流连忘返，信步漫游，来到了一座宫殿之前，里面传来了阵阵仙乐。游客不由自主地迈步走了进去。他看见里面正当中坐着圣徒彼得，周围还有一群身穿洁白衣服的天使，圣徒彼得见有人进去，就问游客是否有什么事情。

"我想我是否可以见见曾经在人世间最伟大的一位将军吗？尊敬的圣徒。"游客说。

"喏，就是这位。"圣徒彼得顺手一指立在身旁的一位天使。

"但是，尊敬的圣徒，他不是最伟大的将军，他在人世间只是一个普通的鞋匠。"游客辨认了一会，很肯定地说。

"是的，你说得对。可是如果他在当时当上将军，他就会是最伟大的将军了。"圣徒彼得很惋惜地说。

鞋匠本来具有将军之才，却因他没有最大限度地发挥自己的创造潜力，而没有成为世上最伟大的将军，这是马克·吐温写过的一篇寓言。事实上，在这个世界上，又有多少有创造之才的人，由于没有开发出他们的创造才能，而成为一个普通人，这不能不说是一个遗憾。

美国著名心理学家布卢姆通过对近千人的追踪研究认为，5岁前是儿童智力发展最为迅速的时期。一般来说，如果把17岁的个体所达到的平均智力水平看作是100%，那么从出生到4岁便获得了50%的智力，从4岁到8岁又获得30%，余下的20%则是从8岁到17岁获得的。环境对智力的发展有很大影响，在婴幼儿时期被剥夺或忽视给予智力刺激的儿童，将很难达到他们原来应该达到的水平，而在其他阶段，造成的影响则相对较弱一些。总之，教育越晚，儿童生来而具有的潜在能力发挥出来的比例也就越少，反之亦然，良好的早期教育则有助于儿童潜能的开发。

西方教育专家认为，家庭对孩子智力和创造力的影响十分巨大。家庭实施早期教育，实质上就是要我们不失时机地给儿童充分发挥智慧潜能的机会，使儿童不虚度智力发展的最宝贵的关键期，充分发掘其潜能，为一生的发展打下了基础。

一、从小训练孩子的创造性思维

美国新泽西州普林斯顿医疗中心的首席病理学家汤姆斯·哈维博士研究了爱因斯坦的大脑。这一研究工作是在爱因斯坦逝世后开始的，一直持续了二十多年。哈维博士说："到现在研究结果表明，爱因斯坦的脑子不比别人的脑子大，而其脑子重2.6磅（约1.18千克），也不比别人的脑子重，脑内的有些变化是随着年龄发生的，他的脑也是如此，不比普通人变化多。"那么到底是什么原因使得爱因斯坦成为一个里程碑式的闻名世界的物理学家呢？是他的思维方式，创造性思维方式，成为他成功的关键。因此开发孩子的智力，就要从小训练他们的创造性思维方式。

这一研究给我们很大的启发，那就是只要父母们注意培养孩子的创造性思维方式，一样可以将他们造就成一个很有创造性的人！以研究智力结构和创造性思维而闻名的心理学家吉尔福特认为创造性思维具有以下几个重要特点：

·思维的流畅性

·思维的灵活性

·思维的独特性

a. 我在银河边看神仙钓鱼。

b. 我站在彩虹上看过往的神仙。

c. 我在草坪上和小虫们一起看杀虫剂说明书。

d. 我在山上和月亮一起看作战地图。

看这些句子吧！都是孩子们自己创造的！多么奇特！这是他们创造性思维的一个重要表现，是一种打破常规思维的能力，吉尔福特把这种能力叫做"思维的独特性"。一般说来，富有创造力的人往往思维比较独特，给人以意想不到，但却又非常合情合理的解决问题的方法，而缺乏创造力的人常常被禁锢在常规思维之中。

任何智力活动都伴随着非常智力活动即情感因素在里面，智力因素是人们认识世界的操作系统，而情感因素则是人们认识世界的动力系统。二者缺一不可。同样道理，创造性思维也和一定的个性品质相联系。创造性思维水平高的人在个性品质上主要表现有以下几点：

· 不随波逐流

· 爱幻想

· 爱冒险，喜欢挑战

要培养孩子的创造力，必须培养他们克服困难、追根究底的冒险精神。美国儿童的创造力是世界有名的。他们是如何培养出有丰富创造力的孩子的，请看伯顿的"十要点"：

①创造一种气氛，使每个儿童被作为一个人来看待，使他受敬重，并作为小组的成员受重视；

②使每个儿童都懂得自尊并学习提出自己的思想、看法；

③每个儿童应当获得自己去创造成就的勇气和信心，并应当允许他们进行创造性尝试；

④儿童需要利用和体验其能力和环境的自由，以及学习自由；

⑤儿童需要对他的新奇念头、想象力和别出心裁进行称赞和鼓励；

⑥应当鼓励儿童去探究，选择新途径，不停留在已经明白的事物上；

⑦好的态度应当是教育的主要目标；

⑧应当避免引起儿童害怕的压力，害怕会禁锢儿童的智力活动，阻碍儿童通向新的思想，而敢于认识可导致探险；不安全感会

导致儿童产生模糊主张和阻塞儿童选择答案的途径；

⑨父母、老师应当能做到倾听、观察和沉默；

⑩应当在评价儿童中避免迷信权威的做法。

上述的伯顿的"十要点"是一个原则性的指导。美国《教育文摘》1984年第5期就儿童创造力教育的观点与措施问题，提出8条对策。

①用儿童读物和玩具等创造一种环境。在这种环境中儿童易于表达自己的思想，提出问题并可以自己找到答案。

②鼓励儿童自己去探索，去行动，从而树立起自己对自己负责的信心。

③对儿童提出的问题，甚至是一些荒唐的问题，也应该重视、鼓励，有时不置可否也是一种鼓励。

④允许儿童对自己所做的事情表示后悔，鼓励他嘲笑自己所犯的错误，引导他从中吸取教训。

⑤给儿童布置一定的任务，并提出具体要求。但完成任务的时间不能过长，应让儿童用大部分时间干自己喜欢的事情。

⑥给儿童订立略微高于同龄孩子所能达到的目标。

⑦提供同一问题的几种答案，让他自由挑选，使他产生信任感。

⑧对于儿童的任何想象力都必须给予鼓励。

创造力的培养与思维力培养的办法有许多共同之处，在提高思维力的同时也就提高了创造力，还有孩子想象力的培养方法也是创造力培养的方法，诸位父母可口头再重温一下这些培养方法，相信您对提高孩子的创造力已胸有成竹了。

1. 重视培养孩子的创造习惯

创新能力是一个人智力的重要方面，实际上，创新能力是一种思维能力，但它并不是漫无边际、天马行空式的想法，而是一种发现新问题、创造新方法、帮助人更好地适应环境的能力。有创新能力的人肯定是聪明的，他能够把学到的知识灵活运用，创造出新的东西。创造、创新对一个国家和民族来说尤其重要，父母要想让自己的孩子取得成功，就要重视培养孩子的创造习惯。

为了使教育面向未来，培养适应未来变革的务实型人才，美国在加强基础知识教学的同时，大力培养学生的创新能力。

近年来，美国风行一种"木匠教学法"。其实，这种方法很简单：给孩子们一些木块和量尺，由他们去量木块的长宽高低，然后拼造一些简单的物体。这样就使学生在实际操作中认识了尺子的用途与方法，也理解了线段长短间的加减关系。而教师只是布置任务和解答孩子们在动手劳动中遇到的各种问题。

"木匠教学法"的一个最大好处就是使孩子们始终处在一种具体的操作之中。它之所以成功，就在于它极大地锻炼了孩子们自我发现问题和亲手解决问题的能力，而不是按教师事先规定的方法去做，从而给了孩子们充分的机会发挥他们的想象力与创造力。

美国的学生从小就培养动口、动手及勤工俭学的能力，例如做课题、登台演讲、参加音乐演奏、画展、卖报等；正是在这种氛围中，他们真正身体力行地去"学会生存"、"学会创造"。

学校虽然也有教科书，但教师讲课从不照本宣科，有时甚至不用教科书。每个学生都要经常做"报告"，从选题、撰写到演讲，全部是独立完成。自然课研究报告要求有完整的结构：假设、研究目的、方法程序、实验情况、分析、结论。

直接感知和自己动手在美国是很受重视的培养孩子创新能力的教学方式。学校提供教学用的各种工具、机器十分齐全。比如，矿物知识，学生可以先采石料，打磨加工成石珠项链；上艺术课，可以制作陶瓷的、纸的、瓦的、石膏的、木头的、金属的等等各种艺术品。有时一件作品有许多道工序，要花几个星期甚至一个学期去完成。孩子们从中感受到创作的快乐。

在瑞士人的家中，可发现各式各样的玩具和儿童读物都放在孩子能拿到的地方，墙上、门上贴满了孩子们的"美术作品"。孩子们可以在墙上乱画，用嘴咬玩具，拿剪刀在书本、衣服等物品上乱剪，瑞士人这样解释："孩子会画、会剪，这说明他学会了某种技能。我们千万不要痛惜某件东西被孩子损坏了，而要耐心地告诉他们一些操作上的技巧和知识。"

瑞士的父母很重视鼓励孩子尝试"创新"。如让孩子做一件自己从来没有想要做的事情；超前自学一些课程；做一件大多数人不容易做到的事；鼓励孩子为自己崇拜的足球明星或歌星写一篇传记；提出一个学校附近交通问题的解决方案；鼓励孩子通过市场或者其他方式，把自己不用的书籍和玩具拿来换取他所要的东西等。

有这样一个故事：在英国，刚上小学的凯利是个活泼可爱的小姑娘，但就是有个"小毛病"——喜欢到处胡写乱画。刚开始，凯利的妈妈对于凯利的这个毛病非常担心，觉得这是一个不好的行为，因此经常要求小凯利改掉这个坏毛病。但最终妈妈发现，所有这一切对于凯利来说都无济于事，凯利照旧喜欢拿着自己的彩笔在家里随心所欲地画画。

后来，妈妈改变了自己的做法，收到了很好的效果。这一天，凯利又开始在地板上工作了，她从自己的彩笔盒里取出几支彩笔，在地上画了一个类似电视机的图形，然后她就跑到妈妈的身边，并大声说："妈妈，你看，这是外星人的家，这里是外星人的床、沙发、电视柜。"而实际上，小凯利的作品却找不出一点外星人的家的感觉，怎么看还是一个类似"电视机"的图形。妈妈看了，不再像往常一样批评孩子在地上的胡写乱画，而是吃惊地表扬她说："嗯，宝贝，你画得真棒，外星人肯定喜欢你为他造的房子，我们接着画，再给外星人添点其他东西吧！"妈妈的鼓励无疑给了小凯利极大的鼓舞，在妈妈的赞叹声中，小凯利不仅保持着旺盛的"创作欲望"，而且比以前更加认真了，她又画了车房、游泳池（里面还有几条小鱼畅游）等等？还真像那么回事。

当孩子在专心致志地从事自己的创作活动时，你千万不能认为那是毫无意义的，其实他是在做着一件神圣的事情，在这件神圣的事情中，孩子体验着"独立"的滋味，同时发展着孩童时期重要的项目——创造力。

有研究表明：6~9岁是人的创造力发展的基础阶段，如果错过了这个阶段，以后就很难重新点燃创造的火花了。然而，目前许多中国家庭中，由于父母缺乏对孩子创造性行为的认识，理解和支持，把孩子的一些创造行为表现看作是异想天开、调皮，或是添乱，往往不予理睬，或是粗暴干涉，在无意中伤害、压制了孩子创造力的发展。

当您的孩子画出一幅标新立异的图画来，或者即便他在玩泥巴，您看到之后都应该高兴，那是他创造力发挥的表现；当您的孩子把手电筒、遥控器、玩具大卸八块弄得乱七八糟时，那也是孩子好奇心创造欲望的表现；当孩子说出一句新颖的词语、唱出一首自编自创的歌曲时，那都是孩子创造力的表现。

好奇也是孩子进行创造活动的动力，好奇心愈强，想象力愈丰富，创造性就愈高。孩子通常对许多事情都感到好奇，凡事都想弄个明白，他们是无所畏惧的，他们喜欢冒险，做危险的游戏，并能从中获得乐趣。父母不要抑制孩子的探索活动，而应该引导孩子大胆去想，允许他们创造性地尝试。

1962 年诺贝尔化学奖得主鲍林从小就非常喜欢到从事药剂师工作的父亲的实验室里去玩。他非常崇拜父亲调配药物，非常想亲自动手做实验。

父亲很早就注意到儿子对实验的浓厚兴趣，慢慢开始教鲍林怎样调配药品，怎样做实验。鲍林高兴极了，每天放学后就到父亲的实验室去做实验。这段时间里，他学到了许多知识，更重要的是，父亲教给他自己去探索的精神。

鲍林 9 岁那年，父亲因病去世。鲍林一度陷入对父亲的深深怀念当中。后来，他从消沉中走了出来，重新走进了实验室。当他知道好友杰弗里家有个小实验室时，就经常到好友家的实验室去。有一天好友的父亲做的"高锰酸钾产生气体"实验，让鲍林对化学产生了浓厚的兴趣。从此，鲍林迷上了化学。他一直在做各种各样的实验。正是父亲的鼓励让鲍林走上了探索科学的道路，后来鲍林在化学领域中取得了巨大的成就。

事实上，孩子们在探索活动中得到的不仅是乐趣，还有思维和能力的发展，创造力的发展。美国幼儿教育就非常注重让孩子们在各种冒险活动中去体验各种情境，探索新奇的世界。

在日常生活中，父母可以根据孩子的年龄大小和生活环境，经常利用节假日带领孩子接触各种新鲜事物。认识事物越多，想象的基础就越宽广，就越有可能触发新的灵感，产生新的想法。那种只想把孩子关在家里，只想让孩子写字、画画的方法，只会把孩子培养成书呆子，绝不可能培养成有创新能力的人。

2. 激发孩子的创造力策略

在苏格兰，他们的基础教育不仅仅是学点文化知识，而是把培养人放在首位，"教育是为了创造幸福的生活"。他们非常重视从小培养小孩的创新意识和动手能力，从课程设置上看，他们为学生开设了想象与手工课程、职业教育课程；每一节课都是创新的世界，引导学生去创造自己的童话，哪怕仅仅是一件小玩具、一张幻想的汽车模型图、一个会飞的"新型"纸飞机、童话世界里的橡皮泥人……其他课程的教师也都一样重视学生的创新意识和实践能力的培养。有一节语言课学写字母 U，教师要求学生按写 U 的步骤描红练习后，让学生写自己喜欢的各种字体的 U 字，并涂上自己喜欢的颜色；让学生在自己的童话世界里"创造"自己的"U"字彩虹。数学课让学生折纸飞机，看怎样的飞机飞得远，每一种飞机飞出的距离是多少。活动课上，教师让学生去摸黑箱里的毛皮、布、纸等，并表达自己的想象和感觉。教师对孩子们的每次活动、每一个问题的回答都会给予肯定和鼓励，哪怕是做错了，只要认识到错在哪里，一样都是"good"。有人说西方教育中，教师口里的"好"是不值钱的，但是就是这不值钱的"好"，点燃了多少创新智慧的火花，它让世界上第一列火车在英国诞生、工业革命从英国发起……

美国的学者威廉姆斯曾为培养激发孩子的创造力而提出了一种三度空间结构的教学模式，提出了十八种教学策略，现解析及举例说明如下：

（1）矛盾法

即提出一些似是而非或似非而是的事实，包括不合理的事情，自相矛盾的现象，让孩子发现一般我们认为对的观念并不一定完全正确。

例如：让孩子从报纸、电视、杂志中，发现存在于现今世界的种种互相矛盾的现象，如：少数服从多数，但有时多数的意见并不一定是正确的意见。

引导孩子去思考世界上有些发明创造既有利于人类又会危害世界的发展，如火药、核电厂、汽车等。

（2）归因

即指导孩子注意事物的许多属性或特征，并加以归类。这些属性包括事物的固有特质、相似的情境、传统的看法或象征性的意义。

例如：让孩子列举出有洞的东西，并归类为哪些东西的洞是有用的，如轮胎、气球、鞋子，哪些东西的洞是无用的，如衣服的破洞、椅子等。

收集许多东西并试验它们能否被磁铁吸住。把能吸住的放一边，不能吸住的放另一边，并狂想尚未收集到的哪些能被磁铁吸住。

（3）类似

即指导孩子比较类似的情况，发现事物间的相似处，做适当的比较。

例如：手套对手和鞋子对脚是一样的，衣服对人和毛皮对动物是一样的，指导学生想出其他的类比。

给孩子一张纸，要求他尽可能写出与动物有关的形容词，如慢得像山羊、狡猾得像狐狸、忠实得像条狗。

指导孩子收集矿物标本，然后说出它们相似的性质，并写在黑板上。

（4）辨别差异

即指出事物间的差异或缺失，包括发现知识上的不足或缺漏，各种资料遗漏部分，以及未被发现的部分。

例如：要求孩子假想在太空中如何生存，然后再比较地球和太空中各项不同的生活环境：地质、水利、空气及衣、食、住、行等多方面的差异。

让孩子欣赏一篇短故事，想象自己就是故事的主人翁，就故事中的人物与现实中的人物作一比较，写出两者之间的差异。

（5）激发性问题

即运用发问的技巧，提出有激发性的问题，鼓励孩子多方面追求各种事物的新意义，分析探索知识的功能，去发现新知识和新事物。

例如：提出"如果所有的树都因人类的疏忽而被破坏了，这个世界将会变成怎样？"

一年有春、夏、秋、冬四季，假如你重新排列，你喜欢哪一种排列，为什么？可能会有小朋友说冬、夏、春、秋，因为……，也可能有的会说春、冬、秋、夏，因为……等。

（6）变化的事例

即提供变化的事例，演示事物的动态本质，使孩子充分表现选择、变通、修正及代替的能力。

即假如我们没有带量尺之类的工具，要测量长颈鹿的脖子有多长，你有什么办法。鼓励孩子尽量想出各种不平常的方法。

孩子除了用纸、笔做功课外，你还可以想出用哪些不同的材料、方法来做功课？

（7）习惯的事例

即讨论习惯对思考的影响力，建立敏锐的感受性，避免功能固着的现象，以增进解决问题的能力。

例如：如果从今天起，每个人都长了一对翅膀，可以像小鸟一样在天空自由飞翔，那将会产生什么后果呢？

如果从今天起，地球上的海水全部干了，那将会产生什么情况呢？

（8）有计划性的随机探求

即同一种熟悉的结构，随意引导至另外的结构，从随意的一些新方法中获得一种新范例。

例如：让孩子选出他们最喜爱的一个电视广告，要求他们运用想象力，构出一张图来描述这个广告的主题。他们可以利用许多方法来表达。

（9）探索的技巧

即探索从前的一些处理事情的方法（历史的研究），探讨某事物的现状（描述的研究），建立实验的情境，并讨论其结果（实验的研究）。

例如：孩子在报刊杂志上阅读考古人类学家利用挖掘到的古物来研究古代人类的生活情况的方法，从而指导孩子从古代遗留下来的各种文物如雕刻、图画、衣饰、用具……等资料去研究了解当时的文化。

（10）容忍负面的事物

即提供各种困扰悬疑或具有挑战性的情景，让孩子思考。提出各种开放而不一定有固定结局的情景，鼓励孩子发散性思维。

例如：某国正在闹饥荒，假如你是该国的总理，你会如何处理于孩子要回答这个问题，要先了解该国地理环境、经济政治、人民的生活习俗及闹饥荒的原因，再作发散性思维。

（11）直观表达

即运用各种感官感受事物，使其具有表达情绪的技巧，并能启发对事物的敏感性。

例如：让孩子欣赏有关采煤的幻灯片或录像带，并要求孩子把自己想象成里面的一位矿工，利用视觉、听觉、触摸觉……等各种感觉，身临其境想象煤矿的作业情形及周围环境与地面上有什么不同，矿工如何生活？进而推想出如何改善设备及发生灾难如何求生……等。让孩子尽情想象，并将这些想象记录在纸上。

（12）对发展的调适

即辅导孩子从错误或失败中学习，强调发展胜于调适，积极发展多种不同的选择及可能性。

（13）研究创造者与创造过程

即分析著名的创造者的特质，研究他们发现问题、解决问题的过程。

例如：介绍一篇著名科学家的传记给孩子，并讨论此人一生成功的原因。带领孩子访问专利发明人或创造新产品的人，了解其发明过程。

为了增进孩子的创造性思维，父母可以分别提出下列几种日常生活用品：圆珠笔、书包、雨伞、排球、手套。请孩子分别说明各种物品的不寻常的用途，能列出越多、越独特的用途表示越具有创造力。

（14）鉴情境

即根据事物的各种结果及含义来判断其可能性，以及检查或验证原来的猜测是否正确，以便指导孩子在分析利弊得失后作出决定。

例如：暴风雨对人类生活危害很大。父母应指导孩子尽量列举暴风雨对人类生活的危害，并将这些损害加以分类，对于损害的原因，也可以作一探讨。

（15）创造性阅读技术

即由阅读中发展获得信息的能力，以及产生新观念的技巧。

例如：辅导孩子剪报，请孩子将阅读中所看到的比较好的文章或图片剪贴下来，撰写一篇短文，谈谈读后感。

选择有插图的儿童读物，让孩子阅读，并要求他们想象自己是故事中的一员。充分运用他的感觉，如嗅觉、触觉、听觉……以增加阅读的兴趣，然后将自己的感受描述出来。

（16）创造性倾听技术

即辅导孩子从学习及听别人讲话中，产生新见解及获得由一事物导致另一事物的资料。

父母提出一个题目"天才与勤奋哪个重要"让孩子们讨论。全班可分成正方与反方两组，轮流举手发言，提出理由进行辩论。

（17）创造性写作技巧

即利用写作的方式，学习沟通观念、表达意见以及产生观念的技术。

例如：父母任意提示一个标题，如"农夫见到外星人"，让孩子写一篇假想事件的新闻报导，让孩子学会利用"假如……"的方式写作。

父母随意给孩子一些词如"早上，黑猫，花狗，山洞……"让孩子根据这些词撰写一个小故事，并替故事取一个吸引人的题目。

（18）视觉化技术

即辅导孩子用具体的图或实例的方式来表达或说明各种观念、思想、情感或经验。

例如：孩子听父母讲述一个神秘的故事，讲到一半时，父母突然停止。要求孩子运用他们的想象力，把故事说完，并编个结局。同时让孩子闭目想象故事中的人物或情节，并能加以形容描述。

孩子每个人都有一个"梦"，即他们都有希望、幻想……等。让孩子发表各人的梦想，并提到画家经常把他们的梦用图画表示出来，作家用笔写出自己的梦想，希望孩子也学习把自己的梦用笔记录下来。

创造力的强弱是衡量人素质和价值的一项主要指标，并与其对社会的贡献成正比。美国的教育专家在这方面作了大量研究，他们认为，注重对孩子创造力的培养，就是给孩子插上了"腾飞的翅膀"，对孩子一生的影响是无法估量的。

3. 从模仿开始培养孩子创造力

早在 20 世纪 80 年代，就有西方心理学家对婴儿的模仿行为进行了研究。研究表明，在出生后最初的 4 个小时中，婴儿就已经具有模仿能力了。那时的婴儿模仿的是张开嘴、撅起嘴，或者是在嘴里动舌头。

孩子自出生后，就喜欢观察和模仿周围的人了。如果他被允许去做"大人"的事情时会非常高兴，比如拿扫帚扫地。孩子不仅会模仿成人的行为，也会模仿成人的语言、神态等。

模仿不仅发生在日常生活中，在游戏中也会有模仿。孩子经常在玩耍中扮演某些成人的角色，比如老师、医生、司机、厨师等等。这时的孩子不会看到什么就模仿什么。在做游戏的时候，孩子会选择熟悉的人和事，把自己感兴趣的行为通过游戏表现出来。这类游戏被称为"装扮性游戏"，对孩子各方面的发展都十分有意义。

为了让孩子模仿好的榜样，健康地成长，父母应当牢记要鼓励孩子模仿好的行为，对孩子所模仿的不好的行为要加以制止。

对孩子在模仿过程中出现的自创动作，只要是对孩子和周围人无害的，不必干涉。说不定，未来的发明家就在你的身边。

如果希望培养孩子的创造力，你不妨从模仿开始。主要有以下方面：

（1）尽早提供模仿的环境

孩子能够坐的时候，父母就可以每天用童车推着他到户外去活动2~3小时，让孩子接触空气和阳光，接触美丽的大自然。父母也可以在草地上铺一块小毯子，放一些玩具在毯子上，让孩子挪动身体，伸手去抓，这就是模仿的早期准备。

（2）鼓励孩子的求知欲

诺贝尔奖得主尼耳斯·享利克·戴维·玻尔出生于一个知识分子家庭。玻尔是个具有哲学家气质的物理学家，这与他小时候经常参加家庭形式的科学家聚会有极大关系。他的父亲不仅工作出色，而且兴趣广泛，爱好运动，痴迷足球，喜欢文学。他性格直率、开朗，擅长与人交往。他的父亲还经常带着孩子们到大自然中去，让他们领略大自然的美。父亲认为生命本身是美的，不论它表现为绿的树，还是红的花，都具有独自的美感。孩子们懂得了大自然的美丽、多彩以及奇妙。尼·玻尔说："这种求知的欲望一直伴随着我，使我在以后的科学生涯中对什么都要问个为什么，都要探个究竟，并始终保持了探索的习惯。"

尼·玻尔不仅有强烈的求知欲，而且还经常付诸于行动，他从小喜欢拆拆装装，在拆装中学到了许多知识。

有一次，他家自行车的链子坏了，本来也不是个大毛病，不难修理。但尼·玻尔却建议将车拆开，彻底地修一下。大人们都反对，认为只是车链子坏了，有必要把整个车都拆开吗？只有他的父亲明白，尼·玻尔是想借着这个机会，看看车的内部结构和各个部件的组合奥妙。父亲微笑着说服了众人，看着他把车拆开。但是拆开容易安装难，零件堆了一地，尼·玻尔却怎么也装不起来了。家人着急，尼·玻尔更着急。但他的父亲却很沉着，坚信儿子能装上。他鼓励儿子：别着急，先用脑子想好了，再动手。尼·玻尔终于弄明白了各个零件之间的关系，经过努力不仅把车组装好，而且骑起来非常灵活，几乎像新车一样。对于儿子的成功，父亲高兴极了，紧紧地拥抱了他。

尼·玻尔的母亲是一个温柔、善良的人，对孩子、对家人充满了爱心，而且对其他人也是一样。尼·玻尔的父母以培养孩子的爱心、好奇心和正确的思维方式为主，并不十分看重他们的考试成绩，所以，孩子们没有太多学习上的压力。这使尼·玻尔在成长中没有什么拘束，他的聪明才智得到了充分的发挥。尼·玻尔就生活在这样一个友爱、宽松、和谐，有丰厚的知识积淀又保护探索精神的家庭里。在这种家庭氛围中，尼·玻尔养成的勇于探索的精神，对他一生的学习、研究十分有用。

（3）父母要注意自己的言行

父母是孩子最主要的模范对象，因此，父母必须注意自己的一言一行，为孩子树立一个良好的模仿对象。孩子 2 ~ 3 岁的时候，中枢神经系统的机能不断加强，大脑结构日益完善，可以认识更多的东西了，这是模仿的最佳时期。这个时候的孩子最需要有玩伴。父母每天都必须抽出一定时间来陪孩子玩，这是十分重要的。

这个阶段的孩子已经不再满足小动物为伴了，他们常常会摆出"小大人"的样子，经常说"我自己来""我要那一个""你别动，我会"等。在这种情况下，父母应该逐渐增加模仿的难度，比如进行律动表演，可以按照乐感、调式、节奏、感情色彩等要求，让孩子做十分丰富明快的动作，很多孩子都会模仿得惟妙惟肖。

父母想要训练孩子的模仿力，最基本的概念就是放慢速度，听听孩子在说些什么。模仿并不是要告诉他，而是要找到孩子的频道、知道孩子的想法。想要找到他的频道，最好的方式就是试着慢下来，才能真正的了解孩子。

二、想象力比知识更重要

著名的教育家尼尔·波斯特曼批评说："孩子们入学时像个问号，毕业时却变成了句号。"习惯于寻求"唯一正确的答案"，严重地影响了孩子们对待问题和思考问题的方式，严重地束缚了他们的想象力和创造力。因此，哲学家艾米·查提尔说："当你只有一个点子时，这个点子再危险不过了。"儿童心理学家的研究表明，三至六岁是孩子想象力发展的关键时期，如果这一时期被忽略了，甚至是在有意无意间压制了儿童想象力的发展，那么日后绝对很难会有更大的发展了。

想象是智力发展的重要因素。人们把想象力比作智力的翅膀，孩子丰富的想象力是他们智力腾飞的重要条件。要开发孩子的智力，父母必须走进孩子的梦幻世界，去了解孩子，亲近孩子，发展并引导他们的想象力。世界著名的物理学家爱因斯坦据说是在一种近乎怪诞的想象中突发灵感而发现相对论的。夏天的一个早上，工作了一夜的爱因斯坦，走出了自己的书房。为了驱赶疲劳，他爬上了村子后面的一个小山头，躺在小山头上的一块平滑的大石头上，眯着眼睛向上看，这时东方的一轮红日正冉冉升起，万缕霞光穿过他的睫毛射进了他的眼睛，爱因斯坦好奇地想，如果能乘着一条光线去旅行，那将是什么样子呢？于是他展开了想像的翅膀，在近似梦幻的世界里作了一次宇宙旅行。神奇的想像力把他带进了一个地方，这个地方是经典物理学的观点所不能解释的。于是，爱因斯坦怀着急切的心情，走下山头，回到屋子里，提出了一种新的理论，以解释他的想象。而且他还坚信，这种理论比经典物理学还要正确，这就是震惊世界的"广义相对论"。

后来，爱因斯坦深有感触地说："想象力比知识更重要，因为知识是有限的，而想像力概括着世界的一切，推动着进步，并且是知识进化的源泉。"如果一个人想像力贫乏，思路狭窄，其智力就难以发展。因此，要开发孩子的智力就必须开发孩子的想像力。

操场上正在上体育课，孩子们第一次学怎么跳高，显得特别兴奋。他们一边嬉戏，一边听老师讲解跳高时应注意的事项。很快老师讲完了，但孩子们还没有安静。

"理查德·福斯特。"老师开始点名，让他试跳了。但这孩子正和身边的同学闹得欢，没有听见老师的话。

"理查德·福斯特，该你跳了！"老师见他不注意听，心中有些不高兴，提高了声音。

理查德·福斯特猛地听见了老师在让他跳高，一时慌了神，他赶忙向横杆跑去，结果跑到横杆时却是面向老师，背向横杆的。怎么办？小理查德·福斯特后退无路，忽然他脑子里灵光一闪，何不就此跳过去。于是他一咬牙，奋力一跃。

奇迹出现了，他竟然跳过了 1.8 米多，从此在世界体育运动史上出现了一种全新的跳高方式——背越式跳高。

在这里，小理查德·福斯特在跳高时所表现出来的，就是一种灵感的突发，使他在无意中创造出了一种全新的跳高方式。

创造性想象是想象力的最高表现形式。要使孩子的想象力达到这一水平，父母必须从孩子的无意想象的水平开始。心理学研究表明：在 8 岁以前的孩子中，无意想象占主导地位，他们的想象没有预定目的也没有任务，想象不能持久，不能坚持一个主题，随着外界事物的变化，他们想象的主题也极不稳定。

在儿童早期父母要顺应孩子的这种天性，让孩子天马行空地在自己想象的世界中驰骋，如果成年人太多地干涉，就会阻碍孩子想象力的进一步发展。

1. 保护孩子稀奇古怪的想法

儿童心理学专家巴特曼的研究表明，孩子在 1 岁左右就会想象了。如果你留心观察就会发现许多有趣的情境：一条普普通通的小板凳，到了孩子的手中却可以成为一匹奔驰的骏马，他可以骑着它在房间里驰骋。一只破旧的小纸盒，可以成为孩子心中的大轮船，一边向前推动，一边喊着"呜呜"的声音。总之，在儿童的梦幻世界里，有着无限的乐趣。

其实我们的孩子每一个都是天生的幻想家，他们有各种各样的奇思妙想，有许多在成年人看来都是不合常理的。对于孩子们这样的灵光不应加以否定、训斥，如果孩子总是在这样的环境中生活，那么他的灵感之光将会慢慢地熄灭，最后也只能成为一个普普通通的人。孩子的想象力的发展是他智力水平提高的重要标志。如何使孩子的梦幻世界更加绚丽？如何提升开发孩子的想象力？这是所有父母都关心的问题。

一天，8岁的朱丽叶交给约翰·霍尔特教授几页纸。朱丽叶说这是她写的《矮神仙》。教授接过一看，这是一本"天书"，许多字母或类似的字母形状的符号，在纸上排成行，有的稀些，有的密些，但写成的不是单词，而是一组组的字母。约翰·霍尔特教授看着这乱七八糟的字母，感到非常好笑，但作为一个儿童教育专家，教授知道，这些文字对朱丽叶来说却有重大的意义，这是孩子奇特想象力的表现，是她想说的事物，而且以为当她写出来的时候就是把想说的说出来了。

她继续那样写着，她写这些东西的时候，总是想把这些东西告诉约翰·霍尔特教授，模仿着妈妈给她讲故事的那种语气。她希望教授能听明白她想象世界里的那些"矮神仙"的故事。像朱丽叶这样的孩子在这种既按布置又不受约束的乱写阶段，能够写出很好的东西来。但是当她（他）们这些"天才"作家一旦知道"读者"——主要是她（他）们的父母事实上并不明白他们乱写东西的时候，是很沮丧的，而且很可能使他们的想象力渐渐地退化。

一天早晨，朱丽叶的妈妈进来告诉了教授一件事说："朱丽叶再也不给外祖母写信了，因为外祖母说不知道她在乱画些什么，自己一点也看不懂。"

这该多么令人伤心啊！小朱丽叶的天才想象没有得到她所敬爱的外祖母的理解，受到了很大的打击。也许这对一个成年人来说，是无所谓的，但对一个爱幻想的孩子来说，却是对心灵的一次创伤。从那以后的很长一段时间里，小朱丽叶没有提过她的"矮神仙"。

因此，从这个亲身经历过的例子中，约翰·霍尔特教授说，任何一个想开发孩子智力的父母，必须像保护一个刚出生的婴儿一样，来保护孩子的想象力，让它自由地在孩子心里生根、发芽、开花、结果。作为父母应要学会欣赏孩子特有的"符号"语言，尊重孩子的想象。对孩子来说，如果爷爷、奶奶、爸爸、妈妈，如果能分享他的想象，并对他的想象表示很感兴趣，那么会大大激发孩子的想象力的发展，会令他永生难忘的。

孩子的想象完全受他自己情绪的影响，尤其是幼儿初期，他们的想象更是受兴趣的影响，对自己感兴趣，喜欢的东西，常常玩而不倦，听而不厌。在绘画时，往往画了一张又一张同样的画；听故事时，往往喜欢听的故事重复好多次也不厌烦。在他们感兴趣的事情里，他们信步漫游，任意想象，感到无限的满足和欢乐。

任何创造发明几乎无不是突破原有旧的思维模式的束缚。这些创造发明的最初想法无一不表现出与现实世界的不协调，让世人所不能理解。然而恰恰正是这些"失真的梦幻"，近似荒诞的想法，却给人类社会创造出无数的奇迹。

1425年4月15日，在意大利的佛罗伦萨西南的一个小镇上，诞生了一个活泼可爱的小男孩。7岁时这个男孩对读书不感兴趣，而常偷偷溜出学校去田野里玩。

他的天真与好奇心，只有在美丽的大自然中才能得到满足。他经常一清早就从家里出来，在上课之前躺在山谷的草地上，出神地注视着平地飞起的云雀，想象着它们飞翔的奥秘，或者眺望远处隐隐约约的阿尔卑斯山的雪峰，不知道那上面是否住着神仙。有时他想象着自己身上长了翅膀，像云雀一样，飞到阿尔卑斯山，去找山上住的神仙。每次外出，他总会带回一些奇形怪状的小动物或奇花异苹，回家后观察，描绘。

曾有一次，他花了一个月的时间把搜集到的蜥蜴、蛇、蜘蛛、蜈蚣等各种小动物集中起来，从中选出具有特色的身体部分，拼凑起来再放大，画出了一个似幻似真的可怕的怪物。这位有着特别想象力的小男孩，就是后来著名的画家列奥纳多·达·芬奇。

在达·芬奇成名的道路上，不可否认他的勤奋与刻苦，但谁又能否认他那丰富而奇特的想象力对他的帮助呢？其实世界上的每个孩子，包括你的孩子，都是天生的梦想家。

西方教育界权威给我们的答案是：幻想，甚至带有荒唐色彩的幻想，一般集中发生在孩子的幼儿期，即2~4岁之间，是孩子成长过程中的一种自然表现，而且对孩子的人格成长起着积极、重要的作用。而在孩子长到四五岁之后，单纯幻想便很少光顾孩子的精神世界，取而代之的往往是更为理性的想象。

西方的一些儿童心理学家认为，幻想对幼儿的人格成长有如下好处：

①帮助培养想象力。幻想是想象的基础．善于幻想的孩子长大后往往会拥有较丰富的想象力。而众所周知，想象力对培养一个人的形象思维能力和艺术、科学才能是至关重要的。

②丰富情感体验。在幻想世界中．孩子可通过扮演各种各样的角色，来体验喜怒哀乐以及遗憾。嫉妒、惊恐等种种在现实生活中难以体验到的情感。由此对人的情感世界便可能拥有更为真切、感性的认识。

③增强交际能力。孩子在幻想世界里，可以有机会充当形形色色的人物．同时也可与形形色色的角色相遇、相处，由此孩子便可能在真实世界以外的另一虚拟世界学到如何与形形色色的不同人物交际或交流的本领。

④提高分析，解决问题的能力。别以为孩子的幻想世界荒诞不经，其实这是帮助孩子提高分析和解决问题的能力的大课堂。要知道，正因为孩子的幻想世界可能无所不包，他们才可能遇到比现实生活更为丰富多彩的问题或难题，而通过对假设问题或难题的解决．他们分析和解决问题的能力也可获得提高。

⑤保持心理平衡。很多小孩子，已开始了解世上有不少东西是自己永远无法拥有的，有不少事情也是自己无能为力去做的——面对这些无望。无助的消极感觉，幻想世界却是绝好的帮助他躲避的港湾和发泄情绪的出气口，由此心理便可获取新的平衡。

⑥增添亲情和友情。在孩子幻想世界中"粉墨登场"的大多是双亲、爷爷奶奶和最要好的小伙伴，当然更少不了孩子自己。而正是在一幕接一幕的"激情演出"中，亲情和友情在下意识中获得了增添。

2. 呵护孩子的想象思维

西方学者研究表明，如果一个人在小时候想象力得不到发展，他非但不能成为诗人、小说家、雕刻家、画家，而且也成不了建筑家、科学家、法律学家、数学家。有人认为当数学家和科学家用不着想象，这是不符合事实的。想象对于任何人都是必要的。发明家发明机械、学者发现真理、建筑学家设计建筑物时都离不开想象。拿破仑曾说过："想象支配着整个世界。"这确实是至理名言。

靠想象取得举世瞩目的成就的例子不胜枚举。福尔敦在发明汽船之前，首先就是通过想象的眼睛看见了在大洋里航行的汽船，莱特兄弟发明飞机之前，也是用想象的眼睛看见了在空中飞翔的飞机；马可尼在发明无线电之前，首先用想象的眼睛看见了远隔千里通信的情景。他们就是这样发明了汽船、飞机和无线电的。拉裴尔能画出美妙的图画，爱迪生能有惊人的发明，也都是想象的结果。

作为父母您是否会有这样的"遭遇"：当您走进孩子的房间时，看见他正平静地坐在地板上，当您想了解他正在做什么。他却突然大声尖叫："你别过来，小心踩到我的宫殿！"可是，事实上，地上什么都没有，您却被孩子吓了一跳。

偶尔是否还会有这样的事情发生：您的孩子不知什么时候喜欢上了自言自语，但却说有朋友正在和他交谈，更让人不可理解的是他还说这个朋友有自己的名字、自己的性格和自己的故事。遇到任何事情，您的孩子都要同他的"朋友"商量，听取他的意见，寻求他的帮助。这种情况简直让您有些担心了。

在类似情况下，您切记不要生硬地把孩子拉回现实生活。这样做的结果只会吓坏了孩子，或者使他更加茫然并远离现实生活。父母需要对孩子的幻想从内容到方式给予合理、科学的引导，一旦发现孩子的幻想过于荒诞不经，可帮助分析其不合理性，从而诱导孩子步入一个更为健康的幻想世界；帮助孩子了解幻想世界毕竟与现实生活有着巨大区别；制止孩子借幻想而撒谎；教育孩子不能过度沉湎于幻想而难以自拔甚至想入非非等。

当您的孩子向您发出"你别过来，小心踩到我的宫殿！"的警告时，您不妨温和地对他说："哦，真对不起，弄坏了你的宫殿，我来帮你修一修。"然后做出修的动作，"修"一会儿再对他说："现在修好了，我还给你装上了一把锁，为你锁上了门，没你的允许谁也进不去你的宫殿。"和孩子一起共同想象，让他明白，你也有

一个想象的世界。邀他进入你的世界，他就会允许你进入他的
世界。

因此，对孩子来说，想象比拥有百万家财还重要。凡是年幼时
充分发展了想象力的人，当他遭到不幸时也会感到幸福，当他陷于
贫困时也会感到快活。所以说，世界上最不幸的人，就是不善于想
象的人。这种人在社会竞争中，必然遭受挫折。

有人认为神话没有任何价值予以排斥。但是，美国享有盛名的
早期教育家斯特娜夫人却相反，她非常欢迎它们。据她观察，同样
是眺望天空的星星，懂得神话的孩子的感触，与不懂神话的孩子的
感触就完全不一样。由于她经常对女儿维尼讲神话故事，致使维尼
对天文学产生了兴趣。

在培养孩子的想象力和行为习惯方面，神话和儿歌会起到神奇
般的作用。因此，斯特娜夫人非常重视利用它们来教育小维尼。她
在书中有如下记录：

我的家中不排斥仙女，我经常给女儿讲传说和儿歌，使她知道
大自然是仙女居住的可爱世界。因此，她从小就爱大自然。同时，
她还从传说和儿歌中学到了许多优秀的道德和品质，如正直、亲
切、勇敢、克己等。

由于孩子们缺乏社会生活经验。不懂得善为什么是善，恶为什
么是恶。为了让他们分清善恶。最好的方法就是给他们讲述传说和
儿歌。斯特娜夫人还用这种方法矫正女儿的不良行为，巩固和发展
她的一些好的方面。

为了发展维尼的想象力，斯特娜夫人不仅向女儿讲述已有的传
说和童话，而且还让她看有趣的画儿，进而让她自己讲述自编的故
事，并鼓励她把故事写成文章。

发展孩子的想象力最有效的方法是自己表演儿歌和传说的内
容。表演需要背景，但是没有背景也可以，这正是发展孩子想象力
的机会。儿童剧场的创始人阿里斯·朋尼·赫茨女士也这样认为：
儿童剧场的背景和装扮若过于逼真，孩子们就没有想象的余地了，
这样反而不能促进他们想象力的发展。她还说，今天的教育的不足
之处就在于过于现实，没有发展孩子的想象力。

为了发展女儿的想象力，斯特娜夫人还和女儿各交了一个想象中的朋友。

我和维尼各有一位想象中的朋友，一个叫内里，另一个叫普西。当我我们住在农村远离朋友们时，我们就请出两个想象的朋友，这样我们可以四个人一起玩。所以，维尼任何时候也不会感到无聊、苦恼。令人可笑的是，有一次保姆说："太太，你的女儿有些怪。好像是在和幽灵玩儿。"

对于启发孩子想象力的玩具，斯特娜夫人也有自己独到的见解。

我认为小孩子的玩具不应是完整无缺的，而应是简单结实的。理由是：第一，完整的玩具价钱贵且易坏，很不经济；第二，不能发展孩子的想象力。因此，这类玩具就失去了其应有的价值了。我从维尼小时侯起，就只给她布做的娃娃和胶皮娃娃。与那种容易坏的珍贵娃娃相比，胶皮娃娃可以同维尼一起睡觉；还可以一同洗澡。只有这样才能发展孩子的想象力，它们才具有玩具的价值。

从同样的道理出发，斯特娜夫人很少给维尼制好的玩具，而是给她剪刀和碎布等，让她自己缝制娃娃的服装；给她买家庭用具的玩具，让她模仿日常生活。

有的母亲因不了解孩子们的想象世界，当孩子用木片和纸盒等建造城市、宫殿时，她们为了收拾屋子，往往不跟孩子打招呼就破坏了孩子的游戏，这就无情地摧残了孩子的精神世界。这样做非常不对。这一举动，不仅剥夺了孩子游戏的欢乐，而且有碍于孩子将来成为诗人、学者、发明家……

3. 天才都是"玩"出来的

玩是孩子的天性，而且聪明的孩子总有他自己的一套特有的玩的方式。孩子从一生下来，就是通过玩这种活动来了解世界的，他们的想象力创造力常常萌芽于其中。

例如，有时候他们会"肢解"玩具甚至"破坏"玩具，其动机是急于了解玩具的"秘密"，寻找问题的答案，在这一过程中闪现

着探索和创造的宝贵因素。在这方面上可以说，成人反而不及
孩子。

孩子在玩的过程中表现出来的好奇心是人类身上最宝贵的东
西，应该加以尊重、理解、鼓励和引导。如果父母对他们加以讥
笑、奚落、训斥，那无异于压抑了孩子的好奇心，扼杀了孩子的探
索兴趣，掐掉了他们那智慧的幼芽，对他们的成长、成才非常
不利。

美国加州理工学院教授费曼的经历就是一个很好的证明。

费曼在理论物理界有崇高威望，曾参加著名的曼哈顿计划，并
以在量子电动力学理论方面的开拓性研究成就获得了诺贝尔奖金。

然而，最令费曼感到得意的并不是这些荣誉，而是他一生中率
性而为的那些恶作剧和充满孩子气的智慧游戏。

费曼从小对科学很有兴趣，认为探索周围的一切非常好玩。11
岁时，他就拥有自己的"实验室"——地下室里的一个小角落，一
个装上间隔的旧木箱、一个电热盘、一个蓄电池，一个自制的灯
座，等等。就是用这些简单的设备，费曼学会了电路的并联和串
联，学会了如何让每个灯泡渐次慢慢地亮起来，他后来说："那情
形真是美极了。"

他还经常为邻近的孩子表演魔术——各种利用化学原理的魔
术，比如把酒变成水等等。他还经常和小朋友发明各种戏法，玩得
非常开心。

这与其说是"实验室"不如说是"儿童乐园"。因为实验对他
是一种游戏。谁能说这种玩乐和游戏不正是培养诺贝尔奖金获得者
的温床呢？

著名的物理学家欧许若夫也有一个充满刺激和惊险的童年。

六岁时，他就喜欢"肢解"玩具中的电动马达，从此生活中填
满了各式物理、化学、电子实验；读高中时，他就自己造了一台十
万伏特的 X 光机。当然，并非所有的实验都很顺利。有一次，他自
制了一支来福枪，因不小心走火，子弹穿透了家里的两面墙壁；还
有一次做实验时，差一点炸伤了自己的右眼。当初，谁也没有想到
这个喜欢冒险的家伙后来竟然攀上了科学高峰，获得了诺贝尔物理

学奖。

孩子对玩这件事很感兴趣，有些父母则对孩子的玩持不赞同的态度。其实玩是孩子的天性，而且他们能通过玩这种方式来了解世界，他们的想象力和创造力只能在这个过程中才能发展起来。

美国飞机发明家莱特兄弟在《我们是怎样发明飞机的?》一书中耐人寻味地回忆道：

我们对飞机最早发生兴趣是从儿童时代开始的。父亲给我们带回来一个小玩具。用橡皮筋做动力，使它飞入空中。我们就照这个玩具仿制了几个，都能成功地飞起来。

就是这种能飞的玩具，使莱特兄弟玩得十分上瘾，并引发了造飞机的想法。后来，他们几经周折在滑翔机上安装了发动机和螺旋桨，让世界上第一架真正的飞机飞上了蓝天。其中使用的螺旋桨。就是少年时的玩具上的那种螺旋桨。

有这样一个故事：邻居小孩子一块玩耍。他们模仿大人，把镜片架在自己的眼睛上。可是他们既不近视也不老花，只有把它们举在离眼睛比较远的地方才能看清楚镜片后面的东西。有一个淘气的孩子，想了一个"异想天开"的游戏方法：一只手拿着近视镜片，一只手拿着老花镜片，把它们一前一后地拿在眼前向远处一望，不由惊喜地喊了起来："喔！真奇怪，礼拜堂的尖塔，突然变得这么接近呢！"

孩子们在游戏中，发现了可以望远的透镜。眼镜店店主汉斯就照这个方法，发明了世界上第一架望远镜。

心理学家塞德兹认为，在教育上最重要的是不要胡乱给孩子灌输术语和公式，而要诱导他们自由地发挥出天才潜在的能力。而对于孩子来说，最佳的诱导方式当然是做游戏。

有一次小塞德兹独自一人在院子里玩耍。他喜欢玩"开火车"的游戏，就是把一些木块连成一串，充作车厢，他在前面拉着"车厢"冒充火车头。他做这个游戏做得很认真，不光要像火车那样发出"呜呜"和"哐啷哐啷"的声音，还要负责在到站时报站名，招呼想象中的"旅客"上下车。

这天，小塞德兹突然想到要增加几节车厢，使这个"火车头"

能带领更长的火车。可是带钩子的小方木块都用完了，怎么办呢？小塞德兹想到了刚刚买回来的磁铁块，用绳子拴在最后面，刚刚合适。

他拴好一块磁铁，又拿来另一块。可是，好像突然着了魔一般，那块磁铁怎么也不肯乖乖地跟在第一块的后面。他一把它放到后面，就有一股力量将他的手弹开。小塞德兹用尽了全身的力气，可是那两块磁铁怎么也不肯吸在一起。

小塞德兹呆呆地看着手中的两块磁铁，好一会儿，他忽然大叫起来："爸爸，爸爸，快来看呀，这两块磁铁里住着两个小精灵！它们不愿意在一起。他们闹别扭了，谁也不理谁。"

塞德兹忍住笑说："傻儿子，这可不是什么精灵，这是磁力的一个重要原理，磁铁分为正极和负极，而且'同极相斥，异极相吸'。你手上这两块磁铁都是正极，当然会因为相斥而弹开啦。"

"真的吗？"小塞德兹怀疑地说。

"不信？你拿那一块磁铁过来，对，就是缺了角的那块。这块磁铁是负极的，你再试试看，它们会吸到一起的。"

"真的！"小塞德兹觉得有趣极了，他的问题立即成串地出来了，"正极和负极是什么东西？磁铁为什么要分成正极和负极？为什么正极和负极就要吸在一起呢？"

塞德兹趁机教了他很多知识，因为这些知识都是与游戏紧密结合的，所以小塞德兹学习起来毫不费劲。

为了开发儿子的想象力和创造力，塞德兹设计了各式各样的游戏。例如，他曾经送给儿子一个小玩具。用橡皮筋做动力可飞入空中。小塞德兹非常喜欢，马上就联想到它与飞机的相似之处。他照着这个玩具仿制了几个，都能成功地飞起来。小塞德兹正是在这个玩具的启发下，明白了飞机飞上天的原理，从而开始制作航空模型。

就是这样，通过不断地游戏和动手玩耍，小塞德兹的潜在能力得到了最好的开发。当后来人们称赞他多么富有天才时，孰不知，他的天才都是"玩"出来的啊！

三、让孩子学会独立思考

让孩子独立去思考问题的目的就是要培养孩子的独立思考能力。这是开拓孩子智力的核心。

一个在英国生活了三个多月的中国人、几乎听遍了英国每一个年级的每一个学科的课程，他对英国的教学方式很有感触：

我在英国三个多月的生活中，有一种感受，英国的老师在课堂教学中运用信息技术手段是很平常的，习惯性的，绝不像在中国，只有公开课才做做秀。他们运用信息技术的目的之一就是启发孩子多方面的思维能力，而且他们的信息技术与课程整合的做法和形式多种多样，每一种都为了能最大限度地锻炼孩子的思维能力。比如：学习写诗，以各种颜色为主题，老师会问学生："你最喜欢什么颜色？"学生回答"蓝色"，老师进一步引导学生："哪些东西是蓝色的？"学生回答"天空是蓝色的、大海是蓝色的……"。老师还会用他们的信息技术给孩子介绍一些相关的知识。在老师的启发下，学生积极地思考，非常活跃。等接下来学生开始写诗的时候，就非常容易了。

在西方的教育观念中，一个重要的思想就是，孩子独立的思维能力重于一切，给孩子独立思考问题的条件和机会。或者启发孩子来思考，而不是代孩子来思考。

独立思考问题的能力是智力的核心。培养孩子独立思考问题的能力，对于开拓孩子的智慧是极为重要的。孩子独立思考问题能力的形成：需要两个重要条件，即孩子独立思考问题的机会和父母对孩子的启发。这两个条件缺一不可。

给孩子独立思考问题的机会，首先需要父母扔掉代替孩子思考或者直接给孩子答案的习惯，为孩子创造良好的环境气氛。为了使孩子能自由活动，安心畅想，父母要为孩子提供友好的、愉快的。有鼓励性的、具有良好的心理学气氛的环境。即使父母不同意孩子的想法和愿望，也应该让他明白：爸爸妈妈对这些想法和愿望还是重视的。应该鼓励孩子和父母对一些事情展开讨论。

给孩子独立思考问题的机会更需要父母给孩子独立实践的机会。人的思维活动不是凭空产生的，而是通过实践，在积累大量感知材料的基础上加工而成的。

因此，要从日常生活中锻炼孩子的独立自主能力，不断丰富和发展孩子对自然与社会环境的感性知识和经验，从而培养孩子思维的独立性。

1. 让孩子自己想办法解决问题

玛丽从小在姥姥家里长大，由于姥姥的过度保护，玛丽的自理能力很差，十分胆小。现在玛丽都已经 4 岁了，就连别的小朋友玩滑梯时，她也总是躲得远远的。玛丽的妈妈为此很着急。她决心要培养孩子的自立意识，锻炼孩子的胆量。

这天，玛丽又站得很远，在那里看小朋友玩滑梯，自己却不敢试试。这时，妈妈走过去，问："你看好玩吗？"玛丽说："好玩。"妈妈说："那咱们走近一点。"妈妈就拉她靠近滑梯。她看到别人玩得那么高兴，越看越眼馋。妈妈进一步诱导说："你也滑一次好吗？"玛丽吓得赶紧往后面缩。妈妈说："这么办，妈妈抱着你，咱俩一起滑，好吗？"玛丽勉强同意了。在妈妈的怀里，玛丽有了安全感，她和妈妈一起滑了下来。妈妈问："好玩吗？"玛丽说："好玩。"妈妈又问："害怕吗？"玛丽说："不害怕。"妈妈说："你真勇敢！这回你自己玩，好吗？我在旁边保护你。"玛丽终于敢自己玩滑梯了。而且，在妈妈的培养和鼓励下，玛丽的自理能力开始不断增强。

美国很多孩子从小就独居一室。孩子长到五六岁时，有了害怕的心理，父母就给买一种很小很暗的灯，彻夜亮着，以驱逐孩子对黑夜的恐惧。晚上睡觉前父母到孩子房间给孩子一个吻，说句："孩子，我爱你！晚安！做个好梦！"就到自己卧室了。孩子就抱个布娃娃、布狗熊之类的玩具安然入睡了。

在现实生活中，很多父母习惯于代孩子发现问题，并以自己的方式去为孩子解决问题，而不是让孩子自己想办法解决问题，这实在是越俎代庖。

6 岁的亚利克斯是个好动的，甚至有时比较挑衅的小男孩，当然他也不是很擅长处理自己遇到的麻烦。一天在幼儿园里，亚利克斯把他的磁铁借给了他的同伴乔纳森，可没一会儿他就想把它要回来了。乔纳森拒绝了亚利克斯的要求，于是亚利克斯就跟乔纳森打了起来，把磁铁抢走了。回家后，亚利克斯的妈妈询问了孩子这件事情。

妈妈：亚利克斯，你们老师告诉我你又抢玩具了。告诉我这是怎么回事。（母亲正在帮助孩子认识这个问题）

亚利克斯：乔纳森拿了我的磁铁。他不还我了。

妈妈：你为什么必须在那个时候把玩具要回来呢？（母亲为获取更多的信息）

亚利克斯：他已经玩儿了很久了。

妈妈：你把玩具抢回来了，那么你觉得乔纳森会怎么想？（母亲帮助孩子为别人的感受着想）

亚利克斯他一定气疯了，不过我不在乎，那磁铁本来就是我的。

妈妈：你抢玩具的时候乔纳森有什么反应？（母亲帮助孩子认识他的言行产生的后果）

亚利克斯：他打我了。

妈妈：他打你时你有什么感受啊？（母亲帮助孩子认识自己的感受）

亚利克斯：我也气疯了。

妈妈：你气疯了，你的朋友也气。疯了，所以他打了你。如果你能想个别的办法把玩具拿回来，同时又不让你跟你的朋友生气，这样他不就不打你了吗？

亚利克斯：我可以跟他要回来。

妈妈：接下来会怎样？（母亲也要引导孩子设想正面解决问题会产生什么样的后果）

亚利克斯：他不会同意的。

妈妈：也许他不会同意。那你还有别的办法可以拿回你的玩具

吗？（继续停留在这个问题上，鼓励孩子想出更多的解决方法）

亚利克斯：我可以让他玩儿我的玩具汽车。

妈妈：很好。你有两个好办法了。

看了这样的小故事，你一定会为亚利克斯的妈妈启发孩子思考问题、解决问题的方法感到佩服吧。很多父母在孩子遇到麻烦时，总是以自己的思考方式去为孩子解决问题，却忽视了去启发，鼓励孩子自己发现问题，然后解决问题，结果孩子还是会处在不断的麻烦中而不知所措。

在问题面前，请不要代替孩子来思考，因为您的孩子自己就有思考问题的能力。

教育的首要之义在于培养孩子基本的适应社会的能力，这是毫无疑问的。然而很多父母却恰恰忽视了这一点，他们不懂得让孩子自己照料自己，而是一味地对孩子的事情大包大揽。

有位父母问一位教育专家："我的孩子现在简直是无法无天了，谁都管不了，这到底是为什么呢？"

教育专家反问父母："你经常帮孩子叠被子吗？"

父母："是的，经常叠。"

教育专家说："你也经常给孩子擦皮鞋吗？"

父母："不错，经常擦。"

教育专家说："原因就是在这里了。"

教育专家又问父母"如果你的孩子拿着杯子歪歪倒倒地走过来，不小心一下把水泼在沙发上，你是否会把孩子赶到一边，然后心疼地去收拾残局呢？孩子早上起来自己穿衣服，结果总是把袖子穿反了，把裤子拧成一团，你是否会因为孩子耽误了时间而大声地禁止孩子，并且动手代劳呢？你是否每天都让孩子自己去洗脸、洗脚、洗袜子、整理床铺呢？"

父母听了这些，就默不作声了。

孩子的能力不是天生的，而是在父母的鼓励和引导下，逐步锻炼出来的。鼓励孩子尽量不要依靠成年人，这是西方家庭教育必须进行的基本内容之一。每个人来到世间都只是一个无知无识的生命个体，缺乏适应社会生活的基本能力，因此，要把他培养成人、成才，甚至培养咸未来社会的栋梁，首先要使其具备基本的生活能力，鼓励孩子尽可能地不要依靠自己的父母和长辈，这对任何孩子来说都是绝对必要的。

2. 启发孩子而不是代孩子思考

看下面这个小故事：

一次，一位母亲教孩子去买米。女儿拿了两个提包准备出门，母亲看见，把女儿叫住了："你怎么不拿小椎车去推呢？还拿两个提包！"

女儿说："我拿两个提包，一手提十斤提回来了，何必还推什么车子呢？"

母亲却坚持说："当然是推车子方便得多啦！"

其实，这种争论没有必要的。可能母亲的说法是对的，可是女儿喜欢用手提，就让她提好了。如果真是吃力的话，那么下次不用大人提醒，她也会自己要用推车的。这既是对女儿的尊重，也是让孩子们自己到生活中去学会经验。一个人只有通过自己的实践获得的知识也才最牢固。

有这样一个故事：

一个十四五岁的男孩来到青春的路口，似乎有那么一条小路若隐若现，召唤着他前进。

他的母亲拦住他："孩子，那条路走不得。"

孩子说："我不信。"

母亲说："我就是从那条路上走过来的，你怎么还不相信？要知河深浅，要问过来人。"

孩子说："既然你可以从那条路上走过来，我为什么不能走过来？"

母亲说："我不希望你走弯路。"

孩子说："我喜欢，我不怕。"

母亲的想了很久，看了孩子很久，然后叹口气说："好吧。你这孩子太倔强了，那条路很难走，一路多加小心。"

孩子雄心勃勃地上路了。在路上，孩子发现母亲没有骗他，那的确是条弯路。孩子碰了壁，摔了跟头，有时碰得头破血流，但是他不停地走，终于走过来了。可是这一走就是多年。

他坐下来喘息的时候，看见一个女孩，自然也很年轻，正站在当年男孩出发的路口准备出发。

当年的男孩忍不住喊："那条路走不得！"

女孩不信。

当年的男孩说："我母亲就是从那条路上走过来的，我也是。我知道那条路不好走！;

女孩说："既然你们都从那条路上走过来了，我为什么不能？"

他说："我不想让你走同样的弯路。"

女孩说："我喜欢！我愿意。这是我的权利。"

当年的男孩看看女孩，又看看自己，然后笑了：

"一路小心。"

西方人喜欢实际，鼓励孩子去体验，虽然不一定正确，但是很多孩子喜欢。感悟是一辈子的事情，让孩子学会感悟，这是一种很好的方法。同时，一个人只有对生活有自己的看法，才能肯定自己的生存的目的，并能为达到目的而努力。当然，在孩子这样做时，也不应排斥向父母请教，排斥父母的教导与提醒。

在美国的教育观念中，一个重要的思想就是，孩子独立的思维能力重于一切，给孩子独立思考问题的条件和机会，或者启发孩子来思考，而不是代孩子来思考。

小时候，父亲常在周末带费曼去山上，在漫步丛林的时候给费曼讲好多关于树林里动植物的新鲜事儿。

费曼爸爸经常这样教给孩子知识和思考："看见那鸟儿了么？那是一只斯氏鸣禽。意大利人把它叫做'查图拉波替达'，葡萄牙人叫它'彭达皮达'，中国人叫它'春兰鹅'，日本人叫它'卡塔诺特克达'。现在你仅仅是知道了世界不同地区的人怎么称呼它。可还是一点儿也不懂得它。我们还是来仔细瞧瞧它在做什么吧——那才是真正重要的。"

费曼于是很早就学会了"知道一个东西的名字"和"真正懂得

一个东西"的区别。

爸爸说："瞧，那鸟儿正在啄它的羽毛。它为什么要这样做呢？"

"大概是飞翔的时候弄乱了羽毛，要把羽毛梳理整齐。"费曼说。

结果费曼发现，鸟儿们在刚飞完和过了一会儿之后，啄的次数差不多。

"因为有虱子。"爸爸说，"虱子在吃它羽毛上的蛋白质。虱子的腿上又分泌蜡，蜡又有螨来吃，螨吃了不消化，就拉出来黏黏的像糖一样的东西，细菌于是又在这上头生长。"

"只要哪儿有食物，哪儿就会有某种生物以之为生。"现在，费曼知道鸟腿上未必有虱子，虱子腿上也未必有螨。爸爸的故事在细节上未必对，但是在原则上是正确的。

又有一次，爸爸摘了一片树叶，费曼注意到树叶上有一个 C 形的坏死的地方。"有一只蝇，在这儿下了卵，卵变成了蛆，蛆以吃树叶为生。它每吃一点就在后边留下了坏死的组织。它边吃边长大，吃的也就越多，这条坏死的线也就越宽。直到蛆变成了蛹，又变成了蝇，从树叶上飞走了，它又会到另一片树叶上去产卵。"爸爸解说着。

同上一例一样，爸爸说的细节未必对——没准儿那不是蝇而是甲壳虫，但是他指出的那个概念却是生命现象中极有趣的一面：生殖繁衍是最终的目的。

一天，费曼在玩马车玩具，车斗里有一个小球。费曼说："爸爸，我观察到一个现象。当我拉动马车的时候，小球往后走；当马车在走而我把它停住的时候，小球往前滚。这是为什么？"

"因为运动的物质总是趋于保持运动，静止的东西总是趋于保持静止，除非你去推它。这种趋势就是惯性。但是，还没有人知道为什么是这样。"这是很深入的理解，爸爸并不只是给费曼一个名词。

父亲用许多这样的实例来和费曼进行兴趣盎然的讨论，没有对费曼施加任何压力，这使费曼对所有的科学领域着迷，使费曼走上了学物理的道路，并最终获取了诺贝尔物理学奖。

给孩子独立思考问题的机会，首先需要父母扔掉代替孩子思考或者直接给孩子答案的习惯，为孩子创造良好的环境气氛。为了使孩子能自由活动，安心畅想，父母要为孩子提供友好的、愉快的、有鼓励性的、具有良好的心理学气氛的环境。即使父母不同意孩子的想法和愿望，也应该让他明白：爸爸妈妈对这些想法和愿望还是重视的。应该鼓励孩子和父母对一些事情展开讨论。

给孩子独立思考问题的机会更需要父母给孩子独立实践的机会。人的思维活动不是凭空产生的，而是通过实践，在积累大量感知材料的基础上加工而成的。

因此，要从日常生活中锻炼孩子的独立自主能力，不断丰富和发展孩子对自然与社会环境的感性知识和经验，从而培养孩子思维的独立性。

3. 让孩子学会不盲从

发现"万有引力"的牛顿，少年时代很少和同龄的孩子一起玩耍，而爱独立摸索研究事物，在学校里他曾被讥嘲为"乡巴佬"。发明"相对论"的爱因斯坦的座右铭之一就是"从他人的意见中独立出来"。

这两个大科学家的发明和创见，正是因为他们能够独排众议，独立思索的结果。当然，要求所有的孩子都这样做是不容易的，因为很多孩子都很难顶住外界的冷嘲热讽和各种压力。有一定的执着，才可能有一定的创造力。

这个道理可能很多父母都能够理解，可是很多父母还是喜欢自己的孩子在家里言听计从，在外不标新立异。当自己的孩子与别人的意见不合时，父母的担心就是恐怕因此让孩子背上"不合群"的骂名，遭受讨厌的后果。这实际上是强迫孩子顺从大家的意见，这是不利于孩子创造力的发展的。

法国人的做法值得学习。他们认为，容易受别人意见左右的人没有主见。因此，他们积极鼓励孩子发表不同的意见。我们发现，法国人喜欢孩子相互讨论问题，通过这种方法来磨练孩子的处事能力。

因此，在孩子反对父母的意见时，我们不应轻易地责备孩子不听话。如果孩子的意见是错误的，也应该耐心地说明、解释。这样，才能养成孩子有主见、有创造性的思想。而想要让孩子不盲从，具备这种能力，就需要从小培养他们独立思考的习惯。

创造力依赖于创造性思维。要想给孩子一个成功的人生，就需要让他的思维从从众的心理中挣脱出来，养成独立思考的好习惯。

一天，在课堂上，苏格拉底拿出一个苹果，站在讲台前对同学们说："请大家闻闻现在的空气中有什么气味。"

一位学生举手回答："我闻到了，是苹果的香味。"苏格拉底走下讲台，举着苹果慢慢地从每一个同学面前走过，并叮嘱道："大家再仔细闻一闻，空气中有没有苹果的香味？"

这时，已有半数的学生举起了手。苏格拉底回到讲台，又重复了刚才的问题。这一次，除了一名学生没有举手外，其他人全部举起了手。苏格拉底走到这名没举手的学生面前问："难道你真的什么气味也没有闻到？"那个学生肯定地说："我真的什么也没有闻到！"这时，苏格拉底对大家宣布："他是对的，因为这是一个假苹果。"

这个学生就是后来大名鼎鼎的哲学家柏拉图。

如果没有独立的思考，柏拉图就不会在真理的探究之路上走得那么远。

独立思考，包括独立地发现问题、提出问题和分析问题的思路和方法。

善于独立思考，遇事运用自己的眼睛去观察问题，用自己的头脑去思考问题，就能创造性地认识和探索解决问题的途径。孩子如果养成这样的习惯，不仅有利于现在的学习，也能为将来的学习乃至终生的事业奠定基础。所以，我们要告诉我们的孩子：不要迷信书本！不要迷信古人！不要迷信权威！不要迷信老师！也不要迷信父母！

在青少年时代，孩子们的大脑中有太多等待解决的问题，充满了一个又一个的问号。每解决一个问题，他们都会有一分惊喜。他们应该用自己的思考把自己头脑中的一个个问号拉直，变成一个个叹号！要让我们的孩子用自己的眼睛观察现实生活，用自己的耳朵聆听时代声音，用自己的脑袋思考面临的问题。在深入思考之后产生的信仰才是最坚定的信仰。只有经过自己的思索、探讨，得到的结论才真正属于自己！

美国的基础教育，主要培养学生们的独立思考能力。教育的目的在很大程度上是为未来自我价值的实现打好基础。相比之下，中国的孩子往往缺少这方面的训练，这正是因为不重视独立思考让孩子们不能充分建立起自我价值。

在美国，有一档很受欢迎的电视节目，黑人笑星比尔·考斯彼主持的《孩子说的出人意料的东西》。这个节目在让人捧腹的同时，也让人深思。

有一次，比尔问一个七八岁的女孩："你长大以后想当什么？"

女孩很自信地答道："总统！"全场观众哗然。

比尔作滑稽的吃惊状，然后问："那你说说看，为什么美国至今没有女总统？"

女孩想都没想就回答："因为男人不投她的票。"全场一片笑声。

比尔："你肯定是因为男人不投她的票吗？"

女孩不屑地答道："当然肯定！"

比尔意味深长地笑笑，对全场观众说："请投她票的男人举手！"伴随着笑声，有不少男人举手。比尔得意地说："你看，有不少男人投你的票呀！"

女孩不为所动，淡淡地说："还不到三分之一！"

比尔做出不相信又不高兴的样子，对观众说道："请在场的所有男人把手举起来！"言下之意，不举手的就不是男人。哪个男人"敢"不举手？在哄堂大笑中，男人们的手一片林立。比尔故作严肃地说："请投她票的男人仍然举手，不投的放下手。"比尔这一招厉害：在众目睽睽之下，要大男人们把已经举起的手再放下来，确实不太容易。这样一来，虽然仍有人放下手，但"投"她的票的男人多了许多。比尔得意洋洋地说道："怎么样？'总统女士'，这回可是有三分之二的男人投你的票啦。"沸腾的场面突然静了下来，人们要看这个女孩还能说什么？

女孩露出了一丝与童稚不太相称的轻蔑的笑意："他们不诚实，他们心里并不愿投我的票！"许多人目瞪口呆。然后是一片掌声，一片惊叹……

这就是典型的美式独立思考。没有独立思考的孩子，就没有独立性。要培养孩子的独立思考，就要提供一些机会给孩子自己去思考，去感觉：什么对，什么错，什么应该做，什么不应该做。

第 十 章

锻炼孩子承受挫折的素质

一位美国儿童心理卫生专家说过："有十分幸福童年的人常常会有不幸的成年。"很少遭受挫折的孩子在长大后常会因为不适应激烈的竞争和复杂多变的社会而深感痛苦。因此，对孩子进行"挫折教育"，提高孩子对挫折的心理承受力是非常必要的，而"挫折教育"的核心是培养孩子一种内在的自信和乐观。换而言之，就是我们不仅要培养孩子拥有敢于面对困境的勇气、战胜困难的毅力和百折不挠的精神，还要让孩子学会在逆境中看到希望，对生活持有乐观的态度，让孩子拥有幸福的品质。

有不少父母总是想方设法排除一切干扰，让孩子顺利成长，这是可以理解的。但是，孩子由于缺少甚至没有经历挫折，所以很难培养起挫折适应能力。如果孩子缺乏这方面的能力，一旦遇到挫折又怎么能输得起呢？

不同的人在面对逆境或挫折时会产生不同反应，这种抗挫折的能力，对一个人的人格完善和事业成功起着决定性的作用。所以父母应该培养孩子在面对逆境时，始终保持积极向上的心态，不畏惧、不退缩，把逆境中的阻力转化为激励自己前进的动力，发挥出自己最大的潜能，克服种种困难，最终获得成功。

一、非经千锤百炼，难成大器

西方人认为，人生历程不可能一帆风顺，难免要遇到各种各样的失败和挫折，如何对待失败与挫折，对于每一个人都将是一次严峻的考验。美国著名的发明大王爱迪生在发明电灯时，仅灯丝材料的实验就失败了一千多次，很多人见了都不以为然，也有好心人劝他算了，说："你已失败了一千多次了!"但是爱迪生却回答说："不! 我没有失败，我已经成功地发现了一千多种不能用作灯丝的材料。"

这就是西方人面对挫折时不同的价值观。

牛顿是世界科学史上最伟大的科学家之一。他生在英国离伦敦200多公里的一个小村的农民家里。在他出生之前几个月父亲就去世了，这个可怜的孩子，不满3岁，母亲又再婚，牛顿是由祖母抚养的，所以，牛顿几乎不知母爱与父爱。他从小认生，总是独自玩耍。在小学里经常受人欺侮，这种环境正好锻炼了他坚韧自强的性格。他叔叔常给他讲，一个人要有顽强精神和独立思考能力，牛顿牢牢地记在心里。有一次，牛顿制作的小水车被班上一名调皮生弄坏了，牛顿狠狠地教训了他一顿，使同学们大吃一惊，从此同学们对牛顿另眼相看了。牛顿也由此萌发了不服输的思想，学习成绩渐渐地好起来，小学毕业时，他的成绩在全班已名列前茅。

牛顿13岁那年，好不容易进入了离家15公里的格兰赛姆皇家学校，寄居在叔叔的一位朋友家里。然而，就是这种寄人篱下的生活也没维持多久，由于他的家境每况愈下，牛顿很快从名牌学校辍学。15岁的牛顿只好回家种田，成了一名地道的农夫。艰苦的劳动，使牛顿认识了生活，弄懂了许多道理。人们经常看到他在田野里呆呆地站着，若有所思，或埋头在小本上急速地写什么。人们都可怜他，却不知正是这段田园生活，砥砺了他的韧性，充实了他后来奋发的动力。他复学时已经是18岁了。在他成为世界著名的科学家之后，还常常回忆说，他儿时的这段经历与磨难，是激励他不懈攀登的动力源泉。

对于人生中的挫折，西方人有许多警句，例如：

·青年人充满玫瑰色的幻想和美好的憧憬，谁又不希望自己有出息，前程似锦呢? 但是，现实生活中往往事与愿违，难免会碰到各种各样的挫折和失败。

·世界上没有专门为我们铺设、准备好的乐园，人生的道路也不全是用鲜花铺就的，那么，我们又有什么必要去埋怨命运的不公、生活的坎坷呢？

·人生，就像一条奔腾的河，只有遇到礁石的时候，才会溅起朵朵美丽的浪花。

·当你步入社会，只要你有所追求，失败总会伴随着你，成为你人生中最深刻的体验。

·每一次失败对我们来说，都是一次考验，失败的结果可以导致一个人丧失斗志，也可能导致一个人奋发图强。面对失败，我们应该不怕失败，对失败有足够的心理承受能力；正视失败，不断认真地总结失败的教训，以利再战。

·世界上的事往往是这样：成果未就，先尝苦果；壮志未酬，先遭失败。可以说，一个人的生活目标越高，越是好强上进，就越容易敏锐地感到挫折。既然失败和挫折都是不以人们的意志为转移的生活内容，我们就不妨冷静面对它。

法拉第是十九世纪最伟大的实验物理学家，是他使电磁学成为体系，是他使银、镍、汞等金属变成蒸汽，又使氯、氨、硫化氢、二氧化碳等气体变成液态。他一生的发明不胜枚举，是与牛顿齐名的伟大科学家。晚年受到了英国维多利亚女王的嘉奖，搬进了为国家做出巨大贡献者的"荣誉之家"。

然而你是否知道，法拉第却是一位从小未接受过正规学校教育的人，穷困一直将其排斥在校门之外，他所听取的每一次讲课都是历尽磨难换来的。

法拉第生于产业革命时期的英国，父亲是个铁匠，后因健康状况恶化，无法从事这一体力劳动，再加上物价上涨，法拉第一家逃难到伦敦去谋生时，只能住在马车店的二层，连面包都吃不饱。12岁的法拉第只好到一家书店去当装订工，挣钱糊口。16岁了还无缘进学校的大门。当时他听说在一位学者的家中经常举行自然科学讲演会，他想去听。可每次入场券要一个先令，相当于买20公升小麦的钱，他哪里拿得出。但他还是到处借钱坚持去听课，并且把听课的笔记，加上插图，装订成自用的教科书。不料，就是这本"听课笔记"成了他进入学堂的敲门砖。一位叫丹斯的学者被其精神所感动，为他弄到了可以连续听皇家研究所戴维教授的讲堂门票，由此，决定了法拉第的人生之路。

用法拉第自己的话说："我不知自己的童年是怎样熬过来的。但如果没有那样的磨练，我也不会懂得每一次听讲的价值，也不会为争取做一名学者的雇员而承受多年的辛苦与屈辱。"的确，法拉第在20岁之前就给当时皇家研究所所长班克斯勋爵写信求职，当然得不到回音；后来他又给戴维教授写信，并把听课笔记一同寄去，戴维尽管回了信，但却无法安排这位没有学历者的工作。直到戴维的眼睛受了伤，无法读书写作，他的助手又辞了职，他才用每周25个先令，雇用法拉第为他的助手。当时法拉第23岁，这是他从"小伙计"、"装订工"迈向学术界的第一步，开始走向辉煌。

人在成长之初是柔弱的，非经千锤百炼，难成大器！为了不让孩子一遇挫折就败下阵来，我们必须注意培养孩子这方面的能力，以便经得起生活中的各种挑战。

首先，父母应该转变自己对挫折的消极认识。长期以来，父母们普遍认为，孩子的年龄小，心理承受力差，因而只能接受良好的环境，误以为"挫折"只能使孩子痛苦、紧张。因此，他们把挫折看成是有害的事情而加以杜绝。父母的这种观念直接影响着孩子。

其实，一个人受点挫折，尤其是早期受一些挫折，是有好处的。孩子遭受挫折的经历有利于培养现代人的良好品德；有利于发展人的非智力因素；有利于丰富知识，提高能力。所以，父母应该正确看待挫折的教育价值，把挫折看成是磨练意志、提高适应力和竞争力的有利武器。

1. 给孩子一些"劣性刺激"

挫折对每个人都是难以避免的。但在相同的挫折情况下，个人的主观感觉又不尽相同，对某人构成的挫折情境，对另一个人并不一定也构成挫折。形成这种个别差异的原因，主要与挫折容忍力有关。挫折容忍力是指个人在遭受打击后免于行为失常的能力，亦即个人承受环境打击或经得起挫折的能力。增强耐挫力是挫折教育的关键，而要实现这一点，就需要我们平时在日常生活实践中，有意识地为孩子创造一些适度的挫折情境，教育孩子容忍和接受日常学习、生活中的挫折。

这里不妨举美国洛克菲勒集团创始人老约翰为孩子提供挫折情境的例子。

老约翰只有一个儿子小约翰，有一次，他张开双臂，叫儿子跨越椅子跳到怀里来，小约翰听到父亲呼唤，高兴地冲过来。但老约翰迅速把双臂移开，小约翰重重摔在地上。对着发怔的儿子，老约翰意味深长地告诫儿子：在生活的道路上，什么都会发生。

这里老约翰的做法虽有些过分，但他为让孩子明白和接受挫折，有意在日常生活中创设挫折情境的做法，是值得我们借鉴的。让孩子能正确面对挫折，就要让孩子掌握应挫的方法。

父母越保护、越替代，孩子就越依赖、越无能。勤劳是幸福的种子，闲散是堕落的祸根。安逸是孩子们成长的最大敌人，是埋在孩子们心中的最大隐患。美国有位百万富翁，夫妇俩正在中国度假，接到正在上中学的女儿打来的越洋电话，问发给她的零用钱花完了，能否到银行支取些，得到的答复却是：超支的零用钱靠自己做"钟点工"或投递报纸挣钱解决！这位富翁日掷千金毫不吝惜，为什么对女儿这么"刻薄"呢？这就叫做"富门寒教"。父母的钱再多，没有孩子的汗水，轻易给她就不知珍惜，只有通过孩子劳动，去取得含有自己汗水的金钱才理解它的真正价值，才知其贵重。

所谓"劣性刺激"，是指令人不舒服或不愉快的外界刺激，这些刺激对儿童来说是必须和有益的，归纳起来，主要包括以下几种：

·饥饿：为什么相当多的孩子有偏食、挑食的习惯，而且食欲较差，主要原因是他们很少领教饥饿的滋味。他们常常零食不离口，吃饭时自然没胃口，因此为了增加儿童的食欲，年轻的父母不妨有意识地让孩子饿一点。

·劳累：由于现代家庭生活水平的提高，现在的儿童几乎与劳动无缘，致使孩子们不知什么是累。活动量小，使其缺乏锻炼造成肢体懒散，肌肉无力，不仅妨碍身体发育，而且还会影响智方开发，更容易形成脆弱、自私和好逸恶劳的恶习。

·困难：儿童意志薄弱者甚多，这与他们生活总是一帆风顺有关。年轻的父母不妨人为地给孩子设置一些困难，让其通过努力克服，以增强他们解决问题、克服困难的思维和能力。

·批评：要使孩子有教养，从小就要明确规定一些他们应做和不应做的事。比如打人、骂人、糟蹋东西等是绝对不能允许的有错则立即批评。

孩子受到约束和"劣性刺激"，可能会一时感到不快甚至痛苦，但是这对他们的身心健康和成长是有益的，也可以培养孩子的独立生活能力。

家住美国新泽西州的罗德先生有一辆漂亮的福特牌小汽车，每逢节假日，常常带上全家人外出游玩，10 岁的儿子汤姆最惬意的事情就是坐在爸爸的驾驶座旁，看爸爸神气地驾驶汽车。但是，罗德每天上班总是一个人驾车独往，绝不让汤姆顺道搭车上学。

有一天，汤姆有些感冒，走路都有点困难。他央求爸爸送他一程。"不行！"罗德斩钉截铁地回答。"爸爸，可我实在走不动啦。"汤姆苦苦地哀求道。"你父亲小时候还不是每天都走着上学吗？"罗德一摆手便独自上车扬长而去。汤姆默默地流着泪，只好背着大书包沿着大街慢慢地向学校走。当他艰难地走到十字路口，正欲走上高高的天桥时，突然发现爸爸正站在天桥底下等着他。罗德见了汤姆，什么也没说，只是掏出手帕擦去了儿子脸上的泪痕，然后一手拉着汤姆，一手为儿子提着大书包缓缓地跨上一道道台阶。"孩子，不要怪爸爸，你现在是学生，不能坐车上学。将来长大有出息了，你一定能买辆比爸爸这辆更好的轿车。"汤姆懂事地向爸爸点点头，接过大书包继续艰难地向前走去。

后来，汤姆写了一篇作文，题目叫做《懒爸爸》。为什么称之为"懒"爸爸呢？他列举了这么几件事："记得小时候，我走路不稳，摔倒在地上，哭着要爸爸把我扶起来。可爸爸却用鼓励的眼光看着我，不紧不慢地说：你自己爬起来嘛。""我的校服脏了，妈妈要替我洗，爸爸却说"让他自己洗!""爸爸不替我洗还不让妈妈帮助，我只好硬着头皮自己去洗衣服。""家里的一些东西坏了，爸爸不但不管，还找来工具逼着我去修理。就这样，爸爸'懒'得做的一些事情，我自己都学会了。"

最后，汤姆以发自内心的感激之意，无限深情地写道:"'懒'爸爸，你的良苦用心，我深刻地领会到了……"

在很多时候，对孩子来说，一个好父母，往往就是一个"懒父母!"当孩子遇到挫折时，做父母的千万不要怜悯孩子。虽然有时怜悯、同情无可厚非，但是，对孩子来说太多的爱往往是有害的。父母应该保留自己一半的爱，而不是把自己全部的爱都倾注给孩子，尤其是对独生子女更要如此。

2. 对孩子进行"吃苦教育"

有这样一则关于犹太人"磨难教育"的小故事:

一个研究《塔木德》的犹太学者，刚刚结束他的学习生涯，到艾黎扎拉比那里，请求给他写封推荐信。

艾黎扎拉比非常热情地接待了他。

"我的孩子，"拉比对他说:"你必须面对严酷的现实。如果你想写作充满知识的书，你就必须像小贩那样，带着坛坛罐罐，挨门挨户地兜售，忍饥挨饿直到 40 岁。"

"那我到 40 岁以后会怎样?"年轻的学者满怀希望地问。

艾黎扎拉比鼓励地笑了:"到了 40 岁以后，你就会很习惯这一切了!"

"逾越节"就是犹太人关于"磨难教育"的最重要的节日。"逾越节"是专门纪念摩西带领犹太人逃出埃及而设立的，通过讲祖先的艰难历程和吃特殊的食品，来进行忆苦思甜和认识生命的艰难。

逾越节家宴桌上的食品主要有:三块无酵饼。当年犹太人逃离埃及时，来不及准备路上的干粮，只能吃不发酵的饼，三块的说法是指为了纪念犹太人的三位祖先。

一盘食品，五种食物。这五种食物指的是：烤羊腿、烤鸡蛋、哈罗塞斯、一碟苦菜、一碟盐渍芹菜。

烤羊腿是逾越节的祭品，犹太人失去圣殿后，无处献祭，在宴席上用烤羊腿（或烤肉）代替。

烤鸡蛋，犹太人习惯在正餐前吃鸡蛋，逾越节的鸡蛋是烤的，烤的蛋很坚韧，很难咬碎，犹太民族就像烤的蛋，受苦难的时间越长越坚强，犹如蛋烤的时间越长越坚硬一样。

一碟哈罗塞斯，这是一种水果、香料和酒混合的食品，呈泥状。以色列人在出埃及前，法老为难他们，命他们做砖，又不给草料，从而责打他们，这一碟泥状的哈罗塞斯，使人想起做砖用的泥。

一碟苦菜，是纪念犹太人在埃及受的苦。

一碟盐渍芹菜，犹太人出埃及时，喝过红海带苦涩味的海水，吃盐渍芹菜，意思是要犹太人永远记住出埃及之苦难。

四杯酒。逾越节家宴的程序，由四杯酒串连：第一杯酒，一家之长举杯祝福，家宴开始。第二、第三杯酒在家宴中间，在讲"哈伽达"前后喝第四杯酒，感谢上帝的保佑，宴会结束。"哈伽达"的希伯来文原意为：神话、故事，逾越节的"哈伽达"是家宴的主要活动，是一本有关犹太人出埃及的故事集。它不仅说明了逾越节所有食品的含义，还讲述了犹太人在埃及所受的主要苦难和出埃及的艰辛旅程。

就在许多父母挖空心思地满足子女的各种要求时，富甲天下的美国人却千方百计地对他们的孩子进行"吃苦教育"。为了不忘过去最困难的日子，美国一家学校给孩子们做了"忆苦饭"，结果，孩子则面对当年大人吃过的糠菜嚎啕大哭，拒食3天。校方毫不动摇，第4天，孩子终于咽下了这顿忆苦饭。在美国的许多孤岛或森林里，人们常常可以看见美国小学生的身影。他们在无老师带领的情况下，面对着既无水源又无淡水的可怕的自然界，安营扎寨，寻觅野果，捡拾柴草，寻找水源，自己营救自己。一位孩子从荒岛归来后，感慨地对老师说："我以前以为供我们享受的一切现代化设施都是本来就有的，荒岛的历险才使我明白，人生来两手空空，一切都是劳动创造的。过去老师讲劳动光荣，我们感到很空洞，如今才真正理解了这个词的含意。"

美国的幼儿园还有一条不成文的规定：每逢冬天，幼儿都要赤身裸体于风雪之中滚爬跌打一定的时间。天寒地冻，不少幼儿嘴唇冻得发紫，浑身发抖，但在一旁的父母们个个硬着心肠，没有一个上前搂住自己的孩子。他们知道，这样不仅换来孩子真正的健康，还能锻炼孩子面对艰苦与挫折的意志。

在孩子很小的时候，父母们就应给自己的孩子灌输一种思想：要学会自己解决面前的困难与挫折。并要在日常生活中注意培养孩子的自卫能力和自强精神。全家人出外旅行，不论多么小的孩子，都要无一例外地背一个小背包。要问为什么？父母应该对孩子说："这是你自己的东西，应该自己来背。"

我们再来看看其他西方父母如何对孩子进行吃苦教育的。

瑞士父母为了不让孩子成为无能之辈，从小就培养孩子自食其力的精神。譬如，对十六、七岁的姑娘，从初中一毕业就送到一家有教养的人家去当一年女佣人，上午劳动，下午上学。这样做，一方面锻炼了劳动能力，另一方面还有利于学习语言，因为瑞士有讲德语的地区，也有讲法语的地区，所以这个语言地区的姑娘通常到另外一个语言地区当佣人。

德国父母从不包代替孩子的事情。法律还规定，孩子到 14 岁就要在家里承担一些义务，比如要替全家人擦皮鞋等。这样做，不仅是为了培养孩子的劳动能力，也有利于培养孩子的社会义务感。

加拿大为了培养孩子在未来社会中生存的本领，人们从很早就开始训练孩子独立生活的能力。在加拿大有一个记者家中，两个上小学的孩子每天早上要去结各家各户送报纸。看着孩子兴致勃勃地分发报纸，那位当记者的父亲感到很自豪："分这么多报纸不容易，很早就起床，无论刮风下雨都要去送，可孩子们从来都没有耽误过。"

孩子的人生，不可能是一帆风顺的，只有从小让他们多经受一些挫折教育、失败教育、"吃苦耐劳"教育，他们的心灵才会有足够的承受能力，来接受社会的各种挑战。也只有这样，他们才能担当得起更大的责任，成为一个对社会有用的人。

因此，苦难教育，对于孩子们来说，是必需的。学校教育上不了这一课，家庭教育也应该给他们补上。

3. 再富也要"穷"孩子

在古希腊，斯巴达教育的主要特征是单纯的军事化教育。在斯巴达，国家实行全民皆兵制度，斯巴达人全力以赴地投入军事训练以备战争，因而他们的教育宗旨就是锻炼强壮的体魄、坚韧的毅力和顽强的精神，培养合格的军人。围绕这一宗旨，他们实行严酷的人种淘汰，斯巴达的男孩子在婴儿时要经烈酒验洗选拔出来，从小训练他们不怕黑暗、不怕孤独、不爱哭、不急躁的性格。男孩七岁后即进入国家组织的少年团，接受严格艰苦的训练。为了培养其吃苦精神，训练中让他们光头、赤脚、单衣、洗冷水澡、睡粗苇席；为培养其毅力，实行鞭打制度；为训练其敏捷与机智，让他们去行窃和抢夺，如果行窃时没有被抓住，就会受到赞扬和奖励，否则会被看成是愚笨而受罚。

斯巴达青年在 18～20 岁时接受正规的武装军事训练，参加实战演习，以培养其适应战争环境的能力。20 岁时成为正式军人，一直服役到 60 岁，在这期间结婚的男子只能偷偷地与妻子相会。他们平时整日在军营生活，丧失了个性的活泼与自由，把一生都献给了军营。常年累月的顽强训练使他们拥有了坚韧不拔的精神和为国效忠的品质。

斯巴达这种尚武的意识，对女子也不例外。全社会都认为只有刚强的母亲才能生出刚强的战士，因此未婚女子要接受男子一样的教育，训练她们赛跑、格斗、投铁饼、掷标枪。斯巴达对青少年的这种单一的、以军事训练为根本目的的教育，培养出了一大批英勇善战、纪律严明的斗士。

这就是"斯巴达教育"。一个人经过一段艰苦的生活，就会自然形成优质的人格。这一点，在世界许多国家都有共识。

澳大利亚属发达国家，人民生活较为富裕。然而，富裕的澳洲人却信奉："再富也要'穷'孩子!"他们的理由是,娇惯了的孩子缺乏自制力和独立生活的能力。就是在最冷的月份,也很少见哪一位澳大利亚人的孩子穿棉衣和防寒服,最多只是在"短打扮"外面罩一套深蓝色的绒衣,便无事一般地行进在寒风之中。而一旦太阳出来,便又将绒衣除去,只穿短衣、短裤或短裙。澳洲人酷爱勇敢者的运动"冲浪",无论是炎夏还是寒冬,父母都常带孩子去海滩,小孩子褪尽"束缚",光着脚丫自由玩沙、玩水;稍大一点的孩子便跟着父母下海冲浪,呛水的现象时有发生,但父母最多也只是为其拍拍背,便鼓励孩子再次下海去搏击风浪。

美国父母从小就给孩子灌输"流自己的汗,吃自己的饭,要花钱,自己挣"的思想!美国人认为最好的生存教育就是让孩子独自到社会去闯荡,在社会中品尝生活的艰辛。美国父母对孩子的意志品质的训练从孩子很小的时候就开始了,他们所惯用的一些教育方法包括以下几个方面:

(1)训练孩子的自理能力

美国父母积极鼓励孩子自己做事,从小就学会自理,而不会总是抱着、盯着孩子。六七个月大的孩子就自己抱着瓶子喝水、喝奶,大一点就自己学着用刀叉吃饭,孩子常常把食物撒在桌上、地上,但父母绝不喂,总是让孩子自己吃。孩子做游戏也是自己一个人做或跟小朋友一块做,很少缠着父母。如果父母外出旅游,也只是把很小的孩子让祖父母照看或花钱寄放在别人家,请人带几天。家里办晚会或者参加别人的宴会,也看不到父母总牵着自己的孩子。

(2)捕捉机会锻炼孩子

美国父母希望通过"吃苦"来锻炼孩子的胆量和意志,他们常常有意识地运用一些机会来锻炼孩子。如医师杜克带着 5 岁的儿子到城外 10 公里的乡下看望父母。吃过晚饭,天已黑,进城的公共汽车没有了。如果住下,明天再回去也可以,而杜克先生却带着儿子步行回去。儿子走一段,他背儿子一段,就这样摸黑回了家。为什么这样做?杜克先生回答说:为了使儿子不害怕黑夜,知道生活有苦也有甜。

（3）总是鼓励孩子自己动手

美国父母总是在孩子小的时候就给他一个工具箱并教孩子各个工具的基本用途，并告诉他们家用电器怎样使用。父母经常对孩子说："你应学会用这些工具，有什么东西坏了，你就可以自己动手去修理。"父母教给孩子这些工具的刚途、性能，让孩子掌握操作要领，并鼓励孩子在日常生活中使用它们。

（4）鼓励孩子参加有挑战性的运动

美国父母认为带孩子出门冒险是吃苦教育的一种好方式，冒险可以使孩子学会一些对付挫折和困难的方法，更重要的是，锻炼了孩子的勇气、胆量和处理问题的能力。

4. 培养孩子坚强的性格

法国有所鲸鱼学校，更是一所锻炼学生意志力的别具一格的学校。他们乘上两艘分别为 10 米及 12 米长的帆船，便开始了他们的学校生活。他们入校前都有一些共同的毛病：不守纪律、厌学。在一年内，他们要两次横渡大西洋，足迹踏遍三个群岛。除了船上航行之外，他们的课程还有潜到水中，与鱼群游戏，与珊瑚为邻，与鲸鱼为友。这些鲸鱼长约 15～20 米，重达 40 吨左右，是这些学生的真正老师，为了进一步认识这些鲸鱼，熟悉它们的习性，甚至敢于去用手接触它们。这些学生阅读了大量的有关书籍，其中有科学知识的，亦有小说。他们不畏大风大浪，有时还得忍受饥饿。他们实习驾驶，捕鱼，练习外语，做家常便饭式三餐。在船上，大家一律平等，又全都身负重任。在这所没有黑板的学校里，大家的知识都得到增长。当这些孩子远航归来后，他们的思想更开放，生活经验更丰富了。

这所每月 1500 法朗学费的鲸鱼学校只有两位老师，其实他们的作用只是分配任务和提出建议而已，真正要惩罚学生的老师是那些鲸鱼！这些学生每天有一定学习时间，要读书，要讨论，写日记，学习驾船，值夜班、做厨房工作。船靠岸后，他们还要登陆去采购食品，特别是蔬菜，这样他们还得与当地的老百姓打交道，熟悉各地的风土人情。

经过一年的海上生活，孩子们比以前成熟了。一位孩子的母亲这样称赞道："现在这小家伙对自己充满了信心，更老成了。可是，一年前他在课堂里是多么调皮和差劲啊！但现在，他获得了极大进步，英文和西班牙文成绩都大有长进。现在是他给我提建议，该读些什么书。"

著名科学家居里夫人很注意培养孩子的坚强性格。在第一次世界大战期间，居里夫人把大女儿带到战争前线救护伤员，让她在艰苦的环境中锻炼。1918年，居里夫人又要两个女儿留在正遭到德军炮击的巴黎，并告诉孩子，在轰炸的时候不要躲到地窖里去发抖。这种把孩子当成强者的态度真的使居里夫人的孩子们成为了坚强的人。

在公共汽车上，有人给一个5岁的小女孩让座。孩子的妈妈却对让座的人说："让她站着吧，她已经到了该自己站立的年龄了！"想让孩子坚强，千万不要把孩子当成弱者来看待。只有让孩子自己去站立，他的双腿才会坚强，他的意志才会坚强。

在对孩子的意志教育上，德国父母普遍认为："孩子总有一天要去更广阔的天地闯荡。我们无法永远保护孩子。但是我们可以教给他们认识生活和社会的能力，教他们怎样保护自己。"因此，他们总是有意识地培养孩子战胜挫折和困难的能力。

从孩子蹒跚学步起，德国父母就开始注意培养孩子坚强的性格。孩子跌倒后，父母不是赶紧去扶，而是不断地鼓励孩子自己爬起来。此外，德国父母还鼓励孩子参加由政府在暑假期间组织的"磨难营"活动。有时甚至故意给孩子设置一些顺境下的"障碍"。

儿童教育专家认为，给孩子多提供尝试的机会，也是挫折教育的一个重要部分。原因很简单：孩子一旦被剥夺了尝试的机会，也就等于被剥夺了犯错误和改正错误的机会。因此，德国父母普遍愿意为孩子提供各种尝试的机会，他们会下意识地让孩子尽早开始"第一次"。

在一般情况下，两岁大的孩子大多数会自然倾向于摆脱父母的"控制"。例如，他们会大声叫嚷："妈妈，让我自己洗脸"，"我不要你喂，我自己会吃饭"。虽然孩子第一次学习洗脸极有可能洗不干净，甚至可能边洗脸边玩起水来，但德国父母绝不会因此而不耐烦地拿走毛巾，或干脆自己动手给孩子洗脸。大多数的德国父母会耐心指点，并对孩子的表现大加赞赏："真了不起，我的宝贝会自己洗脸啦！"

在西方国家中，德国孩子善于做家务是出了名的。有些德国父母在孩子咿呀学语阶段，就指导他们做一些简单的家务，如在用餐前，帮助大人摆放餐具等。尽管仅仅是象征性的，最终还得大人重新摆一遍，但长此锻炼下来，德国孩子便在这种犯错与改错的过程中，渐渐学会了应该如何正确地面对挫折与失败。

由此我们可以看到，意志品质主要在实践行动中培养，适当讲道理是必要的，但关键是实践。

二、注重培养孩子的勇气

被称为"镭的母亲"的居里夫人，是世界著名的科学家，她不仅在事业上取得了辉煌成就，在对女儿的教育上也非常成功，她的长女也曾获得诺贝尔奖。

居里夫人一心钻研科学，很晚才结婚。婚后她生了一个女儿叫绮瑞娜。绮瑞娜的胆子很小，连雨天响雷她都怕。居里夫人心想：一个人要在科学上有所发明创造，胆小怕事是不行的。于是便有意识地注意培养她不怕雷鸣的勇气。一次夜里下大雨，居里夫人悄悄地到女儿房里一看，绮瑞娜正用被子蒙住头呢！居里夫人掀起被子，把她领到窗前，给她讲雷电的原理。从此，女儿的胆子渐渐大起来了。居里夫人并不鼓励孩子进行杂技式的冒险，不喜欢她轻率鲁莽，但是鼓励她勇敢尝试。她教育女儿不要"胆小怕黑"，不许她在打雷下雨的时候用枕头遮住头，不许怕贼或怕生病。虽然她的丈夫死于车祸，可是她仍旧放心地让女儿们从十一二岁起就单独出门。

在西方人的幼教言论中，一个很重要的而且被经常提及的是对孩子勇气的培养。勇气，是一个人主动进取的动力。西方人深知这一点，所以对孩子勇气的开发和培养也就成为西方人家庭教育的一项重要内容。如今在西方教育中正树立了这样的价值观：勇敢和坚忍是受人尊重的，懦弱和胆小是被人瞧不起的。一位西方学者曾这样记述他幼时的经历："有一次，我和小朋友们一起做游戏，不小心，手指被同伴弄出了血，疼痛异常，实在难以忍受，眼泪就要掉下来了。但我在心里告诫自己，一定要忍住。最后，我忍住了眼泪，装出一副若无其事的样子，和同伴们一起继续玩耍。因为我知道，一旦我的眼泪掉下来，同伴会瞧不起我，从此不再和我一起玩。现在，我也按照传统的办法培养我的孩子。"

胆小在很大程度上来自于先天，但后天的教育也不无影响。所以，如果能给胆小的孩子一个适宜的家庭环境，胆小的孩子同样也可以勇敢地去迎接生活的挑战。

1. 勇气是孩子成长的活水之源

心理学家斯科特·派克说："在这个世界上，只要你真实地付出，就会发现许多门都是虚掩的！微小的勇气，能够完成无限的成就……如果你幸运与生俱来就有勇气这种品性，那么很值得恭贺；如果你还没有养成这种性格，那么尽快培养吧，人的生命很需要它！"勇气是一个人成功的必备素质，是孩子主动进取的动力，是孩子成长的活水之源。

18岁的约翰·汤姆森是一位美国高中学生，住在北达科他州的一个农场。1992年1月11日，他独自在父亲的农场里操作机器时，不慎在冰上滑倒了。他的衣袖绞在机器里，两只手臂被机器切断。汤姆森忍着剧痛跑了400米来到一座房子里。他用牙齿打开门栓，爬到了电话机旁边，但是无法拨电话号码。于是，他用嘴咬住一枝铅笔，一下一下地拨动，终于要通了他表兄的电话，他表兄马上通知了附近有关部门。

当救护人员赶到时，汤姆森被抬上担架。临行前，他冷静地告诉医生："不要忘了把我的手臂带上。"原来，为了不让血白白流走，他把断臂放在了浴盆里。明尼阿波利斯州的一所医院为汤姆森进行了断肢再植手术。他住了一个半月的医院，便回到北达科他州的家里。当他能微微抬起手臂时，就已经回到学校上课了。他的全家和朋友都为他感到自豪。

汤姆森自救的行为说不上有多伟大，但这种勇敢坚定的品格却是所有男孩学习的榜样。

丘吉尔说："勇气是人类最重要的一种特质，倘若有了勇气，人类其他的特质自然也就具备了。"国际夏令营的辅导员发现，美国的孩子比较勇敢，善于交际，有自己的思想，不需要大人陪伴，也没出什么险情。后来经过调查发现，美国的父母重视对孩子认识自然和社会环境的教育，注意从小培养孩子的自立自主的精神，注重培养孩子的交往能力和在各种环境中的自我保护能力。美国父母的这种教育方法实际就是把孩子置于没有大人保护照顾的"穷"的状态，从而激发出孩子独立自主的意识，其中几点很值得中国父母借鉴。

·鼓励男孩参加一些有挑战性的运动，不但可以起到锻炼身体的作用，还可以让孩子学会如何迎接挑战。过度保护自己的身体而带来的胆怯，比一些不严重的外伤更具有伤害性。

·世上很少有唾手可得的成功，引导孩子学会应对挫折。父母要以身作则，给孩子树立不屈不挠、勇敢顽强的榜样。从让孩子获得成功的体验开始，避免让孩子做他无能为力的事情，鼓励孩子遇到困难时，自己想办法解决。

·孩子将来面临的是一个处处充满竞争的社会，所以父母现在不要心疼孩子吃苦。物竞天择、适者生存、优胜劣汰是一切生物存在的规律，孩子没有吃苦的精神和能力，将来就难以接受各种挑战，难以在激烈的竞争中获得胜利。

下面，介绍西方几种培养勇气的法宝：

（1）走路挺胸抬头

如果你仔细观察人的走路姿势，就会发现，人走路的姿势就能反映出这个人的情绪。自信的人挺胸抬头，自卑的人含胸低头。走路时，你只要把胸挺起来，就会觉得自己很优秀，别人也会认为你很自信，愿意和你一起做事。

（2）认为自己独一无二

任何一个人都有别人没有的长处。你只要找出自己与众不同的地方，你就会为自己而骄傲，勇气自然会回到你身上。

（3）面对高山田野大喊大叫

如果你觉得自己实在是胆小怕事，说话声音像蚊子叫，你不妨让父母带你去登山或去郊游，面对高山、田野，你可以尽情地大喊大叫，这时你立刻会觉得自己声音十分洪亮、好听，发现自己原来也很伟大。当然千万不要在家里、学校或公共场所大喊大叫，那样，会影响别人正常的工作、生活。

（4）常对自己说"我能行"

"我能行"三个字，是一种很强的正信息。你天天对自己讲几遍"我能行"，越是害怕做的事（当然是指做正事、做好事），越要鼓励自己"我能行"，当你做了一直害怕做的事，你会发现，自己勇气大增，真的很能行。

2. 鼓励孩子做危险性运动

与西方的教育思想相比，中国一些家庭教育的基本方针是保护、灌输、训导，有着过度保护的倾向。一个具有代表性的例子是：

在西方，很多孩子喜欢玩滑板游戏。在街道两旁、广场的水泥路面上，常常有孩子冲来撞去，在几尺高的台阶上跃上跃下，令人不禁为他们的安全担心。

在这些玩滑板的孩子中，中国血统的孩子很少。

究其原因，玩滑板需要技巧，中国孩子玩技巧性的玩具从来不在话下，但玩滑板具有一定的危险性，而许多中国父母认为这种游戏太危险，不鼓励孩子去玩。

父母们的这种做法对孩子影响很大，使孩子本来就对这种运动抱有的为难情绪得到加强，因而更有理由退缩。有很多父母不敢让孩子去"冒险",所以孩子的好奇心容易被扼杀,孩子的问题容易无果而终。父母应该知道,孩子的问题应该由孩子自己去实践、去解决,而有些父母却总是担心这个过程会让孩子受到伤害。殊不知,这种对身体的过度保护所带给孩子性格上的胆怯缺陷,其实比一些不严重的外伤更具有损伤性,这对孩子性格上的伤害将是终生的。

事实上,许多体育运动都具有培养孩子勇气、信心及冒险精神的特征,鼓励孩子勇于挑战自我,无疑对孩子的将来具有很大的益处。

在美国,父母们就非常注重培养孩子的勇气,将一个人的勇气看做是孩子的成长最为重要的一环。他们鼓励孩子做登山、攀岩、跳海等危险性运动,孩子们也乐于参与这些冒险活动。假日里,常见美国人举家到山区游玩。每遇山涧需渡过时就叫孩子观察水势,寻找最浅、水流较缓的涉水点,然后由父母决定是否可行。如果选择不当,就讲明道理,并教孩子怎样识别水深及流速。上山时,他们从不乘坐缆车,而由孩子选择登山路线。途中遇到陡崖峭壁,让孩子判断决定有无危险,是否攀登,并问孩子该怎样保证安全。经过多次跋山涉水的实践,孩子自然不怕山高水急,也敢冒险了。更甚的是,一些年轻父母常把几个月的婴儿赤身裸体扔进水中,让其学会游泳。

勇气通往天堂,怯懦通往地狱。每一个走向天堂的孩子背后,必定有位勇敢的父母;每一位走向地狱的孩子背后,必定有一个怯懦的父母!

在英国,父母鼓励孩子参加各种各样的探险活动。英国西南部的瓦伊河畔,有一所由少年探险组织建立的河流探险训练中心,专门为来自世界各地的 8~16 岁的儿童少年提供探险活动的机会,以训练孩子们的勇气和坚强的意志。每年夏天,这里都有大批的孩子来参加为期一周的训练。孩子们每天一早离开营地来到河边,进行水中安全和救护方面的基本知识学习,然后,小学员们练习登艇和划艇本领。登艇并非易事,每一次练习都有孩子落水:划艇就更加困难,在激流中划艇要有顽强的勇气和坚强的意志。由于平日艰苦的训练，很多孩子都已经掌握了划艇要领，所以在激流中大部分孩子都能安然无恙。但这个过程中仍然会有一些孩子落水，尽管孩子们都穿着防水服和救生衣，整个训练过程还是很危险的。

英国小学生中曾有所谓的童子军组织，组织小学生探险，在险恶的环境中生存，目的是十分明确的，就是为了锻炼孩子的勇气和探索新鲜事物的热情，以及在艰苦的环境下生存的本领。某些成人看来是危险的事情，认为是不适合孩子们做的，实际上孩子是可以胜任的，只是父母出于爱心或对孩子的能力缺乏正确的认识，导致阻止孩子去探索新事物，熟悉新环境，剥夺了孩子锻炼自身的机会。受到过多的呵护长大的孩子，自然会具有缺乏勇气的弱点，对他的人生会有不良的影响。

类似的活动在英国的很多地方都有，目的不是为了学习某种技巧，而是为了锻炼孩子的意志和勇敢精神，为以后的工作和生活做人格方面的准备。人称英国人为"约翰牛"，意指英国人做事有一股坚韧的牛劲，既倔强又执著，这与该民族倡导的对孩子的勇气和意志的训练不无关系，这是英国人性格形成的重要人文因素。

3. 培养孩子办事的胆量

美国孩子胆子特别大，他们不怕天黑，不怕单独外出，不怕山高水急，也不怕昆虫野兽；说话"冲"，善交际，一般也较有主意，敢想敢闯；不需要大人陪伴，也从来没出过什么险情。美国人的胆量比其它国家的人普遍要高，当然这亦得益于其优秀的教育工作。

为了让孩子培养自己办事的胆量，美国父母会选择孩子能办的一件事，告诉他应该怎样办。如果孩子自己不敢去办，父母便会陪他一起去，但事情仍由孩子办。由小事到较大的事，由简单的事到较复杂的事，几次下来，孩子的勇气和能力就都大大增强了。

比如孩子不敢在生人面前或在公众场合讲话，父母则会告诉孩子，只要想好了说什么、怎么说，大胆去说，任何人都是欢迎的。别人能做的事，你必能做到，而且能做得很好。

孩子有准备地迈出第一步后，父母及时肯定，第二步、第三步就好办了。

为了让孩子能在陌生的客人面前大胆说话，父母会先教他准备几句话，并准备好要送的饮料，预先演练一下。当客人到了以后，便鼓励孩子照着去做。客人的表扬，对他的言行就是一种强化。几次之后，孩子就能大胆应酬了。

美国父母一方面鼓励孩子在人生旅途中要胆大，无拘无束去创新，去开拓进取。与此同时，也会告诉孩子社会上也有骗局和陷阱，有暴力、抢劫等犯罪现象的存在。因此，要学会保护自己，避免受到各种各样的伤害。进行自我保护训练。

美国父母有意地教孩子避免被坏人伤害的主要方面是：一定不要接受陌生人的礼物，不要到陌生人家中去，也不请陌生人到自己家里来。女孩则不要让父母以外的人抚摸自己的身体，碰到存心不良的人纠缠时，要赶快跑到人多的地方或去告诉警察，还可大声呼救或跑到附近居民家。

父母带孩子们上街时，会随时随地教给孩子交通规则并嘱咐其它注意事项，说明怎样走危险，怎样才安全，什么样的地方不要去，什么样的人最好不要接触。许多父母还叮嘱孩子记住必需的电话号码，如：父母的单位电话、警察局电话、消防电话、医院电话等。

野外迷了路时，父母事先还会教会孩子利用树叶的疏密来判断方向，如何区分哪些是可以食用的野果野菜。

在这些方面其他国家的孩子就不如美国孩子，为什么会这样呢？富有20多年儿童教育经验的辅导员、日本的冈崎喜子为此访问了美国215个具有代表性的家庭。经过研究，她得出这样的结论：美国家庭重视对孩子认识自然和社会环境的教育，注意从小培养孩子的自立自主精神，并注重培养孩子的交往能力和在各种环境中的自我保护能力。

约翰·柏拉姆夫妇假日里常带着8岁的儿子与5岁的女儿到山区旅游。每遇山涧需渡过时就叫儿子观察水势，寻找最浅、水流较缓的涉水点，然后由父母决定是否可行。如果选择不当，就讲明道理，并教孩子怎样识别水深及流速。上山时，他们从不乘坐缆车，而由孩子选择登山路线。途中遇到陡崖峭壁，让孩子判断决定有无危险，是否攀登，并问孩子该怎样保证安全。经过多次跋山涉水的实践，孩子自然不怕山高水急，也敢冒险了。

三、提醒孩子，何不再坚持一下

美国心理学家威蒙曾对 150 名有成就的智力优秀者做过研究，发现智力发展与三种性格品质有关：一是坚持力；二是善于为实现目标不断积累成果；三是有自信，不自卑。心理学发展到今天，大量的研究证明，那些成绩卓著的智力优秀者，并非只在智商一项上出类拔萃，与其性格特征也有密切关系，最重要的是具有坚强的性格。

培养孩子坚持性的过程不是一朝一夕的。父母在督促孩子的过程中也可以；采取一些激励强化的方式。强化的方式有两大类：

①不间断强化：在一定时间内进行强化练习，中间不要间断。

②间断强化：一段时间强化练习后，隔一段时间再强化练习一次。间断强化又分为两种：

·固定间断强化：这是指间断时间、给予的奖励等是固定不变的。

·不定间断强化：这是指间断时间、给予的奖励等是不断变化的。

当孩子感到灰心，准备放弃时，提醒孩子，何不再坚持一下。告诉孩子，再坚持一下，这个世界就会不同。

首先，父母让孩子做事时，应注意适合孩子的实际水平。给孩子的任务要适当。任务太多太难，孩子尽最大能力也不能成功，孩子就会望而生畏，一直对抗或放弃。如果偶然一件事还不至于的话，那么连续几件这样的事就很可能使孩子不再去想，不愿去做，而丧失自信心。对于一些难度较高的任务，父母可以将它分解成一个个小目标。这样孩子较容易坚持下来，对孩子的信心与坚持性的积累都很有帮助。

其次，父母自己要以身作则，做事要坚持到底。父母首先要做事完完整整，不半途而废，并注意让孩子模仿，同时经常提醒孩子注意父母做事是怎样坚持到底的。这样就会让孩子有学习的榜样。

另外，父母对要求孩子时的语气要坚定，但不可总在孩子身边不停的唠叨，甚至训斥打骂孩子，因为培养孩子的坚持性本身就是个需要耐心的过程。

父母还要注意孩子的意志力和好胜心的培养。对于意志力差和好胜心不强的孩子，父母应注意激励培养他。孩子有了较强的意志力，有了不甘落后的好胜心，那么做事就有了驱动力，从而想方设法做完一件事。心理学上有一种负性要求达到正性效果的教育方法，这是一种很好的教育艺术。孩子要自己穿袜子，你如果说："好，试试看。"也能取得效果，但你如果故意说："我看你不行！"孩子就会说："我偏行。"这样孩子会把袜子穿得更好，更满意。如果你注意在生活中采用这种方法，或许可以对培养孩子具有好胜、坚韧的性格有些帮助。

当然，在培养的过程中父母也要随时指导监督孩子。孩子做事的全过程中，父母在关键时刻要给予指导和提示，这不是代替而是帮助孩子想办法，以防孩子碰到解决不了的问题时灰心丧气。当孩子想不出办法又不愿去想，有偷懒或依赖父母的迹象时，父母要及时停止帮助，而应注意说服鼓励。必要时给予批评并监督孩子独立地做完某件事。这样长期坚持下去，孩子的能力提高了，习惯养成了，做事也不再半途而废了。

1. 勇敢接受不完美的事实

杰森的爸爸发现工具散落一地，看得出来杰森是要修理他的脚踏车，可是人不知跑哪儿去了，工具也没有收拾好，搞得庭院乱七八糟。爸爸气急败坏地冲进屋里，把杰森揪出来，责骂他："这是怎么一回事？我说过多少次了，工具用完了要收好，为什么这里还洒得满地都是？"

小杰森被骂得莫名其妙。他想起来了！他在修理脚踏车时，妈妈要求他接一通朋友打来的电话。挂上电话，他便跑去和小狗玩耍，脚踏车和工具的事他压根儿忘记了。可是怎么跟爸爸解释？他只好这么想："是我不好，惹爸爸生气，我想我做什么事都不对。"

现在我们来看看，假使爸爸用另一种方法处理会有什么样的结果？爸爸发现工具散落一地，进入屋里，看到杰森正在和小狗玩耍，心平气和地对他说："杰森，可不可以跟爸爸到院子里？一会儿就好。"

来到院子里，爸爸指着一地的工具说道："看来你似乎是在修理脚踏车，对不对？"

杰森尴尬地回答："是的，爸爸，我本来是在修理脚踏车，后来我进屋里听电话，结果把这儿的工作给忘了，老实说，我实在不太会修。"

"嗯……我们一块儿来看看车子到底出了什么毛病。"说罢，爸爸便协助杰森完成他能力尚不及、经验也不足的修理工作。修理完，爸爸或许可加一句："现在我们可得记得把工具收好喔！"

从这个经验里，杰森知道了只要有些许的协助和指导，修车并不是不可能；他也知道如果他不小心忘记了收拾工具，爸爸也不会责难他；当然关键点是爸爸的冷静处理，让杰森从错误中学到了如何将一件事贯彻始终，及如何坦然面对失败。

孩子从小就置身于竞争的世界里——托儿所、公园里的竞赛游戏。竞争的结果不外像成功或失败，倘使孩子经常面对的是失败，会有什么后果？归咎于谁？

孩子一旦失败，绝不要把人和事混为一谈，不要因一个失败就全盘否决孩子的能力，这是相当不公平的。有些父母面对孩子的失败时，经常口无遮拦："又搞砸了？你怎么搞的啊？教过你几次了，怎么还是这么笨！"为何不试试其他说法，既不伤孩子自尊，又给予再尝试的勇气："没有成功的确可惜，没关系，再试一把……不是每个人都能把每件事记得很牢的……或许你忘记了，我偶尔也会健忘，我知道那种感觉。"

一定要帮助孩子建立一个观念——失败只是意味着缺乏技术和

经验，和"人"的价值高低无关，失败只是代表某个阶段的结果，习得经验后便逐步迈向成功。

我们必须教导我们的孩子勇敢地接受自己不完美的事实，可以失败，然后从中学习，再出发，而不是一两次无心的过错或思虑不周造成的失败就加以责骂，造成他们自我印象的低落甚至毁灭，接踵而至的会是一连串的失败，没有成功。

约翰·罗斯蒙的女儿艾美小学五年级时，她的老师请她回家询问父母，是否愿意让她接受"天才儿童"的跳级考试，罗斯蒙夫妇让女儿自行决定。衡量得失，"得"的部分可能是艾美将有更多有趣、具挑战性的知识可以学习，"失"的部分是恐怕将有很多艰难、繁重的课业会占去艾美不少的时间。

但是最重要的是，他们告诉艾美，不管她有没有通过考试，他们都相信也肯定她的能力。

艾美参加了考试，可是没有通过，她沮丧吗？一点也不。生活一切如常，之后她的求学过程也是平步青云，丝毫不受影响，因为她了解："失败不等于永恒，追求成功的决心才是永恒。"

由此可见，常受到"赞美"的孩子缺乏处理"失败"的能力，经常受到"鼓励"的孩子处理"失败"就比较得心应手。但是鼓励之前，一定要了解孩子的实力到底有多少，不要过了头，变成了虚假的称赞而不是真实的鼓励。

鼓励的焦点是放在孩子对团体、对家庭的贡献，个人的部分就不要过分强调。从中他们学习到，他们是一个比他们每人还重要的团体的一份子，他们可以使这个团体更茁壮、更强大、更好，他们会发现生活的乐趣就在其中。

这样的孩子才会乐于当自己，不必完美，一点小小的尝试就可以获得极大的满足，这才是拥有健康的自我印象。

现在美国几个州都有为教师们设立如何培养学生自尊心的成长团体，包括加州、佛罗里达州、夏威夷、肯德基州、路易斯安那州、马里兰州、纽约、俄亥俄州和西维吉尼亚州。曾有一份针对1000名教师所作的调查报告发现，73%的教师同意"自尊心是帮助学生学习的重要力量"。

从学校管理职位上退休下来的劳勃·雷森纳，现在投身于培养学生自尊心的行列中。根据他所作的统计报告，如果人们想维持工作动机，至少要有75%的时候是感到成功的，倘若低于50%，会逐渐沮丧甚至自暴自弃。

不管成人或小孩，失败的反应通常是消极地责骂自己。

"你是个彻底的失败者。"

"懂了吗？你就是办不到。"

"你是个讨厌鬼，难怪没有人喜欢你。"

如果自小就受到鼓励，会明了失败和过错不过是生活的一部分而能坦然接受。他们会这么告诉自己：

"这次虽然失败，可是我还有其他的机会。"

"这次没有成功，但下一次我一定办得到。"

"每个人都会犯错，我的朋友了解这一点，所以他们还是很喜欢我。"

很多的孩子都从学校获悉自尊心的真谛，领悟到"我或许不完美，但我是独一无二的。"

2. 犯错误是孩子很好的学习机会

有一位西方父母在网络上发表了篇博客，内容是：

一天，我带着女儿在公园里玩了半天，已经中午11点多了，我打算回去，突然，正在滑滑梯的女儿由于一脚踏空摔了一跤。

"不玩了，回家。"女儿奔过来，抱住妈妈说。

我的确想走了，可是由于出了这么点小插曲，我又不准备马上离开了。原因很简单：不愿意失败的印象在女儿心中定格。如果这样，女儿会记住这个镜头，并且长时间也不敢碰滑梯——这太不美妙了。

我鼓励她再试试，并且保证有妈妈保护。女儿又玩了起来，不是一次而是好几次。当我们离开公园的时候，女儿心里充满了兴奋和自信。

这位父母的高明之处就在这里：孩子还小，生活中的每一次体验都因为是最初的一次而留下深刻的印象，无论是积极的印象还是消极的印象。所以，越是幼小的孩子，父母越应该谨言慎行，关注孩子生活中每一次新的感受。

人生中有很多令人失望的事情，为了让孩子能够在将来有幸福的一生，父母应该意识地让孩子从小学会能够接受失望，迎接希望，勇敢地面对未来。

在这方面，美国父母是怎么做的呢？

有一次，劳里父子和一些朋友去作一个为期两天的野外旅游。在走之前，劳里给儿子弗兰克提出了建议，告诉他应该带一些什么东西。为了培养他自己照顾自己的能力，劳里让弗兰克自己收拾行李。

到了野外之后，弗兰克发现不仅自己的衣服带得太少，而且忘记了带手电筒。那天晚上天气。似乎特别冷。弗兰克对劳里说："爸爸，我觉得冷，衣服没有带够，……我能用一用你的手电筒吗？"

劳里问弗兰克："为什么衣服带少了呢？"

弗兰克说："我以为这里的天气和城里一样，没想到这儿冷多了，下次再来，我就知道该如何做了。"

劳里对弗兰克说："是的，你应该先了解一下这儿的天气情况，做充分的准备。那样的话，你现在就不会感到冷了。那么，手电筒又是怎么回事？"

弗兰克说："我想到了手电筒，但在出发时，忙来忙去，就把它忘了。"

劳里说："你一定要记住，以后千万不要粗心大意，如果不细心地对待每件事，你就会尝到粗心带来的苦头。"

弗兰克："我明白了，我以后一定要像爸爸出门时那样，先列一个物品单子，这样就不会忘掉东西了。"

"没关系，这次我把你忘掉的东西都带来了，你看，这是你的衣服。"劳里一边说着，一边把弗兰克的东西拿了出来。弗兰克一下子就高兴起来，并过来亲吻了劳里。

劳里虽然在开始就知道弗兰克带少了衣服，而且忘了带手电筒，这样会影响他的这次出游，但并没有立刻指出来。这样就给他一个机会，在错误中得到经验。劳里认为这种方法非常有利于启发弗兰克从实践中增长经验。到了最后，劳里把弗兰克忘记带和忽略的东西拿出来，既让弗兰克感到了劳里对他的关心，也让他对这件事加深印象，促使他以后不再犯这样的错误。

其实犯错误是孩子很好的学习机会。许多父母在孩子犯错误时，不失时机地大加谴责、恐吓，这种做法的出发点或是基于改进的想法或是害怕孩子再犯同样的错误。这种想法是对的，但这样做常产生相反的作用。

孩子们或因害怕受责备而不敢冒险，失去学习新技巧的热情与胆量，或产生反叛心理，反其道而行之。如果父母处理得当，可以将错误转变为绝好的学习机会，教给他们正确的做法，不必害怕犯错误，而是学会从错误中吸取经验教训。不视错误为坏事，不因犯错误而沮丧、气馁，才能使孩子成为一个快乐的人。

3. 将"永不放弃"这个词教给孩子

克莱蒙幼年丧父，母亲靠替人缝衣服维持生计，他在很小的时候就出去卖报纸了。有一次，他走进一家饭馆叫卖，被赶了出来。他趁餐馆老板不备之际，再一次溜了进去卖报，餐馆老板生气地一脚将他踢出，可是克莱蒙并没有害怕，只是揉了揉屁股，手里拿着更多的报纸，又一次溜进餐馆。那些食客们见到这个孩子如此倔强和勇敢，终于说服老板不要再撵他，并纷纷买他的报纸看。克莱蒙的屁股被踢痛了，但他的口袋里却装满了钱。

克莱蒙上中学的时候，就开始试着去推销保险了。他来到一栋大楼前，当年贩卖报纸时的情景又出现在他眼前，他一边发抖，一边鼓励自己，一定要走进去！

走进大楼时他想，如果被赶出来，他准备像当年卖报纸被踢出餐馆一样，再试着进去。可是，他没有被赶出来。每一间办公室他都去了。

那天，只有两个人买了他的保险。就推销数量来看，他失败了，但他觉得自己的收获很大，因为他重新认识了自己，也对推销术有了进一步的了解。第二天，他卖出了4份保险。第三天，6份。他的事业就此开始了。

20岁的时候，克莱蒙设立了保险经纪社，社里只有他一个人。开业的第一天，他就在繁华的大街上卖出了54份保险。有一天，他卖了122份保险，这是个令人难以置信的纪录。以一天工作8小时计算，每4分钟就成交一份。

后来，他成为美国"联合保险公司"的董事长，美国的商业巨子之一。

把一个失败的人和一个平凡的人及成功人士作比较时，就会发现，可能他们在年龄、能力、社会背景、国籍等诸多方面都有非常相似的地方，但有一点他们是截然不同的，就是他们对遭遇失败的反应。那些失败的人跌倒时，就爬不起来了，只会躺在那儿没完没了地痛哭或抱怨；平凡的人的反应往往是跪在地上，避免再次受打击；但成功的人的反应跟他们都不一样，他跌倒时会马上爬起来，拍去身上的尘土，同时也会汲取这个宝贵的经验并且立即向前冲。他们的区别正是在于他们内心的勇气。培养孩子在生活中的勇气，不要惧怕危险、不要惧怕挫折，敢于正视一切从不逃避，于是，孩子便有了今后人生中最大的一笔精神财富。

亨利·基辛格原名海因茨·阿尔弗雷德·基辛格，移居美国后才改名亨利，他出生于德国的一个犹太家庭。

在美国上中学的基辛格由于浓重的德国巴伐利亚口音，被老师写了一个"有语言困难"的成绩鉴定。这让他伤心极了。

可是，母亲却劝他道："孩子，口音也是可以改过来的，只要你下苦功。还记得我以前给你说的话么？"

"记得，妈妈，如果养成了一个坏习惯，就要永远不放弃和它作斗争。如果要想有好的成绩，也要永不放弃地努力学习。"基辛格显然比以前懂事多了。

正是因为有着从小养成的如此执著的精神，基辛格成为了美国的政界要人和社会活动家，并在1973年的时候获得诺贝尔和平奖。

基辛格的母亲作为一个成功的父母，为培养孩子永不放弃的精神作了很好的诠释：

· 做个信守承诺的父母。父母就像是元帅，孩子就像是士兵，"元帅"的一举一动都影响着"士兵"，千万不要忽视以身作则的作用。

· 多磨炼孩子。为了给孩子信心，要不断地让孩子走向社会，面对人生。只有多经历风雨，才可能见到最后的彩虹。

· 要有方向。教育孩子尽全部努力，从不放弃任何对孩子有益的学习方法，一心一意教育孩子坚持积极乐观的人生方向。

· 夫妻应该共同合作。夫妻对孩子的教育方向要一致，彼此尊重，恪守自己职责本分，互相扶持才可产生莫大的力量，使家成为一个温暖且坚固的堡垒。

从孩子懂事的时候起，就应该将"永不放弃"这个词教给孩子。让孩子在困境不会退缩，更不会因为顺境而沾沾自喜，不思进取。孩子的坚持性、孩子的毅力有时由于他的身体素质原因，不能持续很久，但是父母千万不要忽视对孩子永不放的思想素质的培养。

第 十 一 章

提高孩子的社交素质

孩子与伙伴之间有共同的乐趣，共同的感情，共同的语言，所以孩子们都喜欢在一起。即使他们之间从不相识，甚至语言不通，孩子们也会一见如故，亲热地玩起来。孩子需要其他小朋友的启发和激励，需要他们的陪伴，因此，父母要鼓励孩子大胆与小朋友交往。

著名的德国教育家卡尔·威特教育自己的孩子的时候，其中有一条规则就是不准自己的孩子接触别的孩子，原因就是怕别的孩子的不良行为影响了自己的孩子。在今天看来，这种方法是不好的。

在孩子的交往过程中，父母要正面引导他如何与小伙伴合作，让孩子养成与人平等协作、忍让谅解、守信用、公正忠诚等社会交际中的规范习惯。

孩子与成人、交往时，常常会表现出胆怯。父母应该对接触孩子的人说清楚，希望他们态度亲切、友好、和气，要使孩子开心而不要使孩子畏惧。

不要让接触孩子的成人吓唬孩子，也不准取笑孩子，不能与孩子开过分的玩笑。这些都会使孩子怕羞、胆小，或者使孩子更加放肆、没礼貌。

如果家里来了客人，父母要带着孩子一起接送，客人也要向孩子问好、再见。不要强迫孩子叫人，只要父母做好热情的示范，又鼓励孩子叫人，孩子就会大方叫人。不要在客人面前勉强孩子做他不愿意做的事。父母还要鼓励孩子拿自己的糖果请客人吃，这时，客人应适当吃一点儿，并向孩子表示谢谢。

父母还可以经常带孩子到朋友、邻居家去串门，鼓励孩子自由交谈，以后他就可以单独与别人交往了。

父母应该让孩子学会建立和处理好各种人际关系。这对于孩子的发展来说，是很重要的。

一、为孩子创造更多的社交机会

社会性的培养对孩子未来非常重要，所谓团队精神，领导能力，都离不开社会交往能力，然而，时代却把孩子推向了反面。在全球化的人类大融合时代，对孩子们而言，孤独却与生俱来。在一个社区里，父母们彼此素不相识，甚至是邻居也不相往来；孩子能走会跑了，也只能牵在手里，生怕被来往的车辆碰了，或者摔疼了；好不容易碰上几个孩子，又生怕被大孩子欺负；只有大人有空的时候，才出去"放风"，大人没空，只好呆在家里……

父母需要为孩子创造更多的社交机会，例如，出席社会活动，有时可以带孩子一起去，只要有心带孩子出去，您就会发现其实孩子并不是负担；如果带孩子去公园或游乐场去玩，当然是件好事，那里大大小小的孩子很多，但您要让孩子自由地玩，而不是在旁边指指点点、非得要孩子按大人的想法去玩，或者孩子间略有争执，就上去制止。多带孩子去社会场所，不用特别安排，日常去哪里，只要带上他，你也不用刻意教他什么，他自然会悟出道理。总之，让他更多地处于社会群体当中，让他看到各种环境中人际之间的互动，让他回归到人的大社会中来。

交往的技能只有在与人交往中才能学会。父母应该尽可能地为孩子打开生活空间，让孩子走出家门，广交朋友。父母要经常找机会带孩子与同龄伙伴交往。可以经常去孩子同学家或有孩子的朋友家串门，学习一些社交礼仪和规矩，体会交往的乐趣；也可以请他们来家里玩，锻炼培养孩子热情待客的习惯和善待别人的品性。为孩子创造一个与伙伴交往的氛围，让孩子在不知不觉中提高交往能力，获得别的孩子的友谊。

（1）鼓励孩子多交朋友

交朋友，是孩子认识社会、驱除孤独的需要。一个孩子如果不会交朋友，那么这个孩子就会变得很孤独，就很难与人沟通，很难适应社会。所以，作为孩子的父母，在孩子没有朋友时，应主动地给孩子找朋友玩。如果孩子的朋友比较多时，还要帮助孩子与小朋友处好关系。

（2）让孩子学会自己解决冲突

打架、吵架是孩子交往中不可避免的问题，当孩子之间产生争吵时，父母首先不要大惊小怪，而应引导孩子正确认识交往中的各种矛盾，让孩子"独自"去学会如何面对交往上的小问题，教给孩子一些正确的交往方法，如分享、交换、轮流、协商、合作等，让孩子学着自己解决问题。其次应该适时公正地加以引导，培养孩子勇于改错的精神，能原谅他人，在交往中，能互相帮助，具有同情心。

（3）养孩子遵从社交规则

被同伴拒绝的孩子，很多是因为他们不懂得交往的规则。比如他在参与团体游戏的时候，不懂得"排队"规则；小朋友们商量做哪项活动时，他也不知道"协商"、"少数服从多数"，只会按自己的想法做。为此，父母在日常的生活中，不妨制订明确的交往规则，要求孩子遵从。比如在餐桌上，把孩子爱吃的东西适当地分给其他人，然后告诉他："好东西人人都喜欢，所以大家要公平地享用，不能一个人独占。"久而久之，孩子习得的社交规则，被他逐渐内化形成巩固的能力后，就能够自如地运用到和同伴的交往当中了。

（4）培养孩子具体的社交策略

父母可以教孩子学习一些具体有效的社交策略。例如，当孩子想加入其他人的游戏时，可以教孩子友好地向别人发问："我可以参加你们的游戏吗？""我想和你们一起玩，可不可以？"或者教孩子注意观察其他小朋友，如果他们在游戏过程中出现了麻烦，如搬不动东西时，可以主动上前提供帮助。如果孩子害羞，父母可以鼓励他先找跟自己比较熟悉的孩子一起玩，再去和其他孩子接触。社交策略的学习，对鼓励逃避型的孩子勇于交友具有非同小可的作用。

（5）引导孩子观察他人的情感变化

在同伴交往中，对他人情绪的正确感受和积极反应是交往的基础。在日常生活中，父母可以通过看电视、游戏等方式，教孩子观察别人的情绪变化是如何通过脸部表情及肢体动作来表现的。还应注意引导孩子学会思考自己的行为对他人会造成什么样的情感变化。可以多问问他："如果你是他，你会怎么想？"让孩子学会换位思考。

随着社会的发展，人际交往的功能越发显得重要，父母必须重视对孩子交往能力的培养，使孩子更好地适应社会的发展。怎样让孩子学会与人相处，与人交往，培养孩子生存能力，这是父母很重要的一课。

1. 教育孩子与人分享

加州大学的儿童教育专家麦迪·玛卡尔曾这样写道："女儿8岁时，在圣诞树下发现了那个她梦寐以求的洋娃娃。我那时正在厨房里剥栗子壳，忽然，我听到一阵不对头的对话。

"我们来玩摆家家酒。我扮母亲，罗娜做我的小女儿。"那是凯西的声音，她是个身体强壮、意志坚决的8岁女孩。

"不，不，不要脱她的衣服。对不起，凯西——你玩那个小洋娃娃吧。"

"我要这个。"接着响起了拉扯和尖声喊叫的声音。"你应该让别人分享的！"

我跑到两个小女孩面前，不顾女儿罗娜哭泣着跑开，而将那个洋娃娃判给了凯西，回想起那次我的行为，我为自己的不智深感汗颜。我不仅干涉了一次小孩子的争吵，还迫使罗娜放弃一件属于她的珍贵东西。

大多数父母都希望他们的子女慷慨大方。这有一个很好的理由：宽宏大量对于社会和谐以及个人幸福都有裨益。但另外还有一个坏理由：父母常把小孩视为他们在这世界上的代表。因此，孩子如果贪心、自私，似乎就是暴露了父母亲丢人的弱点，不是父母本身也自私自利，就是教子无方。如果分享的压力源于父母希望自己被人视为好父母，一个小孩就不会发现施予的乐趣。她体会到的只是："我的洋娃娃或者脚踏车，或者玩具火车并不真正是我的，它是属于爸爸妈妈的。不管我愿意不愿意，我必须与别人分享它。"

婴儿是不会让别人分享他喜爱的东西的。一名9个月大的婴儿在玩得高兴的时刻里，也许会绽着小天使般的微笑递出他的小甜饼——可是如果他哥哥咬去一口，他就会号啕大哭。一个2岁大的孩子也许会把他的蓝色玩具汽车借给别人——如果他看上了另一辆绿色的，或者他突然心血来潮，又或者他本来就不太在乎那辆蓝色玩具汽车。这不是与别人分享，这只是做他自然而然想做的事。

在一个小孩子能够大大方方地出借一件玩具以前，他必须先确实知道那玩具是属于他的。因此，如果孩子是在4岁以下，聪明的做法是在要求他松手放开玩具——即使只是短暂时间——以前，不妨试试说："莎拉只是想把你的洋娃娃放在婴儿车里推出去散散步。她几分钟就会回来的，对不对，莎拉？"这不是对洋娃娃的主人"让步"，这是为慷慨奠定基础，因为慷慨是要在需要获得满足之后才诞生的。

大多数孩子成长到了第三年，就会发现有玩伴的快乐，也不可避免地会发现玩耍时礼尚往来的必要。玩滑板时如果有个朋友一起呼啸前进，肯定会更加有趣。3岁大的孩子会大部分时候（但不是必然）愿意与别人分享玩具，因为那对他有好处。这些好处也许是公平交易，有人作伴，或者大人的称赞——或者"你看我多乖"的感觉。到了4岁时，一个备受钟爱和得到适当指导的小孩，能体会到另一个没有三轮脚踏车的孩子有什么感觉。

如果你想培养孩子慷慨大方，有些事情是你很明显不应该做的：

·不要强迫孩子拿出他宝贝的东西与别人分享，例如一支饱经风霜的棒球棍，或者妈妈的旧洋娃娃。

·不要一本正经地谈论不自私的可爱和拒绝分享的可憎。不要轻信那些被宣传为可以教导孩子变得慷慨起来的"特别的玩具"（做宣传的人总是要你相信，教导孩子慷慨需要特别的玩具）。

·不要因为孩子拒绝和人分享就严厉处罚他。如果一个学龄前孩子卷入一场因所有权而起的争吵，适当的做法是把他拉开，让他暂时独处，等到他表现得较有礼貌时再让他出来。揍他一顿或者永远没收那个玩具，很可能激起他的怨恨，使他更不愿意分享。

2. 孩子要求"自己来"，父母就要因势利导

孩子有了很强的参与意识，很多事情做起来都会很容易了。所以，父母要注意训练孩子的参与意识。两、三岁的孩子自我意识开始萌发，常常会主动要求自己做一些事情，可是父母却认为孩子太小，常常不支持这种行为，因此与孩子产生了矛盾。

西方心理学家研究认为，两、三岁的孩子存在着"我自己来"的心理要求，但是往往又什么也干不好。有的父母图简单，对孩子的这种主动性和表现欲采取不理睬的态度，仍然像原先那样包办一切，这是会阻碍孩子心理的健康发展的。

正确的做法是，孩子要求"自己来"的时候，父母就要因势利导，教一些孩子自我服务的技能。其实，这种教育是很简单的，只要父母端正态度就可以了。一般来说，从身边的事情教起：比如穿衣服、脱衣服、吃饭、洗手、收拾玩具等。教这样的孩子不要急于求成，每件事都可以分解成若干小步，每次做到一两个小步，逐渐达到熟练的程度就可以了。

可以专门为孩子准备一些小工具，如小喷壶、小围裙、小拖把等。这样既教会了孩子的技能，还化解了孩子的"3岁危机"，父母还可以添个小帮手。

孩子有参与意识是好事而绝对不是坏事。很多孩子，特别是小孩子，常常看见大人们做什么，就吵着要做什么。男孩子看见哥哥或父亲骑自行车，就会哭着要骑自行车。虽然他的脚还踢不着踏板，却总是跃跃欲试。女孩子看见母亲洗衣，有时也哭着要洗衣。

这既是孩子的参与意识的表现，也是孩子开始出现独立意识的表现，他们希望像大人一样有事情做。

因此，如果孩子出现这样的要求，父母不要随便对他们泼冷水："你人才比车子高一点，就想骑车子，别把车子摔坏了。""人小小的，就想洗衣，不要把衣服洗脏了！"等。

这样的冷水是很容易伤害孩子自尊心的，对他们的健康成长不利。孩子可能确实是太小了，还不可能做这样的事情，可是能不能做这样的事情与希不希望做这样的事情相比较，前者是微不足道的，而后者才是最重要的。孩子有了参与意识，有自己尝试的意愿，父母就应该尽力从旁协助，给予孩子自由发挥的机会。这对孩子的成长很重要。孩子如果成功了，父母要加以鼓励，增加他们参与动力的积极性。如果没有做好，不应责备，更不应该从此以后不让孩子做这样的事情，因为任何事情都有一个学习和熟悉的过程。

因此，对孩子给予协助和适当的鼓励是最可取的方法，这样孩子的上进心才会愈来愈强，进一步向自己的能力挑战。

西方儿童心理学专家做过一项测试：父母在超市购物的时候，让孩子与父母选购物品，一般来说，孩子都会与父母合作，很少出现不听话或使性子的举动。购物的时候，父母可以诱导孩子，让他做一些小小的选择，比如问孩子："我们今天买生梨呢还是橘子？"并且要经常鼓励孩子，比如说："宝宝帮妈妈找到麦片了，真乖。"父母只要这样自始至终地鼓励孩子参与，自然比等孩子捣乱的时候再想法制服他更有效。

其基本方法是：父母的态度要平和，目的要明确。父母要求孩子参与的时候，态度要很温和，不要使用犹豫、不耐烦及粗暴的口吻说话，要求清楚直接。一句话，就是要让孩子明白父母到底要他做什么。比如父母要出门，不能说"快，走了"这样很笼统的话。而父母应该蹲下去，正眼看着孩子，很和气地说："把外衣穿好，帽子戴好，我们要出去了。"孩子如果按照要求做了，父母就应该抓住这机会进行表扬，强化孩子的这种行为。

可以采用以下方法：

（1）父母给孩子选择的权利

要让孩子参与，就要给孩子相应的权利。有的父母有这样一种错误的观点，认为孩子如果有了适当选择的权利，会使孩子产生占了上风的感觉，从而很多本来不能办的事情演变成了能办的事情。因此，常常让孩子在"不"或"是"之间进行选择。刚开始的时候，可以让孩子在两样东西之间进行选择，不要把选择范围弄得太大了，孩子没法进行有效的选择。

如果孩子选择了父母所提供的范围以外的东西，父母可以这样疏导孩子："这个选择不错，我还没有想到。"如果孩子的选择不适合，父母可以告诉孩子："这个不算。如果你挑不出来，我帮你做决定吧。"

（2）父母要强调合作的益处

父母要让孩子知道，跟大人合作也是为了他自己好。如果孩子明白了这一点，就会产生很高的积极性。一般的情况是，两、三岁的孩子已经懂好些道理了，父母用孩子能够接受的语言跟他解释做这件事对于他的益处，孩子是可以接受的。比如说："你和我一起把桌子收拾干净就可以画画了。""你换好睡衣就可以听妈妈讲故事了。"

（3）让孩子感到同父母一起做事有意思

孩子之所以愿意与父母一起做事，很大程度取决于有没有意思。比如，孩子刷牙的时候，父母给他念一首刷牙的儿歌，让他跟着歌中的步骤刷牙，孩子就会感到很有意思。如果孩子拒绝穿衣服，父母可以对他说："听，小裙子说话了：我是你的小裙子，快点快点把你的头伸进来。"父母大概会觉得这样做有点可笑，但是孩子对此却是很喜欢的。

只有希望参与，才可能取得最后的胜利。即使失败了，也不要灰心，要敢于接受再一次的失败，再进行下一次参与。有这样的决心，什么事情还干不成？

3. 让孩子多参加集体活动

孩子从三岁开始，便产生了某种交往的愿望，这是萌芽阶段的交往心理。随着进入小学，他们便进入了集体，进入了社会。这时他们便也有了与同龄人交往、沟通的强烈愿望，而集体生活则创造了适应于他们进行交往的最好条件。因此，父母要让孩子积极参加集体活动，增强孩子的集体观念。要积极创造条件，鼓励孩子参加各种集体活动和有益的社会活动、公益活动，包括生日祝贺活动、音乐欣赏会、故事会、讨论会等，让他们在集体活动中养成团结友爱、助人为乐的品质。学会调节集体和个人的关系。孩子的交际能力一定会大大提高。

父母带孩子参加各种社交活动和集体活动有利于培养孩子的求知欲。那种认为带小孩出门是个"包袱"，不愿意带小孩出门参加社交活动的思想和做法是不可取的。孩子只有经历各种"大场面"，才能锻炼他的良好的交往素质、对孩子的交往能力进行潜移默化的培养，同时，其求知欲也会得到有利的发展。

（1）鼓励孩子参与集体合作

作为父母，你有责任从小就开始对孩子有意识地进行培养，鼓励他们学会与人合作。许多表演、游戏都可以通过孩子与人合作而培养他们的合作精神。商店、学校、办公室以及街道都是体现合作精神的场所。给孩子购买一些能促进他们合作精神的玩具、游戏卡等。如果你的孩子喜欢打扑克，要让他明白自己只不过是合作者中的一员，他必须与自己的同伴合作，与双方共同的对手竞争。

让孩子多参加学校内部举行的活动。有些学校经常为一些在合唱、舞蹈、戏剧表演等方面具有特殊兴趣的学生举行内部活动。尽管某一学生不可能成为歌星、舞星之类的人物，他也可能被安排担当某一具体而重要的角色，如伴奏、指挥、场景等。应根据孩子们对活动参与的意愿和兴趣来接收他们参加活动，而不要看他活动的实际能力。应当鼓励你的孩子经常参与这类活动。

（2）在集体竞争中培养孩子的求知欲

孩子们在有人引导的竞争性活动中可以学到很多东西——这些竞争活动要建立在个人的支持与集体的配合之上。

在集体竞赛中，个人都是作为集体的一员而参与竞争的。他将得到其他成员的感情支持，并因自己在集体中的杰出表现而受到他人的欢呼和称赞。不理想的个人发挥也可以通过团队中的其他成员的努力来予以补偿。

在这样的竞争活动中，孩子们可以学会如何对待胜败，如何支持团队中的其他伙伴，如何在团队中发挥自己的作用。他们在最大的成功机遇中培养了个人的信心，提高了自己的技能。

那些既讲求集体荣誉，又允许个人通过竞争发挥个体努力的活动可以色括以下方面的内容：

①大多数球类运动。如垒球、手球、足球、水球等；

②通过个人表现来实现的团队竞争，如网球、游泳等；

③辩论赛与集体演讲；

④与别的学校一起举行的管弦乐表演或其他集体活动。

（3）参加学校组织的公开活动

这些活动也许称之为"父母之夜"、"学校展览"或"公开活动"等。不管学校活动的名称是什么，其目的都是大致相同的——给你提供一个更好地了解孩子学校的机会，让你见见孩子的老师，让孩子在你面前表现出他们的成绩，向你介绍他（她）的朋友。作为父母，你应尽可能积极参加。

如果可能，最好让孩子与父母一起参加，让孩子在活动中占据主导地位，这是他向父母"展示并讲述"他在学校中的进步与收获的良机。

有些学校在每一学年之初还举行一次公开活动日，让学生和他们的父母相互见面、互相认识。你也许能在这一天结识几个终生好友。让孩子在开学之前熟悉他们的教室和周围的环境。不管怎样，你应该参加！而且在你的孩子进入一所新学校之时，这类活动尤其重要。

每当学校组织运动会、一年一度的音乐会、文艺晚会、放学后举行一场足球赛等之时，父母也应该尽可能参加，并表现出极大的兴趣与热情。不要对孩子在活动中的表现作出批评，也不要将孩子与同一小组或团体的其他学生比较。尽力去夸奖孩子已经做的、正在做的、将要做的一切，将会极大激发孩子的求知欲。

二、引导孩子大胆交往

英国研究人员调查发现，超过一成学龄前儿童缺乏社交能力，入学后难以交友，容易出现行为偏差问题。孩子是需要伙伴的，父母必须明白这个道理，这是由孩子的年龄特点所决定的。孩子与伙伴之间有共同的乐趣，共同的感情，共同的语言，所以孩子们都喜欢在一起。即使他们之间从不相识，甚至语言不通，孩子们也会一见如故，亲热地玩起来。孩子需要其他小朋友的启发和激励，需要他们的陪伴，因此，父母要鼓励孩子大胆与小朋友交往。

在孩子的交往过程中，父母要正面引导孩子如何与小伙伴合作，让孩子养成与人平等协作、忍让谅解、守信用、公正忠诚等等这些社会交际中的规范习惯。

与人搞好关系是人生的一门艺术，父母应该创造良好的家庭氛围，与孩子建立起温馨美好的感情。在这种环境气氛的熏陶下，孩子就可能与他人相处得快乐而融洽。当然，父母还要有意安排孩子经常与其他小朋友一起玩耍，并随时欢迎孩子的朋友到家里做客。孩子们在游戏之中，常常都会既玩得开心又学会了与人交往的艺术。

父母还应该教给孩子"家庭社交礼仪"，让他们首先懂得尊重家人。每天早晨起床时，要求孩子向全家人问好；得到帮助时要说"谢谢"；外出时要说"再见"，如果孩子忘了，家长应该要求他们回来补上。这种反复严格的要求对于孩子形成讲礼貌的好习惯作用非常大，等孩子大一些后，他们会很自然地把这些习惯从家庭以内延伸到家庭以外。

孩子与成人交往时，常常会表现出胆怯，父母应该注意以下几个方面：

·父母应该给接触孩子的人说清楚，希望他们态度亲切、友好、和气，要使孩子开心而不要使孩子畏惧。

·父母要告诉陌生人，接触孩子不能心急，要逐渐接近，让孩子有一个慢慢适应的过程。如果陌生人急于接近孩子表示亲近，强行抱孩子，反而会使孩子感到害怕。

·不要让接触孩子的成人吓唬孩子，也不准取笑孩子，不能与孩子开过分的玩笑。这些都会使孩子怕羞、胆小，或者使孩子更加放肆、没礼貌。

·如果家里来了客人，父母要带着孩子一起接送，客人也要向孩子问好、再见。不要强迫孩子叫人，只要父母做好热情的示范，又鼓励孩子叫人，孩子就会大方叫人。不要在客人面前勉强孩子做他不愿意做的事。父母还要鼓励孩子拿自己的糖果请客人吃，这时，客人应适当吃一点儿，并向孩子表示谢谢。

·父母还可以经常带孩子到朋友、邻居家去串门，鼓励孩子自由交谈，以后他就可以单独与别人交往了。

1. 鼓励和帮助孩子交友

齐克·罗宾教授在《儿童的友谊》中把孩子们学会交友的过程分为4个互相重叠的阶段：

（1）自我中心阶段，3~7岁

这时的孩子经常把一起玩或仅仅离得比较近的孩子当成朋友，"最好的朋友"往往就是住的最近的孩子。可以说，这时的孩子在交友上就是为了有用：对方有他喜欢的玩具，或者他不具备的特点等等。

（2）满足需要阶段，4~9岁

在这一阶段孩子的交友过程更多地由利益决定。他们会把朋友作为一个人而不是根据其拥有的东西或住处远近来衡量。由于朋友能满足某些特定的需要，这时的孩子仍是处于自我需要目的而交友的。

（3）互惠阶段，6~12岁

在这一阶段孩子交友的特点是互惠和平等。这时的孩子已经能够同时考虑双方的观点，非常关心平等的问题。因此，评判朋友时，就有了非常明显的比较：谁为谁做了什么。

（4）亲密阶段，9～12岁

孩子在这一阶段能够保持相当亲密的朋友关系。他们对朋友的表面行为不再注意，转而关心其内在素质和幸福与否。在这一阶段，朋友之间通过共享情感、分担问题、解决矛盾，会形成深厚的感情纽带。

齐克·罗宾教授的分析使我们看到，孩子并不是没有自己交友的评判标准，而且这个评判标准是一个不断成熟的过程。

父母在对待孩子交友问题上首先应做的是尊重孩子，给予孩子一定的交友自主权。父母都很希望自己的孩子交朋友，但同样也希望他们不要误交朋友，这种心情可以理解。专家给您的建议是："除非可能有危险，否则最好让孩子自己去识别哪些是可以交的朋友，哪些是不可以交的朋友。"

在把交友的自主权给孩子的时候，不代表父母就可以完全放任。两者完全不同。事实上，把父母的指导建议提供给孩子，并帮助孩子正常的交往同样重要。在现实生活中，会有一些孩子不懂得如何交朋友，但只要父母给予他们正确的引导和支持，这种情况是可以改变的。做父母的虽然不能主宰孩子社交生活的方向，但可以通过各种方法鼓励和帮助他们结交朋友。

父母应适当地带孩子进入自己的社交圈。在外出做客时，要求孩子观察成人间的交往；家中来客人，让孩子参与接待，让座、倒茶，谈话……让孩子在交往中学习交往，有利于消除孩子交往中的羞涩、恐惧心理。另外，还可以让孩子做一些需要交往的事情，如：拿牛奶、取报纸、买小的日用品……增加孩子交往的机会。做父母的应尽可能创设条件让孩子结识更多的朋友。除了允许、鼓励孩子去邻居家串门，与邻家孩子共同玩耍，还可有意识地把住在附近的小朋友邀请到家里来。为孩子买来新图书、新玩具或可口的食品，并让孩子去邀请小伙伴来阅读、玩耍、品尝，使家庭拥有热情友好的氛围，成为小朋友们乐意来做客的场所。

在引导孩子与人交往的过程中，应鼓励孩子与各类朋友交往，让孩子在交往中面对挫折和矛盾，学会解决矛盾，保护和控制自己，提高分辨是非的能力。孩子们在一起玩耍时，矛盾和争执是难免的，只要没有危险性，父母应该放手让孩子自己去处理。幼儿在心理上往往以自我为中心，不了解别人的心理和感受，不容易接纳别人的意见，正是通过争辩、说理、吵架，才能逐步了解别人的感受，从中学习忍让、宽容、适应别人。孩子一般不会像大人一样，由于利益的冲突而记恨对方，他们冲突后可以马上和好。因此应抓住孩子"吵架"这一实际，引导孩子与他人相处，学会既不霸道、任性，又不处处退让、委屈求全，诱导孩子冷静对待，找出解决的办法，并鼓励他们去尝试，逐步使孩子能自己解决同伴间的矛盾冲突，更好地与人交往。

一些孩子在交友上有困难，但正确的引导和支持能帮助他们克服困难，尽管你无法掌握你孩子的社交生活，但你能鼓励和帮助他交友。

2. 有意识地教给孩子一些交往的技能

如果父母在孩子幼小的时候就有意识地培养他们的交往愿望，教给他们的交往技能，对孩子来说将是终身受益的。

只要稍加注意，我们就不难发现，其实孩子有着很强的社会交往欲望，例如，当刚学步的孩子看到另外的差不多年龄的孩子时，就会主动地跑过去与那个孩子玩，他会主动向那个孩子笑、主动与那个孩子说话，并且可能会将自己的玩具拿给那个孩子玩，当然，他也很有可能主动去拿那个孩子的玩具。这种现象其实就说明了孩子天生地有着一种社会交往的意识。只是父母总会在这个时候强行地将孩子与其他孩子分开。到了孩子上学之后，父母又以"你要好好学习，不要整天想着玩"、"外面有危险，你还是给我在家里好好的呆着"等等为由，不愿意与孩子出去与别的孩子一起玩。其实，这就剥夺了孩子的社会交往权利，也弱化了孩子的社会交往能力。所以，我说，作为父母，应当尊重孩子的社会交往权利。

为了帮助孩子成为受同伴欢迎的人，在交往中得到快乐，父母应有意识地教给孩子一些交往的技能。

（1）培养孩子的礼貌习惯

父母应让孩子在交往中学会使用礼貌用语："请"、"谢谢"、"对不起"等，告诉孩子只有懂得礼貌的人，别人才愿意和他一起玩耍，也才肯把心爱的玩具给他玩。对孩子在活动中礼貌语言用得好的时候要及时进行鼓励表扬，强化孩子的礼貌行为，形成良好的礼貌习惯。

（2）让孩子学会容忍与合作

在交往中，遇到与自己意愿相悖的事，父母应教育孩子学会忍让，与同伴友好合作，暂时克制自己的愿望，服从多数人的意见。例如，几个孩子在一起商量做什么游戏，大家都说玩动物园，而自己却想玩娃娃家，此时，就要克制自己的愿望，和同伴们一起高高兴兴地玩动物园的游戏。这样才能使交往顺利进行。

（3）学习遵守集体规则

孩子们在交往时，会自己制定一些规则来约束每个人的行为，谁破坏了这些规则，谁就会受到集体的排斥。只有自觉遵守集体规则的人，才能得到大家的喜爱，也才会有更多的朋友和他一起玩。

（4）培养孩子乐于助人的品质

孩子们在交往中常常会碰到一些困难，父母不仅要鼓励孩子自己想办法解决问题，同时还应支持孩子帮助其他的朋友克服困难，如朋友摔到了急忙扶起来，同伴的玩具不见了帮着去寻找等等。要让孩子知道乐于助人的人就会有很多的朋友。

（5）让孩子们自己解决问题

太多的父母总想插手解决孩子之间的问题。记住：孩子们需要机会学习如何解决他们自己的问题。在大多数情况下，孩子们的一些纠纷往往他们能够自己解决。当然，你应该始终有个意识关注事情的发展。尽可能多的给孩子机会，让孩子们自己把问题想清楚，让孩子们自己处理相互之间的关系。这对婴儿同样适用，不仅仅只对大一点的孩子。当孩子们为了一件玩具发生争执的时候，你可以在一旁观察，只有当事情看上去无法控制时，你再插手。不然，你只需要看看他们是否能够把问题解决好。

3. 走出封闭的家门，到小朋友中去

英国北伦敦大学的心理学家研究发现，在小学中人缘最好的学生，往往是那些上过正规幼儿园的孩子。他们不仅朋友多，而且社交能力也更强。

从事这项研究的菲利普·欧文和约翰·莱奇福特博士对沃里克郡一所小学的 187 名孩子进行了调查。他们先将孩子所受的学前教育分为 4 种类型，第一是幼儿园，那里有较为正规的课程安排，老师既授课又安排大量的游戏；第二是游戏小组，通过特意安排的游戏，鼓励孩子们相互交流与合作；第三是托儿所，那里虽有保育员看护但没有明确的社交和教育目标；第四是呆在家中由父母、保姆或亲戚照顾。

研究证明，学前教育可为孩子将来的社交能力奠定基础。有较为系统的课程安排和活动指导的幼儿园和游戏小组，可为孩子社交能力的发展提供良好的环境，而托儿所和呆在家中的幼儿则缺乏与其他孩子交往的机会。

可见，在儿童成长期，最担心的就是社会隔绝。不但是社交能力，连认知能力、判断能力、魄力等等都和社会交流有关。无疑，幼儿园是增强孩子社会交流的一个外部环境。

在幼儿园里，我们常常可以看到有这样一种孩子：害羞、胆怯、孤僻、沉静、性情懦弱，老师称之为"不合群"。这样的孩子往往是父母忽略了最初的交往能力的培养。

一般说来，1~3 岁的孩子非常喜欢与小朋友们一起玩。父母要有意识地给孩子提供与其他孩子一起活动的机会，从小培养孩子的合作精神、集体意识，鼓励孩子走出家门。

交往的技能只有在人与人的交往中才能学会。父母应该尽可能地为孩子提供一个自由的空间，比如：鼓励孩子经常去找小伙伴玩，邀请孩子的朋友、同学来家做客。心理学家指出，同伴对指导或训练孩子掌握社会交往技能，帮助孩子走出孤独具有特殊作用，因为很多技能，孩子是无法在成年人那里学到的。

　　随着儿童年龄的增长，他们产生了摆脱各种束缚和依赖的独立倾向，这是儿童心理发展的正常现象。另一方面，与独立性同步进行的是，与人交往的心理需要。他们期望得到旁人的理解柑同情，盼望早日迈人成人的社会中，发展独立性和社会性。这是儿童达到自我与社会同一的必要前提，是儿童教育中的重要内容。

　　西方现代心理学认为，儿童本来是以自我为中心的，即一切事物都以自己为中心去认识，不能明确自己和别人的关系，把自己禁锢在自我的躯壳中。

　　儿童怎样才能摆脱这个自我封闭的躯壳呢？只有一条路：参加社会生活，发展他们的社会性。孩子们必须走出封闭的家门，加入小伙伴的社会活动中，才能健全地发育和成长。

　　西方现代儿童心理学研究表明，儿童到 3 岁时就想交朋友，需要小伙伴，这就是儿童社会性的萌芽。一个哇哇大哭的幼儿，妈妈怎么哄他也无济于事，如果过来一个小朋友逗他玩，他立即就会破涕为笑，这是因为小伙伴之间容易形成"共鸣心理"，能互相接受对方的影响。小伙伴的作用是大人所顶替不了的。儿童和亲人的关系是"竖"的关系，儿童和同龄儿童的关系是"横"的关系。伙伴们的关系与母子关系不同，他们之间是平等的，要求友谊、信赖和合作。这一关系到 5 岁时就显得更为重要，这时他们就有了自己的"游戏集团"和"领袖"。小伙伴们在一起，起到了"儿童教育儿童"的作用。他们在这里逐渐了解自己与他人的区别和联系，他们开始认识到：随心所欲、任性、以自我为中心，是无法与其他儿童交往的，他们必须要遵守伙伴中的"法则"，谁违背了法则就会被排挤，不受欢迎。这样，他们就逐渐从"自我"中走出来，学会了谦让和互助，了解了自己的权利和义务。

　　小伙伴之间的关系往往十分密切，它不仅满足了孩子心理发展的需要，而且满足了孩子社会心理的需要，从交往中孩子发展了独立性和社会性，增强了自主能力和社会能力，为他们长大成人、走向社会打下了基础。

　　可是，当孩子的社会性萌芽得不到满足时，就会逐渐枯萎。所以父母们要克服关门育儿的观念，让孩子们早一点到小伙伴中去，到幼儿园中去，这样孩子进入小学后，就会如鱼得水，迅速适应学校的环境，更加自信自强，健康活泼地成长。

三、锻炼孩子的领导才能

美国孩子领导能力在全世界排名前茅，连小孩子或者中学生，他们的领导能力，都让世界人惊叹不已！他们的父母从小就培养起孩子的领导能力，如参加各种演出，通过社会团体，童子军，让小孩子自己组织活动、比赛等。

在一所美国幼儿园里，一天老师刚好不在，教室里较吵。一位才3岁多的小男生站起来，走到黑板前面，搬一张椅子站得高高的，并且从容地告诉大家：请安静！老师不在，我现在就是你们的老师，你们要听我的。然后他去拿一叠纸张，几盒彩笔分给同学们，我们来画画，看谁画得好又快。于是小朋友们很高兴，都安静下来埋头画画。小男孩还交待小朋友们要在纸张上写上名字。

三岁多的小孩子有这般领导能力，实在令人刮目相看！聪明能干的孩子很擅长在适宜的时候站出来领导大家。领头的孩子能使事情发生（他们有想法，主动性强），使事情有趣（他们能制定出合理的计划，知道如何激发大家的热情），使事情重要（他们激励其他孩子重视目标）。但在形势需要的情况下，他们也能变得强硬有力。例如，当一个朋友建议做一些不道德的事时，具备领导技巧并且道德观念强的孩子会坚定而迅速地对此事叫停。如果孩子受过父母在这方面的培训，就会有信心当个领导者，知道怎么讲话是适宜的并且可以建立起威信。

很多父母都希望自己的孩子将来是一个具有领袖气质的人。要培养孩子的领导才能，父母需要多给与孩子表现的机会，让他们的胆量得到锻炼。不管孩子是取得了进步，还是犯了错，都要多鼓励孩子。其实，面对很多机会，大多数孩子都会跃跃欲试，这时，如果有了大人的鼓励，孩子多半会勇敢去尝试；而如果大人不管不问，一次重要的机会很有可能就这样与孩子擦肩而过，而且孩子今后遇到选择，就会退缩、更加胆小。

如何培养孩子的领导才能呢？西方教育专家的 6 条建议，或许会对你培养孩子有所帮助。

（1）给孩子以鼓励

信心来自于你的鼓励。孩子做每一件事前，你可以说："我知道你能做。"之后又说："你干得好，真棒！"从孩子蹒跚学步起，你就要开始对他信心的营造。当他带着胜利感摇摇摆摆地扑向给他带来祝贺的怀抱时，已经记录了他的第一个胜利。

（2）让孩子坚信成功

有位非常有前途的 12 岁的体操运动员，她几乎拥有了未来奥林匹克金牌得主应掌握的所有技能，然而她在比赛中总是难以发挥自己的潜力。一次她向一位著名教练请教，教练给了她 4 个飞镖，让她投向远处的一个靶子。她紧张地看着教练，问："我若投不中会怎么样？"这短短的一句话表明她未来的事业会令人失望，因为她不坚信成功，而是总想如何躲避失败。

父母要学会劝你的孩子要相信成功，而不是只考虑前进中的障碍。只有一个坚信成功的人才能鼓舞周围的人与他共同克服困难不断向前。只有那些经过尝试、出现不足、纠正缺点后奋起努力的人才可能有坚定的信心，成功只给予那些即使失败也勇于抓住机会的人。

（3）听孩子谈他们的梦想

如果你的女儿一进门就宣布她想成为一名职业足球队运动员，或者您的儿子说他打算当一名特技演员，而两个职业都是您想都没想过的，您会怎么说呢？是"女儿，千万别干这一行"，还是"那太危险了"？未来的机会可能使足球运动员改变主意学了法律，而"特技演员"擦肩而过成了商人，不管他们的梦想多么怪异，重要的是鼓励他们善于想象如何把梦想变成现实的能力。人们一直认为领导者就是善于想象，能把他的想法解释给其他人，鼓励他们向着确定的目标奋斗，而这一切都始于最初儿时的梦想。

（4）给他们一个机会

领导才能需要在实践中不断磨炼。一个人要想成为具有感召力的领导，必须在实践中不断地磨炼自己把握全局、指挥若定的能力。美国父母总是鼓励孩子参加运动队、兴趣小组及其他一些学校或社区的公共组织，他们从中可以获得与别人打交道的经验。

父亲还鼓励孩子出面组织一些集体活动。支持孩子在班上竞选班干部，在运动队中担任负责人，因为这些都可以给孩子提供展示自己领导能力的机会。如果孩子能够成为校学生会的成员，那么他或她同样拥有锻炼并展示自己领导才能的良好机会。

美国有些学校还开展领导能力训练课程。在这类课程上，教师将培养孩子们掌握诸如主持会议、让所有人员都积极参加讨论、让大家协调一致、达成共识之类的技能。

（5）做孩子竞选活动的支持者

当班级中竞选学生干部时，美国父母总是主动做孩子竞选活动的支持者，并为孩子竞选出谋划策。比如，当孩子想竞选班干部时，父母就告诉他一条秘诀：每天到学校刚一见到班上的同学，就热情地打个招呼，向他们友好地微笑。久而久之，他的人缘就会很好，就能够团结班上的许多同学，这样一来，他在竞选班干部时也就有了较好的群众基础。试想一下，那些不仅对自己圈内的朋友热情相待，而且也对其他同学表示友好的孩子们，是很容易得到大家认可的，也很快能够成为大家的领导者。

鼓励自己的孩子在班上大胆发言，学会在他人面前毫不害羞地表达自我，也是一项关键技能。让孩子在家中演练一下课堂发言；与此同时，对孩子发言时的声调、语气及视线提出合理建议。

（6）开发孩子的三项基本素质

美国家庭心理学家约翰·罗斯莫德把"尊重、随机应变、和责任"视为父母应该为孩子开发的三项基本素质。作为一个未来的领导者应该善于理解他人、遵守规则（尊重）；遇到挫折后，不断尝试新方法（随机应变能力）；敢于面对自己的决定所产生的任何后果（责任心）。

1. 培养孩子做领头羊

华盛顿特区的一群女孩参加了一次野外聚餐活动，活动地点定在华盛顿特区的喀斯喀特山林。白天，这群女孩玩得非常愉快，然而，到了傍晚时分，她们在返回途中却迷路了。无奈之下，她们只好胆战心惊地在山林中度过了一个漫长的夜晚。第二天天一亮，饥寒交迫的她们，便有气无力地穿行在山林中，许多人都是满脸的绝望。"他们永远也找不到我们了，"其中一个女孩哭着说，"我们都要死在这可恶的山林中。"

这时，一位名叫伊娃内尔的11岁女孩走到大家前面。"我们不会死在这山林中的，"她坚定地说，"我曾听人说过，如果你顺着一条小溪水流的方向一直向前走，那么你就会走到一条更大的溪流旁；而当你沿着那条更大的小溪流向走下去时，你最终就会走到一个小镇上。接下来，我要顺着已看到的那条溪流的流向，一直向前走。你们中的其他人如果相信我的话，那么就请跟着我一直向前走。"

伊娃内尔坚定地沿着所看到的那条小溪的流向前行。其他的女孩们都紧紧地跟在她的身后。她们沿着那条小溪在林中穿行了5个多小时，来到了一条小河边。她们沿着小河继续前行，终于听到了别人的说话声。她们一起大声呼救，他人听到呼救声，马上赶了过来。临危不乱、信心十足的伊娃内尔，最终让大家转危为安。

每当孩子们听完这个故事后，他们都会异口同声地赞叹道："这个女孩真是个天生的领袖。"在他们看来，像伊娃内尔这样的人，是天生的领导者，而其他的人们注定是随从。

多年来，伊利教授和运动员、学生、飞行员、公司经理、政府官员等各行各业的人士打过交道，他从中深刻地认识到：

"没有天生的领导者，只有后天造就的领导者。那些掌管着某一组织、负责着某一居民区及带领着某一运动队的男人与女人，都是尽心尽责的父母们所培养出的领头羊。"

一位教育专家问一位幼儿老师，是否能够在自己所管的4至5

岁的孩子们中间，辨别出哪些是领头的孩子。"当然啦！"他们回答说。这些孩子都比较自信，尊重成年人和与自己一般大的其他孩子，乐意让别的孩子和自己一块儿玩玩具，有幽默感，表现出较强的创新精神和好奇心。他们总是最先开始做某项事情，其他的孩子们则在一旁观望，然后在他们的带领下跟着做。而且最为重要的是，他们的热情极具感染力。

在英国有 65 位十几岁的男孩及女孩几乎用同样的字眼，描述他们的领头羊。"他们常常满脸笑容，"一位男孩说道，"他们似乎总是对自己感觉良好，而且他们也能够让你对你自己产生这种感觉。"

培养孩子的领导能力，就需要知道什么是优秀的领袖必备的素质：

·稳定的情绪；

·有自省能力；

·精密的思考问题的能力；

·能创造性地解决问题；

·克服个人困难；

·有统筹能力、管理自己的时间；

·知己知彼、用人惟才；

·和别人分享蓝图；

·社交能力好，交往广泛；

·能鼓励他人；

·愿意倾听别人说话；

·支持他人的想法；

·挑战自己和同伴；

·扮演良师益友的角色。

虽然有以上人格气质的人，不一定都能成为领袖，因为个人的情况不同，比如许多孩子先天就具备了做一个领导所需的许多个人要素，而一些孩子可能在系统学习后并无多大变化，但可能在某个时候，在哪一个点上，孩子的变化就显现出来了，而这个变化可能影响他的一生。并且良好的人际关系，也会使孩子终身受益。

领袖不全是天生的，后天培养非常重要，而且 3 岁之前是孩子情感发展的关键期，所以父母不要在此时只想着让孩子智能开发，而错过了学习沟通及观察别人的最佳时期。

西方教育专家为父母提供了培养孩子领导能力的诀窍：

· 父母应该适时给孩子关爱；
· 经常与孩子沟通、交流；
· 让孩子有自己的想法；
· 不要凡事都帮他决定，要适时放手；
· 多倾听孩子的说话；
· 让孩子愿意接受他人的想法；
· 养成孩子讲道理的习惯；
· 培养孩子观察别人的能力。

领导能力需要靠训练来增强，需要机会去磨练领导艺术。父母们应该让子女参加运动队、童子军、课外活动小组和其他社区组织，他们将获得待人处世的宝贵经验。

2. 教育孩子对自己的事情负责

2008 年，中国举办奥运会期间，一位美国妈妈带着 8 岁的女儿到北京一户人家里来做客。女主人对外国友人的到来非常重视，特别学习了西餐的做法。她对外国母女说："今天我做西餐给你们吃，你们尝尝中国人做的西餐味道好不好。"

8 岁的女孩听女主人要给她们做西餐，心想：中国人做西餐肯定不好吃。于是，当女主人问她吃不吃的时候，小女孩坚定地回答："我不吃。"

等女主人把西餐端上来的时候，小女孩一眼就看到了漂亮的冰淇淋。这么好看的冰淇淋味道肯定很好！小女孩有点迫不及待地对妈妈说："妈妈，我要吃冰淇淋。"

女主人很高兴小女孩能够喜欢自己的冰淇淋，就高兴地把冰淇淋端到小女孩面前，说："来，吃吧！"

谁知，女孩的妈妈严肃地对女主人说："不行，我女儿说过她不吃西餐，她得为自己所说过的话负责，今天她不能吃冰淇淋！"

女儿着急地哭起来："妈妈，我就想吃冰淇淋！"但是，女孩的妈妈根本不为所动，只是对女儿淡淡地说："你得为自己负责。"

女主人看着，觉得女孩的妈妈也太认真了，就说："给她吃吧，孩子总是这样的。"

女孩的妈妈正色对女主人说："亲爱的，我们要培养孩子的责任心。"

结果，无论女孩怎么哭闹，妈妈就是不同意让她吃冰淇淋。

事实确实如此，只有让孩子懂得自己的行为将会产生什么后果，他才会对自己的行为去负责任。在现实生活中，父母要试着把孩子生活中的每一项责任都放到他自己的身上，让孩子自己承担。比如，当孩子遇到麻烦的时候，你应该说："这是你自己选择的，你想想为什么会这样？"而不要对孩子说："你已经努力了，是爸爸没有帮助你。"虽然只是一句话，却反映出了观念的不同。如果你无意中帮助孩子推卸了责任，孩子将会认为自己无须承担责任，这对他以后的人生道路是很不利的。

著名教育家茨格拉夫人说："必须教育孩子懂得他们不同的一举一动能产生不同的后果，那么随着时间的推移，孩子们一定会学得很有责任感的。"

茨格拉夫人是这么说的，也是这么做的。

一次，她的儿子从学校回家比平常晚了半小时，茨格拉夫人对此表示充分的理解，但是，她也明确地告诉儿子："你玩的时间自然也就少了半个小时，这个时间我们可要遵守。"这样，就让儿子意识到了自己晚回家的后果，他就可能对自己的行为负责。

那么，到底什么是责任心呢？具体来说，责任心有以下几个方面的内涵。

（1）责任心以情感为基础

在几乎所有的西方人眼中，一个孩子如果对父母没有感情，那么，他就不可能对家庭承担任何责任。同样，他们也认为，一个对社会、对祖国、对人民没有情感的人，当外族入侵，祖国受难之时，他（她）不可能有一种对国家和民族的责任，不可能挺身而出，舍生忘死，甚至为国献身。因此，作为父母，必须重视对孩子的情感培养，并且由此引发他们的责任心。

（2）责任心靠意志来维持

西方人认为，并不是一个人说得动听，就可能对人对事尽责尽心，只有在克服困难、抵制各种诱惑的行动中，靠意志力来维持，才能反映一个人的责任感。因此，在培养孩子的责任心的时候，西方的父母常常是通过具体的事情，有意识去锻炼他们的意志，磨炼他们的毅力，同时，在其中进行一些恰当的引导，使孩子成长。

（3）责任心的强弱通过行为来体现

西方人认为，为家庭烧一顿饭、洗一次衣服、为社区服务、征召入伍等都是责任心的体现。这两种不同层次的责任心，都要通过行动来体现和检验。

一位西方教师，曾说起他的"育儿观"："我很少过问孩子的学习成绩，我只要知道他有兴趣、肯用功就够了。但是，对于他的生活习惯、为人处事，我是一点都不敢马虎的。而且在道德教育方面我首抓他们的责任感。"一个人，当他具有了相应的能力时，就要对某些事物负责，孩子成长到一定时候，就应当具备责任感。责任感是他安身立命的基础，需要父母下大工夫，从小培养。

父母要教育孩子对自己的事情负责，引导孩子从小自理自立。凡是孩子力所能及的事，都要鼓励他们自己去做。孩子只有能对自己负责，才能开始对家庭、对他人、对集体负责。培养孩子的责任感，还要同培养兴趣

孩子的责任心需要父母言传身教从小培养。世界著名化学家、炸药的发明者艾尔弗雷德诺贝尔对社会责任感就是来自于父亲的言传身教。诺贝尔的父亲老诺贝尔对研制炸药特别感兴趣。一次，诺贝尔问父亲："炸药是伤人的可怕东西，为什么还要研制它？"老诺贝尔这样回答孩子说："虽然炸药会伤人，但是，我们要用炸药来开凿矿山、采集石头、修筑公路、铁路、水坝，为人民造福。"听了父亲的话，诺贝尔接着说："我长大了，也要研制炸药，用它造福人类。"可见，父亲的责任感、事业心对诺贝尔的影响很大。

有时候父母的包办行为会使孩子失去责任心，要培养孩子的责任心，父母就要在孩子的学习、生活中纠正他的不良习惯，让孩子

学会自己的事情自己做。

家庭中要有明确的分工，父母应该分配孩子做一些力所能及的家务，当然在刚开始的时候需要父母对孩子进行检查和监督。特别是要明确地让孩子明白学习是他自己的事，不是父母的事。让孩子处理自己的事情，目的就是要克服孩子的依赖性，培养独立性，也就是让孩子独立思考问题、独立解决问题、独立去处理自己应做的事。

3. 帮助孩子制定个人计划

培养孩子的领导气质，首先要教导孩子做事的方法。这当然包括计划的方法以及完成计划的方法。西方家教思想认为，一般从两岁起，就可循序渐进地培养孩子某些独立生活的能力。如让他们自己穿衣、自己吃饭，自己洗脸、自己收拾玩具、完成作业等。孩子在从事这些活动时，要克服外部障碍与内部困难，正是在克服这些困难与障碍的过程中，其意志和领导力得到了锻炼。

在这个过程中，需要不断强化孩子的自我意识，克服孩子的依赖心理。父母对孩子不要一切都包办代替，要放手让孩子多经风雨，多见世面，认识自己的价值和力量，在艰苦的条件下或逆境中去闯一闯，学会独立思考问题，掌握较多的本领，提高自我应变能力。一般在孩子上幼儿园以后，就应放手让他多与外界接触，有意识地让他们独立地进行自理性活动。如衣、食、行等方面，父母可将被动的给予改变为让孩子自己取拿用，尽可能为孩子多创造些"自己干"的机会，随着这类自我意识活动的增多，依附心理自然容易克服了。

特别要注意的是，西方家教思想认为，帮助孩子制定个人目标以及完成目标的计划和方法是培养孩子独立意识的重要方法。孩子心中有了目标，有了实际性的"任务"，他就会为实现目标、完成任务去努力，从而可提高孩子的领导力，增强毅力。父母可结合孩子的实际制定一个学习或活动锻炼的程序表，根据孩子的实际能力规定每天完成一个任务，每周或每月达到一个目标。只要是合理而实际的，应要求孩子坚决执行，决不迁就或半途而废。

帮助孩子制定计划的好处就在于，它可以从孩子感兴趣的计划入手，充分地调动孩子的理性思考，帮助孩子掌握正确地认识和处理事物的科学方法。

那么，怎样培养孩子做事有计划的好习惯呢？

（1）引导孩子学会运用和把握时间

这是做事有计划最首要的一点。让孩子学会运用和把握时间要注意以下几点：

·时间规划的制定。首先要保证日常的基本需求，其次才能谈得上对事情的安排。时间的安排要留有一定的余地，也要注意紧凑。

·保证孩子的睡眠。孩子现在正处于身心快速发育的时期，无论做什么计划都不能以破坏身体的正常发育为代价。保持充足的睡眠是帮助孩子保持充沛的精力和清醒的头脑，以更好更快地完成计划的必要前提。

·孩子对时间的安排有模糊的地方，父母或者老师要帮忙。由于孩子对一些事情的时间需求量不是十分清楚，这样制定出来的计划不见得就十分合理，因此需要父母或者老师帮助，以使时间的安排更加合理。

（2）监督孩子严格执行，按计划办事

虽然孩子制定了做作业的计划和花零用钱的计划，却还是会作业写到一半就跑去看动画片，或一冲动花光所有的零花钱。是的，他计划了，这是好事。可是，制定了计划不去执行，等于没有计划，甚至比没有计划更糟糕。因为这样很可能让他养成一种不好的习惯，缺乏执行计划的行动力。这就需要父母监督孩子执行。

监督孩子执行计划要注意这样几点：

·必须完成。计划制定完了，必须执行，不能放在一边不管。"完成"是一种意识，既要在规定的时间内为自己所做的事情画上句号，又要保证较好的质量，也就是"干得漂亮"。如果孩子制定了计划，却不执行；或者计划执行了一半就不再坚持，这时父母就要提醒孩子。当孩子完成了一项计划，父母要给予表扬和鼓励。

·严格按计划办事，在诱惑面前保持冷静。美国前总统罗斯福的大儿子詹姆斯 20 岁时独自去欧洲旅行。回家之前，他看到一匹好马，便用手中余下的钱款买下了它，然后打电报给父亲，让他快点给自己汇旅费来。结果，父亲给他回了一个电报："你和你的马游泳回来吧！"碰了这个钉子，詹姆斯不得不卖掉马，买了票回家。从此，他懂得不能随便无计划地乱花钱。

·可以适当调整计划。计划的执行虽然要求严格，但不等于呆板地执行。在孩子执行计划的过程中，发现问题或遇到突发情况，完全可以灵活处理。这也是我们之所以要求时间安排有弹性的原因之一。